Gesine Foljanty-Jost
Ökonomie und Ökologie in Japan

Gesine Foljanty-Jost

Ökonomie und Ökologie in Japan

Politik zwischen Wachstum
und Umweltschutz

Springer Fachmedien Wiesbaden GmbH 1995

Die Autorin: Dr. Gesine Foljanty-Jost, Professorin für Politik und Gesellschaft Japans am Institut für Politikwissenschaft an der Martin-Luther-Universität Halle-Wittenberg

ISBN 978-3-663-10943-3   ISBN 978-3-663-10942-6 (eBook)
DOI 10.1007/978-3-663-10942-6

© 1995 by Springer Fachmedien Wiesbaden
Ursprünglich erschienen bei Leske + Budrich, Opladen 1995

Das Werk einschließlich aller seiner Teile ist urheberrechtlich geschützt. Jede Verwertung außerhalb der engen Grenzen des Urheberrechtsgesetzes ist ohne Zustimmung des Verlages unzulässig und strafbar. Das gilt insbesondere für Vervielfältigungen, Übersetzungen, Mikroverfilmungen und die Einspeicherung und Verarbeitung in elektronischen Systemen.

Inhaltsverzeichnis

Verzeichnis der Abbildungen	9
Verzeichnis der Tabellen	11
Vorwort	13

Einleitung: Umweltentlastung durch Strukturwandel? ... 15

1. **Zwischen Ökonomie und Ökologie: Argumente für die Machbarkeit einer ökologisch orientierten Industriepolitik** ... 21
1.1. Bedingungen des Erfolgs - Bedingungen für eine ökologisch angepaßte Strukturpolitik ... 27
 — Die Strategiefähigkeit des Staates ... 28
 — Die Integrationskapazität des Staates ... 31
 — Die staatliche Steuerungsfähigkeit ... 34
 — Die staatliche Innovationskapazität ... 40
1.2. Zwischenfazit: Gute Voraussetzungen für eine ökologisch gelenkte Strukturpolitik ... 41

2. **Wirtschaft und Umwelt** ... 43
2.1. Der klassische Zusammenhang von Wirtschaftswachstum und Umweltbelastung bis 1973 ... 45
2.2. Ölpreiskrise und struktureller Wandel 1973 - 1986 ... 50
2.3. Die Wende: konjunkturelles Hoch und steigende Umweltbelastung nach 1986 ... 61

3.	**Ökologische Dimensionen strukturellen Wandels**	67
	— Strukturwandel und Ressourcenverbrauch	70
3.1.	Energieverbrauch	73
	— Entwicklung und Stand des Endenergieverbrauchs	74
	— Der industrielle Endenergieverbrauch	78
	— Aktuelle Entwicklungstendenzen seit 1986	84
3.2.	Stromverbrauch	89
	— Stand und Entwicklung des Stromverbrauchs	90
	— Die Entwicklung des industriellen Stromverbrauchs	92
	— Neuere Entwicklungstendenzen im Stromverbrauch	97
3.3.	Flächenverbrauch	101
	— Die Flächennutzungsstruktur: ein Überblick	102
	— Industrieller Bodenverbrauch	104
	— Flächennutzungsplanung und Umweltschutz	111
3.4.	Wasserverbrauch	116
	— Wasserverbrauch und Strukturwandel	118
3.5.	Ressourcenverbrauch und Müllaufkommen	123
	— Industrielles Müllaufkommen	127
	— Wiederverwertung von Abfallstoffen	131
	— Intrasektoraler Wandel und Müllaufkommen	135
3.6.	Zusammenfassung: Relative Entlastung durch Strukturwandel	139
4.	**Der Beitrag der Politik an ökologischer Modernisierung und qualitativem Wachstum**	141
4.1.	Strukturpolitischer Umweltschutz? Der Beitrag der Umweltpolitik	143
	— Die umweltpolitische Agenda	145
	— Umweltpolitische Steuerung und Stagnation	147
	— Die umweltpolitische Wiederbelebung nach 1988	151
4.2.	Industriepolitik als ökologische Strukturpolitik?	158
	— Die industriepolitische Agenda bis 1986	158
	— Die Umsetzung industriepolitischer "Visionen"	162
	— Die Wende zum Konzept der nachhaltigen Entwicklung	164
4.3.	Die Rolle der Energiepolitik	172
	— Die energiepolitische Programmatik bis 1986	172
	— Die Umsetzung energiepolitischer Ziele	176
	— Die Wende in der Energiepolitik	179

5. Innovativ, strategisch und integrativ:
   Die Rolle der Politik - ein Mythos? 189
   — Beschränkungen in der Strategie- und Steuerungsfähigkeit 191
   — Die Grenzen der Integrationsfähigkeit 194
   — Innovationsfähigkeit: Schaffung latenter Kapazitäten 201
   — Grenzen politischen Könnens: die Machtfrage 205
   — Die neuen ökologischen Initiativen der Industrie 207

6. Ausblick: Ökologische Strukturpolitik –
   Verpaßte Chance oder: Geht es auch ohne Staat? 211

   Bibliographie 215
   Index 232
   Index japanischer Begriffe 238

Verzeichnis der Abbildungen

Abbildung 1: Horizontale Verflechtungen von Industrie und Staat
in ökologisch relevanten Bereichen 38
Abbildung 2: Anteile der industriellen Ballungszentren
an der Flächennutzung 49
Abbildung 3: Entwicklung von industrieller Wertschöpfung und
SO_x - und NO_x-Emissionen 53
Abbildung 4: Ursachen der Reduzierung von SO_2-Emissionen 55
Abbildung 5: Umweltschutzinvestitionen nach Branchen 1970-1979 57
Abbildung 6: Veränderungen in den Kapazitäten bei der
Rauchgasentschwefelung 1970-1991 58
Abbildung 7: Veränderungen der SO_2-Emissionen nach Branchen 59
Abbildung 8: Japans Stellung in der Weltwirtschaft (1989) 62
Abbildung 9: Entwicklung der Wertschöpfung in den
Problemindustrien 1985-1992 63
Abbildung 10: Zuwächse in Ressourcenverbräuchen und Bruttowert-
schöpfung im Verarbeitenden Gewerbe 1970-1991 71
Abbildung 11: Entwicklung der spezifischen Ressourcenverbräuche im
Verarbeitenden Gewerbe 1970-1991 72
Abbildung 12: Anteile ausgewählter Wirtschaftsgruppen an der
Bruttowertschöpfung und am Endenergieverbrauch des
Verarbeitenden Gewerbes 80
Abbildung 13: Entwicklung des spezifischen Endenergieverbrauchs im
Verarbeitenden Gewerbe 1970-1991 81
Abbildung 14: Rohölpreise und Investitionen in Energieeinsparungen 85
Abbildung 15: Endenergieverbrauch und CO_2-Emissionen 87
Abbildung 16: Anteile der Energieträger an der Stromerzeugung 91
Abbildung 17: Wertschöpfung, Stromverbrauch und Endenergie-
verbrauch in der Industrie 1970-1991 92

Abbildung 18: Anteile ausgewählter industrieller Hauptgruppen am
Stromverbrauch des Verarbeitenden Gewerbes
1975-1991   93
Abbildung 19: Produktion, Import und Wiederverwertung von
Aluminium   95
Abbildung 20: Entwicklung des spezifischen Stromverbrauchs in
industriellen Hauptgruppen 1970-1991   96
Abbildung 21: Stromerzeugung und CO_2-Emissionen 1960-1992   100
Abbildung 22: Bodenverbrauch ausgewählter Wirtschaftsgruppen in
Anteilen am Gesamtverbrauch des Verarbeitenden
Gewerbes 1970-1991   107
Abbildung 23: Bodenverbrauch pro Einheit Bruttowertschöpfung
1970-1991 nach Branchen   109
Abbildung 24: Die Landesentwicklungspläne   112
Abbildung 25: Wasserverbrauch ausgewählter Wirtschaftsgruppen in
Anteilen am Gesamtverbrauch des Verarbeitenden
Gewerbes 1975 - 1991   119
Abbildung 26: Wasserverbrauch je Wertschöpfungseinheit
1970-1991 nach Wirtschaftsgruppen   120
Abbildung 27: Materialbalance Japans 1992   124
Abbildung 28: Entsorgung von Industriemüll (1990)   128
Abbildung 29: Politisches System der Energieeinsparung/Recycling   133
Abbildung 30: Entwicklung des Müllaufkommens und der
industriellen Wertschöpfung 1975-1990   136
Abbildung 31: Struktur des Umweltrahmengesetzes von 1993   156-157
Abbildung 32: Gesetzlicher Rahmen für die Rationalisierung der
Energienutzung   177
Abbildung 33: Das Konzept der integrierten Energiepolitik
im Überblick   181

Verzeichnis der Tabellen

Tabelle 1:	Wirtschaftlicher Erfolg: Die Position Japans	22
Tabelle 2:	Durchschnittliches jährliches Wirtschaftswachstum nach Industriebranchen von 1878 bis 1987	44
Tabelle 3:	Schadstoffausstoß bei der Produktion von Elektrogeräten, Kraftfahrzeugen und Strom	47
Tabelle 4:	Wirtschaftliche Bedeutung der Industriebranchen nach Anteilen an der industriellen Wertschöpfung und Beschäftigung 1975-1991	52
Tabelle 5:	Wirtschaftliche Entwicklung und Umweltbelastung	54
Tabelle 6:	Emissionsentwicklung nach Industriebranchen 1985/1990	65
Tabelle 7:	Struktur der Endenergienachfrage nach Verbrauchern 1992	74
Tabelle 8:	Struktur des Primärenergieangebots	75
Tabelle 9:	Veränderungen im Endenergieverbrauch 1973-1992	76
Tabelle 10:	Entwicklung der Endenergienachfrage	77
Tabelle 11:	Einflußfaktoren auf den industriellen Energieverbrauch 1980-1992	79
Tabelle 12:	Stand der Energieeinsparungen bei Großverbrauchern 1992	82
Tabelle 13:	CO_2-Emissionen der Zementproduktion im internationalen Vergleich 1989	84
Tabelle 14:	SO_2- und NO_x-Emissionen bei der Stromerzeugung mit fossilen Brennstoffen	99
Tabelle 15:	Perspektiven für den Energiemix in der Stromerzeugung	101
Tabelle 16:	Veränderung in den Flächennutzungsformen 1972-1995	103
Tabelle 17:	Bevölkerung, Bruttosozialprodukt und Energieverbrauch pro Flächeneinheit 1992	104

Tabelle 18:	Veränderungen in der industriellen Flächennutzung 1982-1992	105
Tabelle 19:	Anteile der Metallverarbeitung an Wertschöpfung und Bodenverbrauch der Industrie 1970/85/91	108
Tabelle 20:	Industrieller Wasserverbrauch 1975-1991	118
Tabelle 21:	Grundwasserbelastung durch Chemikalien	122
Tabelle 22:	Müllaufkommen und Entsorgung	125
Tabelle 23:	Industriemüllaufkommen in den Hauptwirtschaftsgruppen 1975 - 1990	129
Tabelle 24:	Stoffliche Zusammensetzung des Industriemülls	131
Tabelle 25:	Stand der stofflichen Wiederverwertung 1980-1990	132
Tabelle 26:	Entwicklungsperspektiven der Entsorgungs- und Wiederaufbereitungsindustrie	137
Tabelle 27:	Institutionelle Ansatzpunkte für eine ökologische Industriepolitik	143
Tabelle 28:	Schwerpunktthemen der Nationalen Umweltweißbücher 1973-1994	146
Tabelle 29:	Energieangebotsstruktur nach Energieträgern	183
Tabelle 30:	Etat für Energieeinsparprogramme 1993	185
Tabelle 31:	Bürgerbeteiligung an Umweltschutzabkommen 1975/1993	198
Tabelle 32:	Zusammensetzung einschlägiger Beiräte	199
Tabelle 33:	Institutionen für Energieeinsparung und Rohstoffsicherung	202

Vorwort

Der Klimagipfel von Berlin im April 1995 hat erneut die Diskrepanz von Wissen um die Gefährdung der ökologischen Existenzgrundlagen künftiger Generationen und der politischen Handlungsfähigkeit der Industrieländer demonstriert: die Angst um Konkurrenznachteile auf dem Weltmarkt, um Gewinneinbußen blockiert die Bereitschaft, sich auf exakte Reduzierungen von CO_2 zu verpflichten. Der traditionelle Gegensatz von ökonomischen und ökologische Interessen verhinderte so die Durchsetzung konkreter Schritte gegen drohende Klimaveränderungen. Die Vertagung trotz des Wissens um die existentielle Bedrohung einer Reihe von Ländern durch den Anstieg der Meeresspiegel war möglich, weil die westlichen Industrieländer keine eindeutigen positiven Signale setzten. Unter den Ländern, die prädestiniert gewesen wären, eine Vorreiterrolle zu spielen, steht Japan an vorderster Stelle.

Die vorliegende Studie über die Umweltverträglichkeit des industriellen Strukturwandels zeigt, daß Japan eines der ganz wenigen Länder der Welt ist, das Ansätze von einem qualitativen Wachstumsmuster realisiert hat, ohne daß es deshalb zu Wachstumseinbussen gekommen wäre. Unter dem Aspekt, ob sich diese Erfahrungen als Orientierungshilfe für andere Länder eignen, wurde in einer Vorstudie nach den Ursachen für diese positive Entwicklung gefragt. Im Mittelpunkt stand die Frage nach der Rolle des Staates an der Schnittstelle von Umwelt- und Strukturpolitik in der Zeit zwischen 1974 und 1985. Das Ergebnis deutete darauf hin, daß anders als in anderen Ländern die relativ positive ökologische Entwicklung des industriellen Strukturwandels in Japan politisch gewollt war und gefördert wurde.

Damit war das Untersuchungsvorhaben eigentlich abgeschlossen. Die Publikation ließ jedoch auf sich warten. Ein entscheidender Grund war zweifellos die Angst der Wissenschaftlerin, noch vor der Publikation der Studie von der Gegenwart schon wieder überholt worden zu sein. Von heute aus betrachtet war die Verzögerung eher ein Glücksfall: der wirtschaftliche

Aufschwung in Japan zwischen 1987 und 1990 hat die früheren Schlußfolgerungen aus der Untersuchung des strukturellen Wandels in ein neues Licht gerückt: kann Japan bis 1985 noch als eines der ganz wenigen Länder eingestuft werden, in denen bei gleichbleibender wirtschaftlicher Prosperität ein ressourcenschonender industrieller Strukturwandel realisiert worden ist, wissen wir heute, daß die Grenzen für umweltentlastende Effekte auch dort im hohen Wirtschaftswachstum liegen: die ökologisch vorteilhafte industrielle Entwicklung wurde durch das hohe industrielle Produktionsniveau und die Wachstumsdynamik gestoppt. Dies forderte zu einer nochmaligen, genaueren Prüfung der Rolle des Staates im Spannungsfeld von Industrie- und Umweltpolitik heraus. Das Ergebnis wird mit diesem Band vorgelegt.

Den Anstoß für die Analyse der ökologischen Dimensionen industriellen Strukturwandels in Japan hat Martin Jänicke von der Forschungsstelle für Umweltpolitik an der Freien Universität Berlin gegeben, der das Konzept der ökologischen Modernisierung der Industriestruktur lange bevor es in der Öffentlichkeit aufgegriffen wurde, entwickelt hat. Eine frühe Fassung der Studie ist in fruchtbarer Auseinandersetzung und Zusammenarbeit mit den damaligen Projektmitarbeitern Harald Mönch und Manfred Binder entstanden. Markus Schneller hat die weitere Auseinandersetzung mit dem Thema mit konstruktiven Anmerkungen begleitet.

Die vorliegende Fassung ist maßgeblich unterstützt worden durch die Gastfreundschaft und die Anregungen zahlreicher japanischer Kollegen an den Universitäten Niigata, Tôkyô und Nagoya, an denen ich mich zwischen 1990 und 1994 dank der Förderung durch die Deutsche Forschungsgemeinschaft, der Japan Foundation und des Sonderaustauschprogramms der japanischen Regierung zu mehreren Forschungsaufenthalten aufgehalten habe. Insbesondere sind hier die Kollegen Isayama Tadashi von der Niigata Universität, Harada Naohiko von der Tôkyô Universität und Bessho Yoshimi von der städtischen Universität Nagoya zu nennen. Die Graphiken und Abbildungen hat mit viel Einsatz und Geduld Michael Schart hergestellt, Klaus Acke und Simone Barth waren bei der Erstellung des Manuskripts behilflich, Anne Koppel hat souverän die Endredaktion mitgetragen. Ihnen allen schulde ich Dank.

Widmen möchte ich das Buch meinen Kindern Lena und Lukas, die an der Fahrraddemonstration gegen die Untätigkeit der Industrieländer beim Klimagipfel in Berlin im April 1995 teilnahmen, während ich das Manuskript fertigstellte, in der Hoffnung, daß sie nicht nachlassen, eine autofreie Familie, Schule und Stadt einzufordern.

Halle, im Mai 1995   Gesine Foljanty-Jost

Einleitung:
Umweltentlastung durch Strukturwandel?

Die Zuspitzung der Klimabedrohung hat deutlich gemacht, daß ein noch so intelligenter Umweltschutz allein das Umweltproblem nicht lösen kann. Jede Mark oder jeder Yen setzen indirekt oder direkt Prozesse in Gang, in deren Verlauf aus Rohstoffen unter Einsatz von Energie Produkte hergestellt und Abgase, Abwässer, Abfallstoffe und andere Umweltbelastungen freigesetzt werden. Technische Umweltschutzmaßnahmen können diese zwar punktuell reduzieren, sie geraten jedoch an ihre Grenzen, wenn bei gleichbleibendem oder steigendem Wachstum Produktionsstrukturen unverändert bleiben. Dann nämlich werden zwangsläufig die positiven Effekte von technischem Umweltschutz allein durch den Wachstumseffekt wieder neutralisiert. Die Belastungen steigen wieder an, sofern die Umweltschutzaufwendungen nicht ständig angepaßt werden. Und auch dann bleiben die Folgeprobleme wie Sondermüll, Klärschlämme, Gips aus der Rauchgasentschwefelung etc. bei dieser Form von Umweltschutz bestehen und bedürfen der weiteren Lösung.

Soll eine Stabilisierung der globalen Belastungssituation erreicht werden, muß daher der Umwelt- und Ressourcenschutzgedanke in alle Bereiche wirtschaftlichen Handelns integriert werden. Generell lassen sich unterschiedliche Ansatzpunkte für eine ökologische Ressourcenpolitik ausmachen. Zum einen kann Politik bei der Erschließung und dem Einsatz von Rohstoffen und Flächen eingreifen, die für den zukünftigen Bestand, für Risikoträchtigkeit und mengenmäßigen Umfang von Abgasen, Abwässern, Abfallaufkommen etc. prägend sind. Politik kann zum anderen auch im Sinne einer umfassenden Umweltpolitik die ökologisch relevanten Folgen von stofflichen Umwandlungsprozessen aufgreifen. Schließlich ließe sich generell auch ein weitreichender Ansatz vorstellen, der nach den Wirkungen der ökologischen Folgen wirtschaftlichen Handelns für Flora und Fauna, lokalen und internationalen Lebensbedingungen etc. fragt (Jänicke 1993a, S.3f.).

Es ist die Phase des Ressourceneinsatzes und der Umwandlung in Güter, wo Industrie-, Produktions- und innerbetriebliche Fertigungsstrukturen unmittelbar Einfluß auf die Menge von Rohstoffen, Energie und Flächen nehmen, die für Umwandlungsprozesse erforderlich sind. Für eine Integration des Ressourcenschutzes in die industrielle Produktion ist daher die Betrachtung der Vorgänge in und zwischen den einzelnen Industriezweigen der am stärksten ursachenorientierte Ansatz.

International vergleichende Studien (Jänicke/Mönch/Ranneberg/Simonis 1987; Jänicke u.a. 1992), die nach dem Zusammenhang von Industriestruktur und Belastungsniveau fragen, zeigen, daß vielerorts seit den frühen siebziger Jahren die Bedeutung der Grundstoffindustrien zurückging. Dadurch konnten Entlastungseffekte erzeugt werden, da weniger Produktion in Industriezweigen, die typischerweise einen hohen Einsatz von Rohstoffen, Energie und Flächen erfordern, sich positiv zumindest auf den Verbrauch von Ressourcen auswirkt. Allerdings waren generell die ökologisch relevanten Auswirkungen dieses sogenannten intersektoralen Wandels weniger ausgeprägt als die des intrasektoralen Wandels, also des Wandels innerhalb von Industriezweigen.

In der Bundesrepublik Deutschland haben zwischen 1970 und 1990 Verschiebungen im Gewicht der Industriezweige zueinander zu leichten Entlastungen geführt. So hat sich der relative Bedeutungsverlust der Schwerindustrie günstig ausgewirkt, überdurchschnittliches Wachstum in anderen Branchen, wie vor allem in den Bereichen Chemie und Stromerzeugung haben die Effekte jedoch weitgehend kompensiert. Dennoch war die Bilanz insgesamt positiv (Halstrick-Schwenk 1994). Ökologisch relevanter war aber auch in Deutschland der intrasektorale Wandel: technischer Wandel und ökologische Modernisierung haben in traditionell umweltbelastenden Bereichen wie der Chemie- und Papierindustrie zu günstigen Entwicklungen im Energie- und Wasserverbrauch geführt. Insgesamt war die Entwicklung aber widersprüchlich. Entlastungen im Energie- und Rohstoffverbrauch stehen Verschlechterungen im Abfallaufkommen und in der Gütertransportleistung gegenüber (Jänicke u.a. 1992, S.103f.).

Der Anteil der staatlichen Politik an diesem Prozeß ist nicht eindeutig geklärt. Erste einschlägige Untersuchungen legen die Einschätzung nahe, daß die regulative Umweltpolitik wohl eher hemmende Auswirkungen auf eine umweltverträglichere Umorientierung der Wirtschaft hatte (HWWA 1987, S.218). Mit dem Fehlen einer aktiven Industriepolitik fehlt in Deutschland auch eine ökologisch motivierte Strukturpolitik. "Struktur und Entwicklung der Subventionen des Bundes deuten sogar auf eine ökologisch nachteilige Tendenz zur Strukturkonservierung " hin (Jänicke u.a. 1992, S.104).

Offen ist darüber hinausgehend allerdings die generelle Frage, ob der Staat überhaupt gefordert werden sollte, in Form einer ökologisch orientierten Strukturpolitik in die wirtschaftlichen Prozesse einzugreifen. Tendenziell besteht eine Neigung zur Befürwortung einer staatlichen Lenkung von ökologischen Modernisierungsprozessen, umstritten ist allerdings die Frage der Steuerungsmechanismen (Blazejczak u.a. 1993). Diskutiert werden sowohl unterschiedliche Varianten von Abgaben und Lizenzen, eine Integration der Kosten des Umweltverbrauchs in das Steuersystem, aber auch Anreizsysteme durch Bereitstellung öffentlicher Fördermittel (OECD 1994; Nutzinger/Zahrnt 1989; Binswanger/Jänicke 1990). Gleichwohl hat sich gezeigt, daß die Wirksamkeit von Verhaltenssteuerung durch Ökoabgaben nicht überschätzt werden sollte: sie erfüllen nur dann ihren umweltschützenden Zweck, wenn sie den Preis der Natur real abbilden, dynamisch angelegt sind und eine Abwälzung auf die Allgemeinheit und damit eine Anonymisierung der Kosten nicht zulassen.

Weitreichender ist die Diskussion über den ökologischen Umbau der Industriegesellschaft oder die Nachhaltigkeit des Wirtschaftskreislaufs, die ökonomische Instrumente der Umweltpolitik lediglich als eine Teilstrategie unter anderen berücksichtigt. Sie rückt u.a. das Verhältnis von industrieller Produktion und Ressourcenverbrauch innerhalb und zwischen Industriebranchen sowie dessen politische Steuerbarkeit unter umweltentlastenden Zielsetzungen in den Mittelpunkt des Interesses (Akademie für Raumforschung und Landesplanung 1994; Fortbildungszentrum Gesundheits- und Umweltschutz Berlin e.V. 1994). Die Forderung nach einer aktiven Rolle des Staates ist in diesem Zusammenhang zwar nicht unwidersprochen, nichtsdestoweniger ist sie unüberhörbar (Brösse/Lohmann 1994). Der gegenwärtig wieder aufflammende Gegensatz von Ökologie und Ökonomie beim Aufbau der neuen Bundesländer bestätigt die Realitätsnähe dieser Forderung, wenn man bedenkt, daß bei konjunkturellen Schwankungen, Rezession und Arbeitsplatzgefährdung ökologische Belange in der Priorität wirtschaftlichen Handelns nur zu schnell auf die hinteren Ränge verbannt werden. Wenn auch unter schwierigen ökonomischen Bedingungen im Interesse einer stabilen, konjunkturunabhängigen und langfristig tragfähigen gesellschaftlichen Entwicklung der Ressourcenschutz in die Wirtschaftsstruktur integriert werden soll, ist auf eine ökologisch orientierte staatliche Strukturpolitik kaum zu verzichten.

Strukturpolitik kann sowohl sektoral als auch regional umweltentlastend wirken: Regionale Strukturpolitik beeinflußt die räumliche Be- oder Entlastung durch die Allokation und Lenkung von öffentlichen und privaten Investitionen, Arbeitsplatzförderungsmaßnahmen u.ä. in ausgewählte Gebiete sowie deren regionale Verteilung. Sektorale Strukturpolitik richtet sich demgegenüber u.a. darauf, innerhalb der Industriebranchen einen ressourcenschonenden technologischen Wandel zu fördern, die Zusammensetzung der Industriestruktur zugunsten eines stärkeren Gewichts von relativ umweltschonenden Produktionszweigen zu beeinflussen, die Reduzierung umweltbelastender, ressourcenintensiver Produkte und Verfahren beschäftigungspolitisch abzufedern und damit unabhängig von nachsorgenden Umweltschutzmaßnahmen die ökologischen Negativfolgen der Volkswirtschaft zu reduzieren. In der Realität gibt es bislang kaum Länder, in denen eine ökologische Belange berücksichtigende Strukturpolitik praktiziert wird (Jänicke u.a. 1992).

Auf der Suche nach Informationen über die Entwicklung in anderen Industrieländern richtete sich frühzeitig das Interesse auf Japan, weil es aus dem Muster einer liberalen Marktwirtschaft mit einer ökologisch eher ungezielten Ressourcenpolitik herauszufallen schien. Eine Vorstudie im Rahmen einer breit angelegten international vergleichenden Studie über die ökologischen Dimensionen industriellen Strukturwandels in 25 Ländern hatte schon vor Jahren ergeben, daß Japan deshalb interessant ist, weil wir es hier in dem Zeitraum von 1970 bis 1985 mit dem weitgehendsten Fall eines relativ ressourcenschonenden industriellen Strukturwandels zu tun haben, der sich sowohl auf einen relativen Bedeutungsverlust der belastungsintensiven Industriezweige als auch auf Modernisierungen innerhalb der Branchen zurückführen läßt (Foljanty-Jost 1990). Im Verlauf der weiteren Untersuchung Japans kam fast zwangsläufig die Frage auf, welchen Anteil der Staat an der Schnittstelle von Umwelt- und Strukturpolitik für das gute Abschneiden des Landes gehabt hat. Zwischenergebnis war, daß Japan bis 1985 noch als eines der ganz wenigen Länder eingestuft werden kann, in denen der Staat aktiv eine Einbeziehung des Ressourcenschutzes in den industriellen Strukturwandel betrieben hat. Nach 1986 aber wendete sich das Blatt: mit dem konjunkturellen Hoch der späten achtziger Jahre scheint der Staat sich aus der wirtschaftspolitischen Steuerung von ökologisch relevanten Produktionen verabschiedet zu haben. Der Staat ist wieder Wachstumsorganisator, das Prinzip der liberalen Marktwirtschaft mit ihrem Primat des wirtschaftlichen Wachstums hat sich in voller Breite durchgesetzt. Japan eignet sich damit in dreifacher Hinsicht als Studienobjekt:

— es zeigt, daß eine ökologische Entlastung durch Strukturwandel trotz Wirtschaftswachstum möglich ist,

— es zeigt, daß bei hohem Wirtschaftswachstum trotz strukturellen Wandels positive Umwelteffekte wieder neutralisiert werden,

— es zeigt schließlich, daß die Rolle des Staates nicht unerheblich ist: entscheidend für die Durchsetzung einer umweltentlastenden Industriestruktur ist nicht nur die Steuerungskapazität des Staates, sondern auch der politische Wille.

Die Untersuchung gliedert sich in folgende Abschnitte: in Kapitel 1 soll zunächst die These expliziert werden, daß das politische System Japans über günstige Voraussetzungen verfügt, ökologische Ziele in die Industriepolitik zu integrieren und eine staatlich gelenkte ökologische Umorientierung der Industrieproduktion vorzunehmen. Analysiert werden die strukturellen und institutionellen Rahmenbedingungen, die den politischen Prozeß bestimmen und für die Realisierbarkeit einer ökologischen Strukturpolitik sprechen.

Kapitel 2 gibt einen Überblick über den Zusammenhang von wirtschaftlicher Entwicklung und struktureller Umweltbelastung. Dadurch soll ein Abriß der Problemstruktur gegeben werden, mit der Staat und Industrie in den unterschiedlichen Phasen der Nachkriegsentwicklung konfrontiert gewesen sind.

Kapitel 3 umfaßt die Analyse der Ressourcenverbräuche im Verarbeitenden Gewerbe. Ziel ist eine ökologische Bewertung des strukturellen Wandels in den vergangenen rund zwanzig Jahren. Untersucht werden wird der Wandel innerhalb von Industriezweigen sowie Verschiebungen im Gewicht der Industriesektoren zueinander. Als Maßstab dient der Einsatz von umweltsensiblen Ressourcen im Produktionsprozeß, wobei schwerpunktmäßig der Zeitraum von 1974 bis 1992 analysiert wird. Geprüft wird im einzelnen der Endenergie-, Wasser- und Flächenverbauch sowie das industrielle Abfallaufkommen in den Branchen des Verarbeitenden Gewerbes und zwar jeweils sowohl absolut als auch in Relation zur Wertschöpfung.

Im 4. Kapitel geht es um den Beitrag der Politik an dieser konkreten Entwicklung. Es wird der Frage nachgegangen, welche Strategien nach der ersten Ölpreiskrise in der Industrie-, der Umwelt- und der Energiepolitik verfolgt worden sind. Gab es überhaupt eine aktive staatliche Steuerung? Wenn ja, mit welchen Zielen und welchen Instrumenten ist sie erfolgt? Sind Überschneidungen in der Umwelt- und Industriepolitik erkannt worden, und haben sie zu Verklammerungen in der Politikformulierung geführt? Oder aber verlief der Strukturwandel autonom, d.h. ohne besonderes Zutun des Staates, so daß die umweltentlastenden Effekte als politische Gratiseffekte bezeichnet werden müssen?

Aus den Ergebnissen der drei konkreten Politikfeldanalysen wird in Kapitel 5 zusammenfassend nach der Rolle des Staates im Spannungsfeld von umweltpolitischem Können und industriepolitischem Wollen gefragt. Dabei wird auf die in Kapitel 1 entwickelten Thesen zur Steuerungs-, Integrations- und Strategiefähigkeit des Staates in Japan zurückgegriffen. Sie werden anhand der realen Entwicklung überprüft. Damit soll die Frage beantwortet werden, ob und unter welchen Bedingungen die eingangs angeführten günstigen Voraussetzungen tatsächlich zugunsten eines umwelt- und ressourcenschonenden Wirtschaftens genutzt wurden und werden.

1. Zwischen Ökonomie und Ökologie: Argumente für die Machbarkeit einer ökologisch orientierten Industriepolitik

Die Erwartung, daß Japan besser als andere Industrieländer einen ökologischen Umbau der Volkswirtschaft bewerkstelligen können müßte, basiert auf der Überlegung, daß eine staatliche Umsteuerung im Schnittbereich von Ökologie und Ökonomie Erfahrungen des politisch-administrativen Systems sowohl mit einer aktiven Industriepolitik als auch mit einer konventionellen Umweltpolitik im Sinne der nachträglichen Schadensbekämpfung voraussetzt. Eine industriepolitische Tradition mit einem historisch gewachsenen, akzeptierten politischen Interventionsrepertoire begünstigt die Akzeptanz einer ökologischen Umorientierung staatlicher Strukturpolitik, da die Intervention des Staates in wirtschaftliche Prozesse nicht grundsätzlich in Frage gestellt wird. Umweltpolitische Steuerungstradition schließt das Vorhandensein von Institutionen der Umweltpolitik und damit die Existenz von professionellen Umweltschutzvertretern innerhalb der Ministerialbürokratie ein. Sie beinhaltet unter Umständen auch die Erfahrung mit den Grenzen einer nachsorgenden technokratischen Umweltpolitik, mit Problemverlagerungen und Akzeptanzbarrieren.

Allerdings ist das Vorliegen von einschlägiger politischer Erfahrung allein zweifellos kein Garant für Erfolg. Begünstigt wird ihre Nutzung durch Faktoren wie das Fehlen von politischen Machtkämpfen, sozialer Frieden und wirtschaftliche Prosperität, die es erlauben, daß die Umorientierung in Richtung auf ressourcen- und umweltschonendes Wirtschaften nicht politischen Profilierungszwängen zum Opfer fällt und auch nicht in Konkurrenz zu Arbeitsplatzsicherung und sozialer Sicherung gerät. Umsteuerung setzt ferner ein technologisches Niveau in der Industrie voraus, das den technischen Anforderungen an ökologische Innovationen in Produkt- und Prozeßgestaltung gerecht werden kann.

Japan scheint über diese Voraussetzungen wie kaum ein anderes Land zu verfügen: Das Land hat eine lange umwelt- und industriepolitische Tradition. Und es hat in beiden Bereichen vielbeachtete Ergebnisse erzielt. So gehört es weltweit zu den erfolgreichsten Volkswirtschaften, die Arbeitslosenquote und die Inflationsrate sind so niedrig wie nirgendwo in den Ländern der OECD sonst, beim Wirtschaftswachstum steht es seit Jahrzehnten an vorderer Stelle.

Tabelle 1: Wirtschaftlicher Erfolg: Die Position Japans

	Japan	Deutschland	USA
Wirtschaftswachstum[1]			
1975	2,9	-1,4	-0,8
1980	3,6	1,0	-0,5
1985	5,0	2,0	3,2
1990	4,8	5,7	1,2
1993	0,1	-1,1	3,1
Inflationsrate[2]			
1975	11,8	5,9	9,1
1980	7,8	5,5	13,5
1985	2,0	2,2	3,5
1990	3,1	2,7	5,4
1993	1,3	4,1	3,0
Arbeitslosenquote[3]			
1975	1,9	3,1	8,3
1980	2,0	3,2	7,2
1985	2,6	8,0	7,2
1990	2,1	6,2	5,5
1993	2,5	8,8	6,8

1) Durchschnittliche jährliche Veränderung des Bruttoinlandsprodukts in %
2) Durchschnittliche jährliche Veränderung der Konsumentenpreise in %
3) Durchschnittliche Arbeitslosenquote

Quellen: OECD 1992, S.201, 219; OECD 1994b, S.A4, A18; A23.

Es besteht weitgehend Übereinstimmung, daß für das gute Abschneiden der japanischen Wirtschaft neben Faktoren wie der hohen Investitionsrate, dem hohen allgemeinen Qualifikationsstand der Arbeitnehmerschaft, dem Innovationstempo und der hohen Sparrate die aktive Rolle des Staates maßgeblich war (Johnson 1982; Okimoto 1989, S.229-232). Folgt man Eads/Yamamura (1987, S.424) und anderen in ihrer Definition von Industriepolitik, so ist hierunter die staatliche Beeinflussung von Industriezweigen, Unternehmen und Sektoren zu verstehen, die mit dem Ziel erfolgt, eine effiziente Ressourcenallokation für das Verarbeitende Gewerbe zwischen Staat und Industrie auszuhandeln (Komiya 1988, S.2ff). Wenngleich der Begriff selbst erst seit den frühen siebziger Jahren gängig geworden ist, kann Japan Erfahrungen mit staatlicher wirtschaftlicher Lenkung und Planung vorweisen, die bis in die Frühphase der Industrialisierung zu Beginn dieses Jahrhunderts zurückreichen. Unter den Bedingungen von Ressourcenknappheit und relativer Rückständigkeit übernahm der japanische Staat eine akzeptierte, aktive Rolle beim Aufbau einer modernen Industrie, indem er zunächst unmittelbar als Unternehmer Pilotfabriken gründete, um das Gründerrisiko öffentlich abzusichern. Nach dem Abschluß der Privatisierung der staatlichen Modellbetriebe spielte der Staat in der Zwischenkriegsphase die Rolle des Moderators, der die Regeln bestimmt, über ihre Einhaltung wacht und alles tut, um das Spiel zu einem erfolgreichen Ende zu bringen (Pauer 1995). Ziel und Zweck war eine rasche Industrialisierung und Anschluß an die westlichen Industrieländer; die Regeln lauteten: Verzicht auf interne ruinöse Konkurrenz zwischen Unternehmen derselben Branche, Absprachen und Koordination zwischen allen am Wirtschaftsprozeß Beteiligten sowie staatliche Risikoabdeckung. Unter dem Druck sich verschärfender internationaler Wettbewerbsbedingungen wurde 1927 das Ministerium für Handel und Industrie gegründet. Mit dieser institutionellen Innovation wurde Industriepolitik zu einem sichtbar eigenständigen Politikfeld.

Der Wiederaufbau nach 1945 knüpfte an die Erfahrungen der Vorkriegszeit an. Zentrale industriepolitische Behörde wurde das Ministerium für Internationalen Handel und Industrie (MITI, *Tsûshô sangyô-shô*), das 1949 als Nachfolgeministerium des Ministeriums für Handel und Industrie und späteren Munitionsministeriums (seit 1943) gegründet wurde. Seine Politik wurde bis in die sechziger Jahre von denselben Männern bestimmt, die schon vor dem Krieg Japans Industriepolitik formuliert hatten.

Wie Johnson (1982, S.114-115) zeigt, wurden die Erfahrungen der Staatswirtschaft der Kriegsjahre trotz oder auch gerade wegen der personellen Kontinuität produktiv verarbeitet: prägend für das Selbstverständnis des MITI wurde die Prosperität der Nation durch die Förderung und Sicherung des Wachstums der gesamten japanischen Industrie, die das Ministerium mit Hilfe von Koordinations- und Informationsleistungen, direkter Protektion und beständigem Nähren einer kooperativen Vernetzung von Staat und Industrie zu gewährleisten suchte.

Bis in die sechziger Jahren bestanden durch die staatliche Kontrolle des Devisenmarktes, der Darlehensvergabe durch die japanische Entwicklungsbank und der Importquoten insbesondere von Technologien noch weitreichende direkte Steuerungskompetenzen des Ministeriums (Okimoto 1989, S.23). Mit der Liberalisierung des Devisenmarktes und der Technologieeinfuhren sowie der zunehmenden Kooperation von japanischen mit ausländischen Firmen veränderte sich die Rolle des MITI seit dem Ende der sechziger Jahre. In den siebziger Jahren standen schon nicht mehr direkte Intervention durch Regulierung im Mittelpunkt, sondern die Organisation von Kooperation, Informationsbereitstellung und die Integration der Wirtschaftssubjekte in den nationalen Wachstumsprozeß. Grundlage für die Wahrnehmung dieser Aufgaben sind kooperativ-partnerschaftliche Beziehungen zwischen den Verbänden der Arbeitgeber und Arbeitnehmer und dem Staat. Dabei ist die weitgehend entpolitisierte, bilaterale Partnerschaft zwischen Bürokratie und Unternehmer, die von Schmidt (1986, S.257) als paternalistisch-technokratisch gekennzeichnet wurde, von zentraler Bedeutung. Die Gewerkschaften sind auf zentralstaatlicher Ebene in den industriepolitischen Prozeß nicht paritätisch eingebunden. Anders als das Schlagwort "corporatism without labor", mit dem Pempel und Tsunekawa (1979) den Modus japanischer Interessenvermittlung charakterisiert haben, suggeriert, sind die Arbeitnehmer jedoch dezentral auf betrieblicher Ebene in Betriebsgewerkschaften eingebunden. Konzertierte Politik und friedliche Arbeitsbeziehungen korrelieren mit der Leistungsfähigkeit der japanischen Wirtschaft: sie verfügt seit den sechziger Jahren über die größten Zuwachsraten des Bruttoinlandsproduktes (BIP) unter den Industrieländern.

Für die Umweltpolitik ist ein ähnliches Profil erkennbar, wenn auch die Erfolgsbilanz hier bei weitem nicht so unumstritten ist wie die ökonomische. Problematisch sind allein schon die Kriterien, mit denen umweltpolitischer Erfolg gemessen wird. Häufig verwendet werden die relativen Veränderungen der Umweltbelastungen über einen bestimmten Zeitraum. Nach Berechnungen von Jänicke (1991, S.17-19) führt Japan unter den OECD-Ländern im Hinblick auf die durchschnittlichen Veränderungsraten der Emissionen von SO_2, NO_x und CO_2, des biologischen Sauerstoffbedarfs ausgewählter fließender Gewässer und des Kläranlagenbaus. Besonders spektakulär war die Verringerung der Schwefeldioxidbelastung, die zwischen 1974 und 1984 in japanischen Belastungsgebieten um mehr als 80% zurückging. Sie war Anlaß dafür, daß Japan in den achtziger Jahren auch in Deutschland zu einem umweltpolitischen "Modell" avancierte (Weidner/Tsuru 1985). In diesem Falle führten die positiven Veränderungen auch zu einem absolut niedrigen Belastungsniveau. Anders dagegen bei Müllaufkommen und Anschluß der Haushalte an öffentliche Kläranlagen. Hier verschleiert die Betonung der relativen Verbesserungen, daß das absolute Niveau des Müllaufkommens über dem Durchschnittswert der OECD-Länder liegt. Der Anteil der Bevölkerung, deren Abwässer in Kläranlagen gereinigt werden, liegt noch immer am Ende der Industrieländerskala. Im internationalen Vergleich weniger positiv sieht auch die absolute Belastungssituation bei Gewässern und Lärm aus. Bei dem biologischen Sauerstoffbedarf und der Staubbelastung rangiert Japan im Mittelfeld der OECD-Länder.

Auslöser dafür, daß Japan früher als andere Industrieländer, nämlich bereits 1967, Umweltpolitik als eigenständiges Politikfeld etablierte, war der extreme Problemdruck: toxische Industrieabwässer hatten in verschiedenen Regionen Japans seit den fünfziger Jahren in der Bevölkerung zu völlig neuartigen Erkrankungen geführt, wie der Minamata-Krankeit, einer spezifischen Form chronischer Quecksilbervergiftung, der Itai-Itai-Krankkeit, einer Aufweichung des Knochengerüsts durch Kadmium-Ablagerungen im menschlichen Körper sowie Arsenvergiftungen.[1] In den Industrierevieren war es aufgrund der extremen Luftverschmutzung zu schwersten chronischen und akuten Atemwegserkrankungen in weiten Teilen der Bevölkerung gekommen. Es häuften sich Meldungen über Todesfälle, Suizide und lebenslange Behinderungen als Folge dieser Umweltbelastungen. In den Ballungsgebieten wurden Bürgerinitiativen aktiv, die bei Wahlen den Kandidaten der regierenden Liberaldemokratischen Partei (LDP, *Jiyû minshu-tô*) ihre Stimme verweigerten. Die Umweltkrise wurde dadurch zu einer Legitimationskrise für die allein auf Hochwachstum setzenden politischen Entscheidungsträger.

Die Umweltpolitik, die vor diesem Hintergrund in den späten sechziger Jahren formuliert wurde, spiegelte die damalige Problemstruktur wider: es ging zunächst vorrangig um die Regulierung von industrieller Umweltbelastung und um Schadensbegrenzung. Im Mittelpunkt der staatlichen Aufmerksamkeit während der umweltpolitischen Frühphase standen folglich Luft- und Wasserverschmutzung durch industrielle Emissionen. Schwefeldioxidemissionen nahmen hier von Anfang an eine herausgehobene Rolle ein. Ursache war nicht nur, daß sie mengenmäßig am bedeutsamsten waren, sondern auch, daß sie anders als beispielsweise Stickoxidemissionen relativ kurzfristig durch verschiedene Entschwefelungsverfahren reduziert werden konnten.

In weniger als fünf Jahren wurde ein komplexes umweltpolitisches Gesetzeswerk verabschiedet, das insbesondere im Luftreinhaltebereich richtungsweisende Innovationen beinhaltete: so wurden für Schwefeldioxid- und später auch für Stickoxidemissionen in Belastungsgebieten Obergrenzen

---

1   Eine noch immer beeindruckende Darstellung aller Facetten der damaligen Umweltkrise geben: Huddle/Reich 1975.

für die zulässige Gesamtsumme der Emissionen aller Industriebetriebe festgelegt, für Schwefeldioxidemissionen wurde zusätzlich eine Abgabe zur Finanzierung der gesundheitlichen Folgekosten aus der Luftbelastung eingeführt (Foljanty-Jost 1989). Schon zehn Jahre nach Einsetzen einer systematischen Umweltpolitik bescheinigte die OECD 1977 Japan eine umweltpolitisch richtungsweisende Rolle.

Problemdruck und technische Lösbarkeit in Verbindung mit hohem wirtschaftlichen Wachstum hatten ein frühzeitiges Zustandekommen umweltpolitischer Regelungen möglich gemacht. Im internationalen Vergleich erklären sie jedoch nicht hinreichend, warum sich in Japan als Folge entsprechender regulativer Vorgaben ein nachsorgender Umweltschutz in Teilbereichen effizienter durchsetzen ließ als in anderen Ländern (Reich 1987). Berücksichtigt werden muß unter den genannten Bedingungen auch der Politikstil, mit dem sich die Effizienz staatlicher Steuerung erklären ließe: alle vergleichsweise umweltpolitisch effektiven Länder verbinden als Gemeinsamkeit politische Steuerungsmechanismen, die dem Prinzip konsensualer Politikformulierung folgen. Dies gilt für Schweden ebenso wie für Japan.[2] Beide Länder stehen vom Ergebnis her ähnlich gut da, obwohl der Problemdruck in Japan aufgrund des dramatischen Schadensausmaßes stärker gewesen sein dürfte. Aus dem internationalen Vergleich ist deshalb auch die Schlußfolgerung gezogen worden, daß für den umweltpolitischen Erfolg Japans neben der hohen Wirtschaftsleistung und der institutionellen und technischen Problemlösungsfähigkeit der kooperative Politikstil entscheidend sei. Dies deckt sich interessanterweise mit den Voraussetzungen, mit denen Schmidt (1986) und andere versucht haben, den wirtschaftlichen Erfolg Japans zu erklären.

---

2 Vgl. Jänicke 1991, S.19 in Anlehnung an Schmidt 1986.

1.1. Bedingungen des Erfolgs - Bedingungen für eine ökologisch angepaßte Strukturpolitik

Die Diskussion der politisch-institutionellen Bedingungen für umweltpolitischen und industrie- bzw. wirtschaftspolitischen Erfolg hat die Identifikation von einem Set von Basiskompetenzen des Staates erbracht, der geeignet erscheint, die unterschiedliche Problemlösungsfähigkeit von politischen Systemen zu erklären. Hierzu zu rechnen sind: Strategiefähigkeit, Integrationsfähigkeit, Steuerungsfähigkeit und Innovationsfähigkeit (Schmidt 1988, Lehmbruch/Schmitter 1979; Scharpf/Benz 1991; Jänicke 1991).

Unter Strategiefähigkeit wird die Fähigkeit des Staates verstanden, über politische Ziele einen gesellschaftlichen Diskurs zu initiieren mit dem Ziel, einen nationalen Konsens über mittel- und langfristige Entwicklungsperspektiven herzustellen. Voraussetzung für die Nutzung der politischen Erfahrungen aus der Industrie- und Umweltpolitik wäre demnach, ein gesellschaftliches Einverständnis über die Notwendigkeit eines ökologischen Umbaus der Wirtschaft herzustellen. Sie setzt die Fähigkeit voraus, alle betroffenen gesellschaftlichen Interessengruppen soweit zu integrieren, daß sie im Sinne der gesteckten Ziele kooperationswillig sind. Das Ausmaß, in dem dies gelingt, wird von der Integrationsfähigkeit des politischen Systems bestimmt. Staatliche Politik muß mit den organisierten Interessen der beteiligten Verbände so koordiniert werden, daß Politikformulierung einem gesellschaftlichen Konsens folgt. Sofern dennoch Konflikte auftreten, müssen sie im Vorfeld ihrer akuten Austragung friedlich regelbar sein. Die staatliche Integrationskapazität bestimmt maßgeblich staatliche Steuerungsfähigkeit. Zur Durchsetzung einer konsensual formulierten Politik bedarf es Verfahren und Instrumente, um gesellschaftliches Handeln zu steuern. Schließlich bestimmt die Innovationsfähigkeit des Staates seine Fähigkeit, sich auf neue Probleme einzustellen, sich flexibel und offen an veränderte gesellschaftliche, politische und ökonomische Bedingungen anzupassen sowie institutionell und programmatisch zu reagieren.

Die Strategiefähigkeit des Staates

Kern staatlicher Strategiefähigkeit ist die Fähigkeit zu längerfristiger, planvoller Politik. Dies setzt Verfahren und Institutionen voraus, die die Herstellung eines Konsenses über mittel- und langfristige politische Ziele ermöglichen. Planung ist ein solches Verfahren. Ursprünglich war das Bekenntnis zu einer aktiven Industriepolitik in Japan verknüpft mit einem zielgerichteten bzw. strategischen Zugang des Staates zur Wirtschaft. Der Staat als gesamtgesellschaftlicher Entwicklungsträger formulierte seit Beginn der Industrialisierung die nationalen wirtschaftlichen und gesellschaftlichen Ziele. Im Verlaufe des politischen Modernisierungsprozesses wurde das Konzept der rationalen Planung politisch wünschenswerter Entwicklung auf zahlreiche Politikfelder ausgeweitet. Es beinhaltet die Idee der indikativen Rahmenplanung, die nicht mehr, aber auch nicht weniger vorsieht als die Nutzung von Planungen als Richtschnur für künftige Entwicklungen. Damit einher geht das Verständnis, daß die Pläne generell keine starren, quantifizierten Zielwerte beinhalten, die zu einem bestimmten Zeitpunkt erreicht werden müssen.

Industrie- wie Umweltpolitik in Japan basieren in großem Umfang auf derartigen Perspektivplanungen. Zu nennen sind beispielsweise die langfristigen Strukturpläne des MITI, die Wirtschafts- und Branchenpläne, die Energieversorgungskonzepte, die Flächennutzungspläne und die Umweltschutzpläne.

Die Fülle von sektoralen und gesamtgesellschaftlichen Rahmenplänen und Konzepten ist Ausdruck des japanischen Wirtschafts- und Gesellschaftsmodells, das das MITI 1974 als "Planmarktwirtschaft" bezeichnet hat (Tsûshô sangyô-shô 1974). Der Begriff ist programmatisch: es handelt sich nicht um das sozialistische Konzept der Planwirtschaft. Vielmehr ist historisch das Instrument der Planung als rationale politische Option zur Durchsetzung von nationalen Entwicklungszielen eingeführt worden. Die generelle positive Bedeutung einer derartigen Planorientierung ist wiederholt hervorgehoben worden: so hat Johnson (1982, S.18-19) die vergleichsweise zügige Formulierung von Umweltschutznormen und die Einführung von Entschwefelungsanlagen durch die japanische Industrie, mit der auf die dramatische Luftverschmutzung in den sechziger und frühen siebziger Jahren reagiert wurde, auf die strategische Überlegenheit der Planrationalität des politisch-administrativen Systems Japans zurückgeführt und mit Systemen wie dem der USA kontrastiert, das weitaus ausgeprägter der Rationalität des Marktes folgt. Über den Weg der kollektiven Zielbestimmung und der ausgehandelten Umsetzungsschritte für die beteiligten Branchen wurden konkurrenzbedingte Handlungsbarrieren in der aktuellen Umweltkrise umgangen. Shonfield (1969) hat diese Form staatlicher Planung bereits 1969 als Voraussetzung für wirtschaftlichen Erfolg bezeichnet, da sie die Grundlage für ein abgestimmtes, informiertes Vorgehen der einzelnen Industriezweige und des Staates bilde.

In der Wirtschaftspolitik dienen langfristige Wirtschaftspläne und Entwicklungskonzepte in Form sogenannter "visions" oder – wie sie nach 1978 genannt wurden – "Grundorientierungen" das Kernstück nicht nur industriepolitischer Politikformulierung. Neben Grundlinien zur wirtschaftlichen Entwicklung enthalten diese Pläne eine Bestandsaufnahme des Status quo und ermöglichen dadurch eine Überprüfung vergangener Entwicklung. Bestehende gesellschaftliche Problembereiche werden benannt und mögliche Lösungsstrategien vorgestellt. Die Bedeutung der "visions" geht über die von reinen Prognoseberichten hinaus, da sie die allgemeinen Leitlinien für die politisch gewünschte ökonomische und gesellschaftliche Entwicklung über einen Zeitraum von etwa zehn Jahren angeben. Konkret sollen sie vier Aufgaben erfüllen:

1. Bereitstellung von Daten zur Entwicklung und Befriedigung gesellschaftlicher Bedürfnisse in unterschiedlichen Bereichen, damit eine Abstimmung von wirtschaftlichem Strukturwandel und gesellschaftlicher Bedürfnisstruktur ermöglicht wird.

2. Ermittlung des langfristigen politischen Handlungsbedarfs zur Kompensierung von Marktversagen.

3. Orientierungshilfe für die industrielle Entwicklung durch Analyse wachstumshemmender Faktoren und Konzipierung stabilisierender Maßnahmen.

4. Konzipierung branchendifferenzierter Handlungsoptionen und die politische Unterstützung gewünschter Veränderungen (Hesse 1983, S.210).

Die Planerstellung ist abhängig von den konkreten Vorleistungen von verschiedenen Expertengremien, die dem MITI zuarbeiten. Bei der Erstellung der "vision" von 1976 beispielsweise bereiteten die Ausschüsse für Strukturwandel in der Aluminiumindustrie und für Industrieabwässer wichtige Datensammlungen vor (Hesse 1983, S.210). Der allgemeine Charakter der Pläne erfordert eine bereichsspezifische Konkretisierung. Sie erfolgt in langfristigen Spezialplanungen wie der Flächennutzungsplanung, den

Umweltschutz- und Energieversorgungsplänen u.ä. sowie nachgeordneten Durchsetzungsmaßnahmen. Da diese Bereichsplanungen ihrerseits gleichzeitig als Grundlage für die Fortschreibung globaler Perspektivplanung dienen, wird einerseits koordiniertes Vorgehen ermöglicht, andererseits eine Einbindung von Fachplanungen in die Gesamtkonzeption erreicht.

Der Planungsprozeß ist in allen Politikfeldern weitgehend identisch. Zuständig für die Erstellung von Plänen sind zunächst die Ministerien. In dem Bereich der Industriepolitik handelt es sich um das MITI. Das Ministerium beauftragt einen sogenannten administrativen Beratungsausschuß (*shingi-kai* oder auch *shinsa-kai*) mit der Vorlage eines Entwurfs. Bedeutendster ständiger Beratungsausschuß, der vor allem für die Erarbeitung von Langzeitkonzepten zuständig ist, ist der Industriestrukturrat (*Sangyô kôzô shingi-kai*). Er wird ergänzt durch eine Fülle von Fachausschüssen, Subgremien und Expertengruppen, die sich arbeitsteilig mit Detailfragen strukturellen Wandels beschäftigen. Dem Industriestrukturrat steht es grundsätzlich offen, zusätzlich zu seinen ständigen Gremien weitere ad-hoc-Ausschüsse mit Teilaspekten zu betrauen – eine Chance, flexibel auf neue Problemlagen und Anforderungen zu reagieren.

Die Beratungsgremien arbeiten an der Erstellung von Grundsatzkonzepten bis zu zwei Jahren. Während der gesamten Phase ist der Einfluß des MITI auf den Planungsprozeß strukturell weitreichend abgesichert:

— Die Initiative für Strukturplanungen liegt beim MITI.

— Das MITI wählt die Mitglieder der Beratungsgremien aus und ernennt sie.

— Das MITI formuliert das Konzept grob in der gewünschten Richtung vor, bevor der Industriestrukturrat tätig wird.

— Das Ministerium bereitet das Datenmaterial, das als Beratungsgrundlage dienen soll, vor. Es organisiert während der Beratungsdauer Expertenbefragungen und veranstaltet Anhörungen.

— Das MITI fertigt den Endbericht in Absprache mit dem Rat an.

Die Arbeit des Ausschusses ist mit der feierlichen Übergabe des Abschlußgutachtens an den Minister beendet; dieser Vorgang wird in der Öffentlichkeit in der Regel stärker beachtet als der nachfolgende eigentliche politische Entscheidungsprozeß.

Dies wirft ein Licht auf die Bedeutung dieser Ausschüsse. Entscheidend für die Außenwirkung der Gremienarbeit dürfte sein, daß informell, wie oben beschrieben, in der Vorbereitungsphase alle direkt betroffenen Industrievertreter informiert und von dem Gremium durch Vorklärungsgespräche in die Grobstrukturierung einbezogen werden. Diese Phase zieht sich solange hin, bis Widerstände ausgeräumt sind und ein Entwurf möglich ist, den alle Beteiligten mittragen können (Hesse 1983, S.221ff.). Die Untersuchung von Craig (1985) belegt, daß zum Zeitpunkt der offiziellen Beratung tatsächlich bereits ein Grundkonsens besteht und häufig nur noch formal von Beratungsausschuß und Ministerium bestätigt wird, was informell längst ausgehandelt ist. Dadurch können Perspektivplanungen mehr sein als nur Mittel zur Legitimierung von MITI-Politik. Sie repräsentieren die Übereinstimmung der für die wirtschaftliche und gesellschaftliche Entwicklung des Landes maßgeblichen Gruppen im Hinblick auf den langfristigen nationalen Entwicklungskurs. Sie haben mit den Worten McMillans (1989, S.90) eine "pädagogische Funktion", indem sie eine kollektive Verarbeitung zurückliegender Erfahrungen bei Staat und Industrie und eine Verständigung auf zukünftige Ziele initiieren. Sie bilden einen stabilen Orientierungsrahmen für konkrete politische Steuerungsmaßnahmen sowie für koordiniertes und informiertes Vorgehen von Industrie und Administration.

Die Integrationskapazität des Staates

Unter Integrationskapazität wird hier die Fähigkeit des Staates verstanden, die unterschiedlichen gesellschaftlichen Interessengruppen in den politischen Prozeß einzubeziehen und einer Fragmentierung entgegenzuwirken, indem Interessenkonflikte friedlich und konsensual gelöst werden. Der Begriff "konsensual" soll hier die Präferenz von Verfahren bei der Formulierung und Durchsetzung von Politik bedeuten, die durch den Verzicht auf die Durchsetzung von numerischen Mehrheiten per Abstimmung gekennzeichnet ist. Anstelle von Mehrheitsentscheidungen werden Kooperation und Kompromiß gesucht. Dies wird möglich durch die Schaffung von stabilen Institutionen der Interessenvermittlung, in denen die unterschiedlichen gesellschaftlichen Interessen in den politischen Prozeß integriert und zu konsensfähigen Positionen zusammengeführt werden.

Wichtigste staatliche Akteure für eine ökologische Strukturpolitik sind neben dem Finanzministerium (*Ôkura-shô*) und dem Nationalen Umweltamt (*Kankyô-chô*) auf der Seite der Ministerialbürokratie vor allem das MITI, konzentriert es doch von allen staatlichen Institutionen die umfassendsten umweltpolitisch relevanten Zuständigkeiten unter seinem Dach. Es ist einerseits das Ministerium, dem das gesamte Verarbeitende Gewerbe, die Energieerzeuger und teilweise die Landwirtschaft unterstehen, also die ökologisch maßgeblichen Wirtschaftssektoren, zum anderen ist es das MITI und nicht etwa das Nationale Umweltamt, das verantwortlich für den gesamten Bereich der industriellen Umweltbelastung und deren Regulierung ist. Es ist zuständig für die Festlegung und Genehmigung industrieller Standorte, Entsorgung von Industriemüll sowie die Konzipierung, Förderung und Umsetzung von Energie- und Ressourcenpolitik. Daneben sind es vor allem die Interessenvertretungen der Industrie und – abgeschwächt – die Gewerkschaften, die von ökologischen Strukturveränderungen betroffen sind. Umweltschutzverbände spielen als eigenständige politische Kraft kaum eine Rolle, da sie über keine starken überregionalen Interessenvertretungen verfügen, sondern vor allem dezentral vor Ort als Bürgerinitiativen aktiv sind.

Das politische System Japans verfügt über vielfältige Verfahren und Institutionen, die der Organisation des Interessenausgleichs und der Konsensbildung zwischen den genannten Interessengruppen dienen. Zwischen dem MITI und den Industrievertretern, zwischen den beteiligten Ministerien sowie zwischen Ministerien und der Regierungspartei bzw. -koalition existieren zur Abstimmung und Interessenabklärung eine Fülle von Koordinierungsorganen wie gemeinsame Planungsgruppen, administrative Beratungsgremien und informelle "Studienzirkel", in denen sich Mitglieder der Ministerialbürokratie, der Regierungspartei und der Interessenverbände zusammenfinden, um ad-hoc oder auf regelmäßiger Basis politische Fragen zu diskutieren. Die Bezeichnungen dieser Institutionen sind vielfältig – es wird von *kyôgi-kai* (Beratungsausschuß), *chôsa-kai* (Untersuchungsausschuß), *shinsa-kai* (Prüfungsausschuß), *renraku-kai* (Koordinierungsausschuß) oder auch *kenkyû-kai* (Studiengruppe) gesprochen. Unter diesen dürften die administrativen Beratungsausschüsse (*shingi-kai*) wichtigster Ort der Einbindung von Interessengruppen in den politischen Prozeß sein. Sie sind als ad-hoc-Ausschüsse oder ständige Beratungsgremien im Auftrag des MITI bzw. des Nationalen Umweltamts in den hier relevanten Bereichen der Industrie- und Umweltpolitik tätig.

Eines der wichtigsten Gremien für die kooperative Formulierung von Industriepolitik wurde bereits erwähnt. Es handelt sich um den Industriestrukturrat (*Sangyô kôzô shingi-kai*), einer der größten und einflußreichsten ständigen Beratungsausschüsse schlechthin. Die Pendants auf der umweltpolitischen Seite sind der Zentralrat für Umweltfragen (*Chûô kôgai taisaku shingi-kai*) und der Rat für den Schutz der natürlichen Umwelt (*Shizen kankyô hozen shingi-kai*). Für diese Beratungsgremien gilt generell wie für andere auch, daß sie die Aufgabe haben, mit dem in ihnen vertretenen Expertenwissen bürokratisches Handeln zu ergänzen, zu profilieren und zu kontrollieren. Sie sollen diese Funktionen dadurch wahrnehmen, daß einerseits in ihnen unterschiedliche, sich teilweise widersprechende gesellschaftliche Interessen vertreten sind, sie andererseits aber gegenüber der Bürokratie in der Regel als Einheit auftreten, also vom Ergebnis her konsensorientiert arbeiten. Sie dienen als Ort der Interessenvermittlung vor und während der Formulierung von politischen Maßnahmen.

Der Industriestrukturrat als ständiger Ausschuß hat 130 Mitglieder, die für einen Zeitraum von zwei Jahren vom Ministerium ernannt werden. Die außerordentlich einflußreiche Position des Vorsitzenden wird in der Regel mit dem Präsidenten des wichtigsten Dachverbandes der Industrie, *Keidanren*, besetzt. Die Mitglieder sind Spitzenvertreter der Industrieverbände und Gewerkschaftsdachverbände, der Wissenschaft sowie der Öffentlichkeit. Die Zusammensetzung erfolgt pluralistisch, jedoch nicht paritätisch, wobei allerdings beachtet werden muß, daß die bei uns übliche Gleichsetzung von Parität und Waffengleichheit nur dann plausibel ist, wenn nach einem reinen Mehrheitsprinzip entschieden wird. Dies ist bei den Gremien nicht der Fall, sie folgen in ihrem Entscheidungsmodus dem Konsensprinzip.[3] Ähnlich verhält es sich auch bei den entsprechenden zentralen Beratungsausschüssen des Nationalen Umweltamts. Die Frage ist, welche Bedeutung das Fehlen einer paritätischen Beteiligung von Umweltschutzinteressen auf nationaler Ebene für die Formulierung einer ökologisch orientierten Industriepolitik hat. Bei der Durchsetzung von technischem Umweltschutz und regulativen

---

3 Durch die Vereinheitlichungsbewegung der Gewerkschaftsverbände in dem Dachverband *Rengô* 1989 sind die Voraussetzungen für eine Inkorporierung der Gewerkschaften in den politischen Prozeß im westlichen Sinne verbessert worden. So ist die Zusammensetzung des zweiten Sonderausschusses zur Beratung der Verwaltungsreform (*dai-ni rinchô*), einer der politischsten Gremien, mit Vertretern der Industrie, der Öffentlichkeit, der Gewerkschaften und Wissenschaft als erster Schritt hin zu einer Verwirklichung einer neuen, spezifisch japanischen Variante des Neo-Korporatismus gesehen worden (Shinohara 1982). Korporatismus japanischen Typs wird dabei als institutionalisierte Kooperation zwischen den Vertretern der einflußreichsten Berufsgruppen, und zwar im Kern die *zaikai* und die Bürokratie und als Minderheit die Gewerkschaften, verstanden, ohne dabei der paritätischen Zusammensetzung eine zentrale Bedeutung zuzumessen. Vgl. Sone 1988.

Umweltschutzvorgaben haben in den siebziger Jahren kooperative Verhandlungsstrategien auf dezentraler Ebene als Form der Konfliktverarbeitung und Integration von Umweltschutzinitiativen eine Rolle gespielt. Mit lokalen Expertengremien und Umweltschutzabkommen wurden damals Foren geschaffen, auf denen Konflikte zwischen den unmittelbar Betroffenen mit den Mitteln der Vermittlung und Absprache dort konsensual und kooperativ gelöst werden können, wo sie auftreten. In vergleichbarer Weise wird auch mit Hilfe der Institution der Betriebsgewerkschaft ein Weg eröffnet, daß stabile quasi-korporatistische Strukturen vor Ort wirken und Pufferfunktionen für die nationale Ebene übernehmen können. Die Arbeit der Institutionen der Interessenabstimmung kann dadurch auf nationaler Ebene friktionsfreier verlaufen, da Konflikte "vorgefiltert" sind. Die Tatsache, daß auf Empfehlung des Zentralrats für Umweltfragen auf nationaler Ebene ein im internationalen Vergleich durchaus strenges Regelungssystem formuliert wurde und es zu keiner Verselbständigung des Umweltprotestes beispielsweise in Form der Gründung einer überregionalen alternativen Ökopartei kam, ließe sich als Beleg dafür sehen, daß strenge Umweltschutzauflagen unter bestimmten Bedingungen auch ohne direkte Integration von Umweltschutzinteressen realisierbar sind und die Interessen derer, die nicht am Verhandlungstisch sitzen, mitgedacht werden können. Dies ist allerdings in der traditionellen Umweltpolitik nur dann der Fall, wenn die Vertreter von Umweltschutzinteressen ein starkes Konfliktpotential repräsentieren.

Die staatliche Steuerungsfähigkeit

Die Kapazität, gesellschaftliche Aufgabenstellungen zu lösen und gesellschaftliche Vorgänge zu steuern, ist abhängig von den institutionellen Bedingungen, unter denen politische Maßnahmen formuliert und umgesetzt werden. Hierzu ist u.a. die Autonomie der Ministerialbürokratie zu rechnen, die sich aus Faktoren wie dem Grad parteipolitischer Unabhängigkeit bestimmt. Daneben ist der Zentralisierungsgrad politischer Entscheidungen sowohl im Hinblick auf das Verhältnis von zentralstaatlicher und kommunaler Ebene als auch im Hinblick auf das Verhältnis zwischen den beteiligten Ministerien und den politisch Verantwortlichen entscheidend. Die Handlungsfähigkeit der Ministerialbürokratie wird ferner geprägt durch den Umfang von institutionellen Ermessensspielräumen sowie durch die

Verfügbarkeit von Instrumenten zur Beeinflussung von unternehmerischem Verhalten.

Eines der zentralen Argumente für die ausgeprägten Einflußmöglichkeiten des japanischen Staates auf die wirtschaftliche Entwicklung ist die Qualität der beteiligten Ministerialbürokratie. Die spezifischen Merkmale der japanischen Bürokratie, die ihre Steuerungskapazität begründen, sind umfassend analysiert worden (Tsuji 1969; Muramatsu 1988; Koh 1989). Neben den universellen Quellen bürokratischer Macht und Faktoren wie der ununterbrochenen Regierungsmehrheit der konservativen Liberaldemokratischen Partei bis 1993 begünstigen Qualität und Struktur der Ministerialbürokratie ihren Einfluß. Sie bestimmen sich aus der Homogenität des Werdegangs von sowie aus den Selektionsmechanismen für Karrierebürokraten. Ein Blick auf den Bildungshintergrund der führenden Ministerialbeamten in den für Industriepolitik entscheidenden Ministerien für Finanzen und Internationalen Handel und Industrie ergibt eine Übereinstimmung in folgenden Punkten:

Nach wie vor hat die Mehrzahl einen Abschluß an der juristischen Fakultät der renommierten staatlichen Tôkyô-Universität vorzuweisen.

Die Aufnahmeprüfungen für die Eliteuniversitäten des Landes sowie die Aufnahmeprüfung in den Staatsdienst bei den genannten Ministerien fragen identische Qualifikationen ab: breites Allgemeinwissen, hohe Motivation und Anpassungsfähigkeit, Kooperationsfähigkeit und hohe Belastbarkeit.

Die personelle Homogenität der Ministerialbürokratie wird ergänzt durch Verfahren, die eine interne konsensuale Entscheidungsfindung ermöglichen. Eines der am meisten beachteten Verfahren ist das sogenannte *ringi-sei,* ein Procedere im Vorfeld formaler Entscheidungen zur Konsensbildung innerhalb einer organisatorischen Einheit. Ein Entwurf wird dabei auf der untersten Verwaltungsebene formuliert und dann von unten nach oben gereicht, damit alle Betroffenen ihre Vorstellungen einarbeiten können. Der Prozeß wiederholt sich, bis alle Beteiligten zustimmen, und wird erst dann offiziell durch eine Entscheidung "von oben" beendet. (Tsuji 1989). Wenngleich gerade aus den Reihen des MITI (Namiki 1979) darauf hingewiesen wurde, daß der Prozeß der kollektiven Behandlung von Entscheidungsvorlagen in der ministeriellen Praxis weitgehend ritualisiert ist, bleiben zumindest zwei Effekte erhalten: die Verantwortlichkeit für die so getroffene Entscheidung läßt sich nicht individuell zuordnen. Alle Beteiligten sind gleichermaßen verantwortlich, die Gefahr einer nachträglichen Distanzierung wird reduziert.

Innerhalb und zwischen den beteiligten Ministerien dient in den verschiedenen Phasen des politischen Prozesses das sogenannte *nemawashi* der Klärung von

Positionen und möglichen Konflikten im Vorfeld der offiziellen Verhandlungen. Es handelt sich hierbei um informelle Vorgespräche, die als solche zweifellos auch außerhalb von Japan üblich sind, in ihrer Quasi-Institutionalisierung gelten sie jedoch als typischer Ausdruck des japanischen Konsensstrebens (Noda 1985, S.127f.). Diese internen Prozesse sind in der Vergangenheit weitgehend "entpolitisiert" erfolgt, d.h. das Fehlen eines politischen Wechsels zwischen 1955 und 1993 und die politische Fragmentierung der Regierungspartei LDP haben die relative Unabhängigkeit des MITI begünstigt. Der weite Handlungsspielraum des Ministeriums war selten angetastet (Johnson 1989, S.236). Die politische Autonomie des MITI hat jedoch zu keiner uneingeschränkten Dominanz des Ministeriums geführt. Während staatliche Kontrolle und Einflußnahme in der Klein- und Mittelindustrie kaum in Frage gestellt wird, ist das MITI gegenüber der Großindustrie von Aushandlungsprozessen abhängig, die durchaus auch gegen seine Interessen verlaufen können.[4] Hier dominiert das Ministerium, dort verhandelt es (Samuels 1987, S.260).

Politische Steuerung, die auf rechtsförmige Verfahren weitgehend verzichtet und sich statt dessen auf Verhandlungen stützt, bedarf entsprechender Institutionen und Verfahren. Maßgeblich für informelle staatliche Steuerung ist die Netzwerkstruktur des politischen Prozesses, die eine Politik der "kurzen Wege" ermöglicht. Ein entscheidender Pfeiler für die Vernetzung ist die interne Struktur des MITI. Es setzt sich aus sogenannten vertikalen sowie aus horizontalen Abteilungen zusammen. Für eine ökologisch orientierte Strukturpolitik bedeutsam ist vor allem die direkte Zuordnung von Abteilungen des MITI zu Industriegruppen. So existieren im MITI Abteilungen mit sektorendifferenzierter Aufgabenbestimmung wie die Abteilung für die Schwerindustrie mit Referaten für die Chemie- und Stahlindustrie usw. Daneben bestehen Abteilungen mit Querschnittsaufgaben wie die Abteilung für industrielle Umweltverschmutzung, für Industriefinanzierung, für Probleme der Klein- und Mittelindustrie usw.

Die vertikalen Abteilungen, die sogenannten *genkyoku,* sind verantwortlich für Industriebranchen. Sie finden ihre Entsprechungen in den jeweiligen Branchenverbänden oder Konzernen der Branche. Alle ökologisch maßgeblichen Branchen sind aufgrund ihrer ökonomischen Bedeutung seit

---

4   So berichtet Pauer (1992, S.171) von der Weigerung der Automobilindustrie, den staatlichen Forderungen nach Aufbau einer eigenen Nutzfahrzeugproduktion zu entsprechen. Unternehmerische Interessen an der Zusammenarbeit mit der amerikanischen Automobilindustrie standen in deutlichem Widerspruch zu den staatlichen Interessen einer autonomen wirtschaftlichen Entwicklung.

jeher als eigenständige Abteilungen im MITI berücksichtigt, so die Abteilung für Grundstoffindustrien mit Referaten für alle einschlägigen Industriezweige. Neben den zahlreichen, kaum nachzeichenbaren informellen Verbindungen zwischen den *genkyoku* und den Vertretern der jeweiligen Branchen fungieren die administrativen Beratungsgremien des MITI als institutionalisierte Schnittstelle beider, an der neben Koordinierung und Interessenausgleich vor allem Informationsaustausch stattfindet. Abbildung 1 gibt vereinfacht Beispiele für strukturpolitisch relevante Vernetzungen wieder.

Analog der Struktur der branchenspezifischen Büros des MITI sind auch der Industriestrukturrat sowie seine ständigen und ad-hoc-Ausschüsse aufgebaut. So arbeitet in der Abteilung für Grundstoffindustrien im MITI das Referat für die Stahlindustrie mit dem Ausschuß für Stahlproduktion innerhalb des Industriestrukturrats zusammen. Solange die LDP die Regierung stellte, d.h. bis 1993, hatten beide ihre Ansprechpartner in dem Parteiausschuß für Industriepolitik sowie der informellen Gruppe der industriepolitischen Experten (*zoku giin*). Durch den hohen Konzentrationsgrad in ökologisch relevanten Branchen wie der Schwer- und chemischen Industrie wird zusätzlich die horizontale Koordinierung erleichtert. Neben dem Dachverband der Stahlerzeuger bestehen innerhalb der Industriedachverbände beispielsweise Arbeitsgruppen mit Mitgliedern aus der Stahlbranche, die Anlaufstelle für MITI und Industriestrukturrat sind. Kommunikationswege werden dadurch verkürzt, ständige direkte Interaktion zwischen MITI-Experten und Branchenfachleuten erleichtert. Ergebnis der Abstimmungsprozesse ist einerseits die bereits angesprochene Perspektivplanung. Gleichzeitig wiederholt sich der horizontale Abstimmungsprozeß jedoch auch in der Phase der Konkretisierung politischer Maßnahmen und deren Umsetzung.

Die branchendifferenzierte Konsensbildung findet ihren Ausdruck in analog strukturierten sektoralen Bündeln strukturpolitischer Maßnahmen, die von der Schaffung rechtlicher Rahmenbedingungen über die klassischen Felder der staatlichen Produktionsmengen-, Preis- und Investitionsregulierung in einzelnen Branchen bis hin zu branchen- und unternehmensdifferenzierten Sozialplänen reichen können. Sie sind Arbeitsergebnis der Referate für die einzelnen Industriezweige, die Vorbereitung branchenspezifischer Gesetzgebung, Ausarbeitung branchenspezifischer Besteuerung, Investitionslenkung und Genehmigungen in ihrer Hand haben.

Abbildung 1: Horizontale Verflechtungen von Industrie und Staat in ökologisch relevanten Bereichen

Branchenverbände	MITI	Beratungsgremien
- Japan Chemical Industry Association - The Japan Iron and Steel Federation - Japan Light Metal Association - Special Steel Association	Basic Industries Bureau Divisions: - Chemical Products Safety - Basic Chemicals - Chemical Products - Nonferrous Metals - Iron/Steel	Councils: -Industrial Structure - Chemical Products
- Japan Electrical Manufacturer's Association - Electronic Industries Association of Japan - Japan Electronic Materials Manufacturer's Association - Communication Industry Association of Japan - The Japan Machinery Federation	Machinery and Information Industries Bureau Divisions: - Electronics - Industrial Electronics - Information System Development - Information Service Industry - Electrical Machinery and Consumer Electronics	Councils: - Information Processing Promotion - Data Processing Promotion
- The Federation of Electric Power Companies - The Japan Gas Association - Atomic Energy Commission - Thermal and Nuclear Power Engineering and Inspection Corporation - Petroleum Association of Japan	Agency of Natural Ressources and Energy Public Utilities Department Divisions: - Nuclear Energy Industry - Energy Policy Planning Energy Conversation and Alternative Energy Policy - Petroleum Department	Advisory Committee for Energy Electricity Utility Industry Council Petroleum Demand Coordination Council Petroleum Council

© Martin-Luther-Universität Halle/ Japanologie

Anm.: Berücksichtigt wurden nur ständige Ausschüsse.

Die "vertikalen Abteilungen" werden ergänzt durch horizontal angelegte Abteilungen mit Querschnittsaufgaben. Hierzu zählen die Abteilung für internationalen Handel, für Industriestandortplanung, für Industriepolitik und für industriellen Umweltschutz. Instrumente der Koordinierung und Verhandlung sind neben der Fülle von informellen Gesprächs- und Koordinationskreisen administrative Empfehlungen und Absprachen, d.h. Instrumente, die auf dem direkten Kontakt basieren, nicht rechtsverbindlich sind und in der Regel nicht schriftlich fixiert werden. Mit administrativen Empfehlungen (*gyôsei shidô*) gibt die Verwaltung bzw. das Ministerium den Branchen oder einzelnen Unternehmen in Gesprächsrunden Anregungen oder Hinweise, mit welchen Maßnahmen politische Ziele wirksamer durchgesetzt werden können (Foljanty-Jost 1989). In der Umweltpolitik werden administrative Empfehlungen eingesetzt, um bei Vollzugsproblemen ad-hoc und anlagenbezogen Verbesserungen durchzusetzen. Aus der Industriepolitik sind eine Reihe von Fällen bekannt, in denen das MITI Produktionsbeschränkungen und Investitions- und Preisabsprachen zum Abbau von Überkapazitäten beispielsweise in der Stahlindustrie "empfohlen" hatte, um sein Strukturkonzept für die japanische Wirtschaft zu realisieren. Die rechtliche Unverbindlichkeit hat bei Interessenkonflikten wie im Falle des "empfohlenen" Kapazitätsabbaus in der Stahlindustrie in nur wenigen bekanntgewordenen Fällen dazu geführt, daß betroffene Unternehmen sich weigerten, den "Empfehlungen" zu folgen (Foljanty-Jost 1988, S.87f.). Fallstudien weisen darauf hin, daß die Befolgung zwar letztlich nach dem Zuckerbrot-und-Peitsche-Prinzip von der Verwaltung erzwungen werden kann, aber auf Seiten der Industrie durchaus ein Interesse an einem reibungslosen Funktionieren dieser Praxis besteht, auch wenn es sich um relativ autonome Großunternehmen handelt (Yamanouchi 1985, S.41f.). Die Vorteile für beide Seiten im Hinblick auf die effiziente Durchsetzung politischer Ziele liegen auf der Hand: die Vollzugsbehörden können ad-hoc, problem- und adressatendifferenziert agieren, sie gewinnen an Flexibilität und Zeit. Für die Unternehmen werden zeitliche und sachliche Rigiditäten, die sich bei rechtsförmlichem Vorgehen ergeben können, vermieden. Sie erhalten die Möglichkeit, durch die direkten Kontakte mit den Vollzugsinstanzen die Ausgestaltung von Vollzugsmaßnahmen im konkreten Einzelfall mitzutragen. In der Umweltpolitik haben daneben als Form der informellen Steuerung die Umweltschutzabsprachen die Funktion, Konflikte friedlich zu regeln und kooperativ Lösungen zu erarbeiten (Foljanty-Jost 1989b). Sie werden in der kommunalen Umweltpolitik ergänzend eingesetzt, um außergerichtliche Vermittlungsverfahren oder administrative Empfehlungen schriftlich zu fixieren und damit "aktenkundig" zu machen. Auf diesem Wege sind vor allem in den siebziger Jahren zwischen kommunalen

Vollzugsbehörden und Industriebetrieben sowie zum Teil unter Beteiligung der ortsansässigen Umweltschutzverbände Umweltschutzregelungen ausgehandelt worden, die wiederholt zu Vorläufern für die Umweltgesetzgebung wurden.

Die staatliche Innovationskapazität

Gemeint ist hier die Fähigkeit zu gesellschaftlicher und institutioneller Innovation. Schmidt (1988, S.16) hat aus dem Vergleich westlicher Industrieländer einen offensichtlichen Zusammenhang von politischem Erfolg und der Fähigkeit, historische Schocksituationen produktiv zu verarbeiten, herausgearbeitet. Länder, die institutionell innovativ auf Krisensituationen reagiert haben, scheinen auch in der Bewältigung der alltäglichen Staatsgeschäfte flexibler, offener und effizienter zu sein. Die historische Erfahrung mit der Bewältigung von gesellschaftlichen Krisen- oder Umbruchsituationen, deren Zeitpunkt und Verlauf prägen die Flexibilität und Innovationsfähigkeit des Staates, aber auch die Erwartung an und die Akzeptanz von staatlichem Handeln.

Eine der industriepolitisch relevanten Schockerfahrungen war die Öffnung Japans in der Mitte des letzten Jahrhunderts. Konfrontiert mit der Überlegenheit des Westens in ökonomischer und militärischer Hinsicht sowie der Gefahr der Kolonialisierung wurde der Staat zum aktiven Träger und Organisator der nationalen Aufholpolitik, gleichzeitig aber öffnete er im weiteren Verlauf den politischen Prozeß für die führenden Industriebranchen der Schwer- und chemischen Industrie, indem er ihre Vertreter in gemeinsame Beratungsgremien berief.

Der zweite große Schock war die Kriegsniederlage mit dem Verlust der Kolonien und der weitreichenden Zerstörung des Landes. Die Erfahrungen mit dem Tennoismus und mit dem Scheitern der staatlichen Kriegswirtschaft wurden innovativ zu einem Konzept des liberalen, demokratisch verfaßten Handelsstaates, der auf einer eindimensional wachstumsorientierten Planmarktwirtschaft basiert, verarbeitet.

Der ökologische Schock der späten sechziger Jahre rückte schließlich die katastrophalen Folgen dieser Politik ins öffentliche Bewußtsein. In diesen

Jahren gingen Photos von Japanern um die Welt, die in speziellen Krankenstationen Sauerstoff "tankten", wenn die Luftverschmutzung ihnen den Atem nahm. Tausende starben oder leiden lebenslang an chronischen Atemwegserkrankungen. Toxische Industrieabwässer führten zu Kadmium- und Quecksilbervergiftungen katastrophalen Ausmaßes, deren gesellschaftliche Folgen bis heute nachwirken. Die Reaktion auf die Umweltkrise war insofern innovativ, als daß der soziale Sprengstoff, der in der Zerstörung der Lebensumwelt angelegt war, erkannt und durch verfahrensmäßige Innovationen verarbeitet wurde: Bürgerinitiativen wurden durch die neu geschaffene Institution der Umweltschutzabsprachen in Verhandlungen mit der ortsansässigen Industrie eingebunden. Konfliktaustragung wurde durch die Einrichtung außergerichtlicher kommunaler Schlichtungsverfahren verkürzt, den Gerichten entzogen und faktisch den Kommunen übertragen (Foljanty-Jost 1989b). Durch die Institutionalisierung eines neuen Politikfeldes, der Umweltpolitik, wurde politischer Handlungswille demonstriert und mit der Formulierung eines Regelungskatalogs konkretisiert.

Der vierte nachhaltige Schock war die Ölpreiskrise von 1973/74, die schlagartig die Verwundbarkeit des Industriesystems, das nahezu vollständig von ausländischen Rohstoffvorkommen abhängig ist, bewußt machte. Antwort des politisch-administrativen Systems war eine Strukturanpassungspolitik, die nicht rückwärtsgewandt obsolete Strukturen konservierte, sondern einen Strukturwandel förderte, der in den achtziger Jahren selbst Wachstumsmotor wurde.

Die genannten Schockerfahrungen haben Industrie und Staat produktiv verarbeitet: sie sind aus den Krisen mit Innovationen hervorgegangen, die nicht nur zu deren Überwindung, sondern zu neuen Effizienzsteigerungen führten.

1.2. Zwischenfazit: Gute Voraussetzungen für eine ökologisch gelenkte Strukturpolitik

Faßt man die Teilaspekte der Strategie-, Integrations-, Steuerungs- und Innovationskapazität des politischen Systems Japans zusammen, scheinen die institutionellen Voraussetzungen für eine richtungsweisende ökologisch orientierte Strukturpolitik geradezu schulbuchmäßig ideal zu sein:

1. Eine institutionelle Verklammerung von Strukturpolitik und Ressourcenschutz ist durch bereits bestehende Referate für Industriestrukturpolitik und industriellen Umweltschutz möglich.

2. Die Tradition der langfristigen Perspektivplanung und der Konsensbildung existiert sowohl im wirtschaftspolitischen wie auch im umweltpolitischen Bereich.

3. Die akzeptierte, historisch gewachsene Führungsrolle des Staates bei der Richtlinienformulierung für die industrielle Entwicklung erleichtert eine Integration von Umweltpolitik in die Strukturpolitik.

4. Eine institutionelle horizontale Vernetzung von Industrieministerium, pluralistisch besetzten Beratungsgremien und Industriebranchen ermöglicht eine branchendifferenzierte politische Feinsteuerung. Sie findet ihre Verlängerung in einer engen Kooperation zwischen den Forschungseinrichtungen des MITI und der Industrie, die an der technologischen Umsetzung der Entwicklungsperspektiven teilhaben. Sowohl die konventionelle nachsorgende Umweltschutztechnologie als auch zukunftsweisende Innovationen im Bereich beispielsweise neuer Werkstoffe und Energieeinsparungen lassen sich kooperativ entwickeln.

5. Strukturpolitik kann mit Hilfe der langfristigen Perspektivplanungen koordiniert und informiert verlaufen.

6. Die konsultative, wenn auch situative, Integration von Gewerkschaften und Umweltverbänden in die von Bürokratie und Industrie dominierten politischen Aushandlungsprozesse kann Widerstandspotential bei Umstrukturierungen reduzieren.

7. Das System hat historisch wiederholt Flexibilität und Innovationsfähigkeit bewiesen, die für eine ökologische Umdefinition von wirtschaftlichen und gesellschaftlichen Zielen nutzbar erscheinen.

Die institutionellen Voraussetzungen für eine ökologisch orientierte Strukturpolitik sind gegeben. Bedeutend für den umweltpolitischen und strukturpolitischen Erfolg sind allerdings nicht allein politisches Können, institutionelle Rahmenbedingungen und rationale Einsicht. Auch der politische Wille dürfte nicht unerheblich sein (Shonfield 1969).

2. Wirtschaft und Umwelt

Das Entwicklungsmuster der japanischen Wirtschaft im Verlaufe der Industrialisierung war maßgeblich von der politischen Lage des Landes nach der erzwungenen Öffnung 1854 geprägt: das militärische Potential der westlichen Industrieländer rückte die Gefahr einer Kolonialisierung, zumindest aber einer Einvernahme durch die Westmächte ebenso wie den wirtschaftlichen Entwicklungsvorsprung des Westens schmerzhaft in das Bewußtsein der Öffentlichkeit. Entsprechend erfolgte die Verarbeitung doppelspurig: wie in der damaligen Devise "reiches Land - starke Armee" (*fukoku - kyôhei*) zum Ausdruck kommt, sollte der Gefahr der Fremdherrschaft durch Industrialisierung und militärische Stärke begegnet werden. Der schnelle Aufbau einer modernen Stahlindustrie, des Maschinenbaus sowie der chemischen Industrie wurde so zu einem politischen Erfordernis. Der Staat übernahm zunächst durch den Aufbau staatlicher Modellbetriebe, insbesondere der Stahl- und Schiffbauindustrie, unternehmerische Funktionen.

Mit der Privatisierung von staatlichen Modellbetrieben nach der Matsukata-Deflation 1886 begann sich der Industriesektor als eigenständiger Interessenblock zu konstituieren. Der Staat zog sich auf eine Förderung des Verarbeitenden Gewerbes durch Schutzzölle, Abschreibungsvorteile und Subventionen zurück. Schwergewicht in der gesamten Vorkriegszeit lag auf den Branchen Chemie, Texilien, Metallprodukte und Maschinenbau. Es waren dies die Branchen, die, wie Tabelle 2 zeigt, die höchsten Wachstumsraten verzeichneten.

Die – staatlich geförderte – Strategie, durch den schnellen Aufbau von konkurrenzfähigen rohstoffintensiven Industriezweigen den Anschluß an die westlichen Industrieländer zu schaffen, war prägend für das Verhältnis von Ökologie und Ökonomie bis in die Gegenwart hinein. Das wirtschaftliche Wachstum war abhängig von der Verfügbarkeit ausreichender und billiger ausländischer Rohstoffquellen. Vor 1945 wurde dieses Wachstumserfordernis bekanntlich durch die Annektion rohstoffreicher Länder Ost- und Südostasiens geschaffen.

Wirtschaftlicher Aufstieg und gesellschaftliche Modernisierung mit Hilfe von rohstoffintensiven Industriezweigen bedeuteten aber auch ein hohes Niveau von Umweltbelastung.

Tabelle 2: Durchschnittliches jährliches Wirtschaftswachstum nach Industriebranchen von 1878 bis 1987 (in %)

	1878-1900	1901-1920	1921-1938	1956-1970	1971-1987
Textilien	6,93	5,88	5,59	8,47	- 0,05
Nahrungsmittel	3,64	3,13	2,16	7,73	1,55
Metallprodukte	3,98	14,82	10,23	15,16	2,17
Maschinenbau	11,36	14,01	9,40	19,34	7,31
Chemie	3,98	5,39	10,31	13,41	4,39
Steine, Erden	4,23	7,30	7,51	11,25	1,86
Holzverarbeitung	3,89	2,53	7,26	4,55	-1,97
andere	3,13	4,33	5,01	17,54	2,60
Verarbeitendes Gewerbe (gesamt)	4,38	5,41	6,53	11,83	3,85

Nach: Minami 1994, S.99.

Berichte über extreme Luftverschmutzung im Umfeld von Industrieanlagen liegen bereits aus der Jahrhundertwende vor. Im Umfeld der Minen von Besshi und Hitachi wurden in dieser Zeit schwere Ernteschäden durch Luftverschmutzung bekannt, die zu ersten Umweltschutzabsprachen zwischen den Betreibern und der Regierung führten. In der Industriestadt Ôsaka bildeten sich noch vor dem Ersten Weltkrieg Bürgerinitiativen gegen Luftverschmutzung. Kamioka (1970, S.8) hat deshalb auch die Geschichte der japanischen Industrialisierung als eine Geschichte der Umweltzerstörung bezeichnet. Das Spannungsverhältnis von Umwelt- und Ressourcenschutz und Wachstum hat Japans Aufstieg zu einer Weltwirtschaftsmacht von Beginn an geprägt.

Das Verhältnis hat unterschiedliche Phasen durchlaufen. Solange ein nationaler Konsens, möglichst schnell den wirtschaftlichen Anschluß an die Gruppe der führenden Industrieländer der Welt zu erreichen, bestand, wurde der

Interessengegensatz von Umweltschutz- und Wachstumsbelangen zugunsten von Wachstumszielen entschieden. Dies war bis Ende der sechziger Jahre der Fall. Diese Phase wurde auch als die Zeit der "ökologischen Ignoranz" (Weidner) von Staat und Industrie bezeichnet, d.h. trotz frühzeitig sichtbarer industrieller Umweltbelastungen blieb eine umweltpolitische Intervention in die Wirtschaft bis 1967 aus. Die Kosten der Umweltzerstörung wurden konsequent externalisiert. Der Staat war Wachstumsmotor und Wachstumsorganisator.

Eine Zäsur bedeutete für beide Seiten die Ölpreiskrise von 1973/74, die weitreichende Umstrukturierungsprozesse in der japanischen Wirtschaft auslöste. Für eine Zwischenphase profitierten Umweltschutzinteressen von der Integration des Ressourcenschutzes in die Wachstumsstrategie.

Schließlich führte der konjunkturelle Aufschwung nach 1986 zu einem neuen Widerspruch von Wachstum und Ressourcenschutz, nun aber, anders als in den sechziger Jahren, vor dem Hintergrund gemachter umweltpolitischer Erfahrungen und einer internationalen Resonanz auf das extreme Ausmaß der japanischen Ausbeutung internationaler Rohstoffvorkommen.

2.1. Der klassische Zusammenhang von Wirtschaftswachstum und Umweltbelastung bis 1973

Der wirtschaftliche Wiederaufbau Japans nach 1945 knüpfte im wesentlichen an die räumliche und sektorale Industriestruktur der Vorkriegszeit an. Dies bedeutete, daß ungeachtet der bereits bestehenden Konzentration der Industrieanlagen in nur wenigen Industriezentren entlang der Pazifikküste die Grundstoffindustrien an den alten Industriestandorten eben dort wiederaufgebaut wurden, d.h. die regionale Wirtschaftsförderung sowie die nationale Flächennutzungsplanung zielten auf eine Optimierung der Nutzung bestehender Standorte ab. Schwer- und chemische Industrie wurden schwerpunktmäßig an der Peripherie der traditionellen Industriezentren angesiedelt. Oberste Priorität genossen zunächst die Sicherung der Energieversorgung mit einheimischer Kohle sowie die Eigenversorgung mit Stahl. Staatlich gelenkte Ressourcenallokation schaffte die Voraussetzungen für den raschen Wiederaufbau der Schwerindustrie. Adressaten staatlicher Förderung wurden neben Stahl der Maschinenbau, Petrochemie, Grundstoffchemie und Schiffbau, die als Indikatoren "technologischer Revolution" und industrieller Modernität galten (Kosai 1988, S.39). Mit dem staatlich geförderten Bau sogenannter Industriekombinate wurde in den fünfziger und sechziger Jahren das Ziel verfolgt, die vertikale Integration der Produktion in den Wachstumsbranchen Stahl, Chemie und Petrochemie zu beschleunigen. Die Strategie, trotz extremen Mangels an einheimischen Rohstoffvorkommen den Anschluß an die westlichen Industrieländer durch den raschen Aufbau einer leistungsstarken Grundstoffindustrie zu erreichen, war somit politisch gewollt und wurde umfangreich durch aktive industriepolitische Maßnahmen gefördert.[5]

Zwischen 1961 und 1970 wuchs das japanische Bruttosozialprodukt wie in keinem anderen Land: das reale Wirtschaftswachstum lag bei durchschnittlich 11,1% und damit doppelt so hoch wie in vergleichbaren westlichen Industrieländern. Es basierte vor allem auf dem starken Wachstum in den Branchen, die Adressaten der staatlichen Förderpolitik gewesen waren, insbesondere den Industriezweigen Stahl, Grundstoffchemie und Energie. Die Stahlproduktion verdoppelte sich zwischen 1950 und 1970 alle fünf Jahre. 1960 standen weltweit Japans Stahlproduzenten an Platz fünf, 1980 auf Platz zwei, übertroffen nur noch von der UdSSR. Innerhalb der metallverarbeitenden Industrie expandierte der Automobilbau zunächst durch den Anstieg in der Inlandsnachfrage. Ab Mitte der sechziger Jahre kam es dann durch die Erschließung von Exportmärkten in den USA und Europa zu einem erneuten Wachstumsschub. Die Anzahl der produzierten Automobile verdoppelte sich zwischen 1950 und 1970 alle zwei Jahre. Der Schiffbau gehörte ebenfalls zu den staatlichen "Entwicklungsprojekten". Nach einer Phase intensiver Modernisierung stieg Japan bis 1956 zur weltweit größten Schiffsbaunation auf. Und auch die chemische Industrie verzeichnete dramatische Zuwächse: die Ethylen-Produktion als wichtigstes Produkt der Petrochemie wurde zwischen 1959 und 1965 nahezu verzehnfacht. Die Kunststoffherstellung verdreifachte sich.

Das Wachstum in den genannten Branchen führte im Laufe der sechziger Jahre zu einer führenden Stellung der ressourcenintensiven Branchen der Schwer- und chemischen Industrie in der japanischen Wirtschaft: 1970 hatte sich ihr Anteil an der industriellen Wertschöpfung von 41,6% (1950) auf 62,2%

---

5 Okimoto (1989, S.26f.) gibt eine Aufstellung der industriepolitischen Fördermaßnahmen.

erhöht (Keizai kikaku-chô 1987, S.216). Ihre durchschnittliche jährliche Zuwachsrate lag zwischen 1965 und 1970 bei 20,8%. Dieses Wachstumstempo wurde in keinem anderen Land erreicht. Ursache der rasanten Expansion der Grundstoffindustrie war zum einen die starke Nachfrage auf dem inländischen Markt nach langlebigen Konsumgütern wie Kühlschränken, Waschmaschinen und Kraftfahrzeugen, da dadurch die Nachfrage nach Vorleistungen aus diesen Branchen angekurbelt wurde. Angesichts der Ressourcenintensität der Grundstoffgüterindustrien, aber auch der Umweltbelastungen, die durch die Weiterverarbeitung in der metallverarbeitenden Industrie entstanden, sprach das Nationale Umweltamt frühzeitig von einer belastungsintensiven Nachfragestruktur. Es legte bereits 1973 Berechnungen über die nachfragebedingte Belastung durch die Produktion von Elektrogeräten für den Privatverbrauch wie Fernseher, Kühlschränke etc., Kraftfahrzeugen und Strom vor:

Tabelle 3: Schadstoffausstoß bei der Produktion von Elektrogeräten, Kraftfahrzeugen und Strom (in kg pro 1 Mio. Yen Produktionswert)

	SO_2	brennbarer Problemmüll	nicht-brennbare Schlämme	nicht-brennbarer Festmüll
Elektrogeräte	42,6	61,2	1062,3	1246,2
Kraftfahrzeuge	35,9	81,5	1066,1	1881,9
Strom	118,2	50,1	502,6	1822,7

Nach: Kankyô-chô 1973, S.45.

Daneben wirkte sich die fortschreitende Erschließung ausländischer Märkte für japanische Produkte ebenfalls günstig auf die starke Position der Grundstoffindustrien aus.

Aus Produktions-, Export- und Nachfragestruktur errechnete das Nationale Umweltamt unter Zuhilfenahme der Belastungsgrößen SO_2, biologischer Sauerstoffbedarf (BSB), Staub und Industriemüll, ein strukturelles Belastungsniveau, das Mitte der sechziger Jahre zwischen 10% und 40% über dem der Vergleichsländer USA, Frankreich, Großbritannien und Bundesrepublik Deutschland lag (Kankyô-chô 1973, S.43). Bedingt durch das starke Wirtschaftswachstum in der Dekade von 1960 bis 1970 und verstärkt durch die in dieser Zeit erfolgte Umstellung von Kohle auf schwefelreiches Öl als Brennstoff verdreifachte sich die Gesamtmenge der SO_2-Emissionen bis 1970. Der industrielle Frischwasserverbrauch stieg von 1962 bis 1973 um 60%. Das industrielle Müllaufkommen verachtfachte sich zwischen 1955 und 1970.

Die Auswirkungen der Belastung auf die Umwelt wurden durch die räumliche Konzentration der verantwortlichen Produktionsstätten weiter verschärft. Diese ist topographisch und entwicklungsgeschichtlich bedingt: nur rund ein Viertel der Landesfläche Japans ist nutzbar. Die übrigen drei Viertel sind unwegsames, bewaldetes Bergland. Die daraus resultierende Flächenknappheit wird zusätzlich durch die ungleichgewichtige regionale Ausnutzung verstärkt. Historisch in und um die alten Zentren Tôkyô und Ôsaka gewachsen, konzentrieren sich Industrie, Wohn- und Freizeitareale auf einem schmalen Streifen entlang der Pazifikküste. So entfielen auf die drei großen Ballungszentren um die Städte Tôkyô, Nagoya und Ôsaka, in deren Einzugsgebiet die größten integrierten Industriekombinate von Ichikawa, Kawasaki, Yokkaichi, Sakai und Amagasaki liegen, 1975 etwa 7% der Landesfläche, aber 34,7% der Bevölkerung und 40,0% des industriellen Umsatzes[6]. Es ist im Laufe der siebziger Jahre zwar immer wieder zu Dezentralisierungsbemühungen der japanischen Regierung gekommen, die unausgewogene regionale Nutzungsstruktur konnte jedoch bis heute nicht grundlegend verändert werden. 1992 entfielen auf diese Gebiete 41,2% des industriellen Umsatzes und 34,3% der Bevölkerung (Yano 1993, S.232 f).

Die Verbindung von belastungsintensiver Produktionsstruktur und hohem Wirtschaftswachstum auf der einen Seite und extremen Gemengelagen auf engstem Raum bei gleichzeitigem Fehlen von umweltpolitischen Schutzmaßnahmen auf der anderen Seite führten dazu, daß die ökologischen Grenzen wirtschaftlichen Wachstums in Japan früher und dramatischer als anderswo sichtbar wurden.

Japans wirtschaftlicher Wiederaufstieg nach 1945 basierte also zusammenfassend bis 1973 auf einer ressourcenintensiven, "tonnenlastigen" Industriestruktur. Dies war politisch gewollt und wurde aktiv gefördert, obwohl damit strukturell ein industrielles Wachstumsmuster festgeschrieben wurde, das dem nahezu gänzlichen Fehlen von einheimischen natürlichen Rohstoffvorkommen diametral entgegenstand. Die ökologischen Konsequenzen nahmen durch das außerordentlich hohe Wachstum in den Branchen der Schwer- und chemischen Industrie, die räumliche Konzentration belastender Produktionen in wohnnahen Arealen und das Fehlen einer nachsorgenden Umweltpolitik seit Mitte der sechziger Jahre dramatische Formen an, symbolisiert durch die verkrüppelte Hand eines Minamata-Opfers und Fische mit sichtbaren Krebsgeschwüren.[7]

---

6   Yano 1977, S.80. Die Angaben zum industriellen Umsatz (*kôgyô shukkagaku*) beziehen sich auf das Jahr 1973.
7   Vgl. die beeindruckenden Photos in: Huddle /Reich 1975.

Abbildung 2: Anteile der industriellen Ballungszentren an der Flächennutzung
(Japan gesamt = 100)

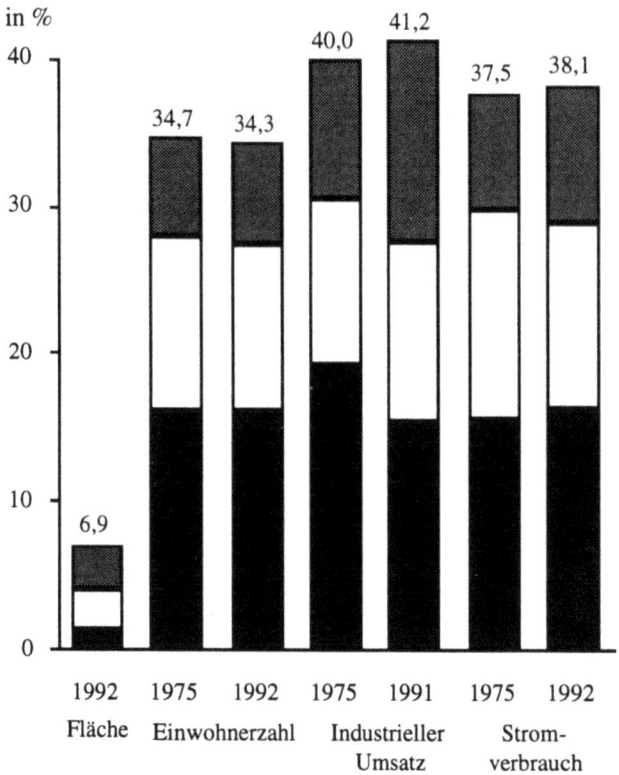

© Martin-Luther-Universität Halle/ Japanologie

Anm.: Stromverbrauch ohne Präfektur Mie
Nach: Yano 1977, S.88f und 1993, S.96f; Statistics Bureau 1993, S.349.

2.2. Ölpreiskrise und struktureller Wandel 1973-1986

Die latente Fragilität eines Wachstums, das nahezu vollkommen von Rohstoffimporten abhängig ist, war trotz der entsprechenden Erfahrungen während des Zweiten Weltkriegs in der Industriepolitik der fünfziger und frühen sechziger Jahre zugunsten der Förderung einer rohstoffintensiven Industriestruktur verdrängt worden. Sie trat 1973 erneut zutage, als sich der Rohölpreis vervierfachte. Der Preissprung traf besonders die energieabhängigen Branchen wie Eisen und Stahl, Aluminium, Schiffbau und Chemie, die bereits seit den späten sechziger Jahren durch Überkapazitäten, Inflation und sinkende Konkurrenzfähigkeit auf internationalen Märkten unter Anpassungsdruck standen. Die Preiserhöhungen für die Erzeugnisse dieser Branchen führten zu einer steigenden Inlandsnachfrage nach Substituten bzw. nach entsprechenden Importen von Endprodukten. Mit der Rezession ging die Nachfrage nach industriellen Vorprodukten aus diesen Branchen zurück. Folge war, daß die Wachstumsbranchen der sechziger Jahre, allen voran Stahl, Aluminium, Schiffbau und Chemie, erstmals Einbrüche hinnehmen mußten. Dadurch wurde das Ende der allein auf quantitative Expansion ausgerichteten industriellen Wachstumsstrategie, die sich jahrelang den Verzicht auf technologische Innovationen leisten konnte, eingeleitet. Zusätzlichen Anpassungsdruck dürfte der Verlust der Konkurrenzfähigkeit dieser Branchen gegenüber den südost- und ostasiatischen Schwellenländern, insbesondere Südkorea, ausgelöst haben.

Der Umstrukturierungsprozeß, der beschleunigt durch die Rohölpreisverteuerung einsetzte, verlief in folgende Richtungen:

1. Branchen- und betriebsinterne Diversifizierung der Produktpalette.

2. Technologische Innovationen zur Einsparung von Rohstoffen und Energie.

3. Gesundschrumpfen der Krisenbranchen durch Abbau von Überkapazitäten.

4. Bildung von Krisenkartellen.

5. Kooperative Produktionsbeschränkungen (OECD 1985, S.54ff).

Demgegenüber hatte die Preisentwicklung auf dem Rohölmarkt erwartungsgemäß kaum Einfluß auf wenig energieintensive Branchen wie die Metallverarbeitung. Diese steigerte durch die Einführung von Industrierobotern und NC-Maschinen ihre Produktivität und erreichte durch Qualitätsverbesserungen und innovative Produkte eine steigende Nachfrage nach Erzeugnissen der Branche.

Im Nebeneinander von struktureller Anpassung in den "ausgedienten" Wachstumsbranchen und einem Innovationsschub in den Branchen der Elektrotechnik, des Maschinenbaus und des Kraftfahrzeugbaus entwickelte sich die japanische Wirtschaft in der Folgezeit ausgesprochen erfolgreich. Es dauerte nach den Ölpreiskrisen von 1973/74 und 1979 nur drei bzw. zwei Jahre, bis die Inflationsrate auf das Niveau von vor 1973 reduziert war und die Wirtschaft wieder ein reales Wachstum von jährlich 5% (1976-78), bzw. 3% danach erreichte.

Lediglich acht der 43 führenden Branchen erfuhren einen realen Rückgang, nämlich nicht länger konkurrenzfähige Industriezweige wie Textilien, Chemiefasern und Spinnereien, energieintensive wie Aluminium und von der weltweiten Rezession betroffene wie die Schiffbaubranche. 15 Industriezweige erreichten demgegenüber ein reales Wachstum von 50% und mehr zwischen 1970 und 1980, darunter die Hersteller von feinoptischen Geräten und Kraftfahrzeugkomponenten (Dore 1986, S.35ff). Massenarbeitslosigkeit wurde durch betriebsinterne Produktdiversifizierungen, Lohnkürzungen, Überstundenabbau und Flexibilisierung der Arbeitskraft (Umsetzungen, Verleihung an Wachstumszweige) vermieden.

Ein wesentliches Ergebnis dieser Entwicklung war die Ablösung der Grundstoffgüterindustrie als Wachstumsführer durch die Investitions- und Konsumgüterindustrie. Nach 1975 übernahmen die Elektrotechnik, der Kraftfahrzeugbau und der Maschinenbau mit spektakulären Wachstumsraten die Schlüsselrolle innerhalb des Verarbeitenden Gewerbes. Aus diesen drei Industriezweigen stammen seither fast 40% der industriellen Wertschöpfung. Tabelle 4 zeigt jedoch auch, daß der Abschied von den strukturschwachen Branchen weniger eindeutig vonstatten ging, als angesichts der weltweiten Krise in der Schwerindustrie zu erwarten gewesen wäre.

Die betroffenen Branchen durchliefen eine Phase der "Gesundschrumpfung", in deren Verlauf die Überkapazitäten in der Elektrostahlerzeugung abgebaut wurden und die Aluminiumproduktion soweit reduziert wurde, daß die Inlandsproduktion nahezu eingestellt werden konnte. Gleichzeitig aber blieb die Konkurrenzfähigkeit der Rohstahlproduktion, die 80% der inländischen Stahlproduktion ausmachte, durch Anlagen- und Verfahrensmodernisierungen erhalten (Keizai kikaku-chô 1977, S.190). Wenngleich Produktion und Inlandsverbrauch, wie in anderen Industrieländern auch, zwischen 1970 und 1987 rückläufig war, nimmt die japanische Stahlindustrie heute unvermindert weltweit eine Spitzenposition ein. Die chemische Industrie wies über den Zeitraum von 15 Jahren überdurchschnittliche Zuwachsraten auf. Auch hier war die Innovationsfähigkeit der Branche entscheidend. Ihr werden auch in Zukunft beträchtliche Zuwachsraten prognostiziert, wenn die angestrebte Exportoffensive an Dynamik gewinnt.

Tabelle 4: Wirtschaftliche Bedeutung der Industriebranchen nach Anteilen an der industriellen Wertschöpfung und Beschäftigung (1975-1991, in %)

	1975		1980		1985		1991	
	A	B	A	B	A	B	A	B
Verarbeitendes Gewerbe	100	100	100	100	100	100	100	100
Metallerzeugung	8,0	6,3	10,1	5,7	7,5	5,1	6,9	4,5
Steine und Erden	5,0	4,9	5,0	4,8	4,3	4,3	4,1	4,0
Chemieprodukte	8,8	4,1	8,5	3,8	8,8	3,6	9,2	3,6
Fahrzeugbau	10,2	8,4	9,4	8,3	10,8	8,8	10,1	8,7
Elektrotechnik	9,8	10,1	12,2	12,4	16,4	16,8	17,0	17,5
Maschinenbau	11,1	9,6	10,5	9,9	11,0	10,3	11,7	10,1
Papierprodukte	3,0	2,8	2,7	2,7	2,6	2,5	2,5	2,5
Textilien	5,3	8,8	4,2	7,4	3,3	5,6	2,5	4,5
Nahrungsmittel	10,2	10,4	9,2	10,6	7,2	9,4	6,9	9,7

A= Wertschöpfung; B= Beschäftigte
Eigene Berechnungen nach Angaben des Statistics Bureau, laufende Jahrgänge

Die Entwicklung der Umweltbelastung in dieser Phase konstituierte den Ruf Japans in den achtziger Jahren, ein "umweltpolitisches Modell" für die Industrieländer zu sein: die Belastung mit den "klassischen" und mengenmäßig bedeutendsten Luftschadstoffen SO_2, NO_x und CO_2 begann sich nach 1973 abzuschwächen. Besonders dramatisch verlief die Emissionsentwicklung bei SO_2. Zwischen 1970 und 1989 gingen die Emissionen um 82,4% zurück - ein Ergebnis, das weltweit einmalig blieb. Positiv, wenngleich nicht so ausgeprägt, verlief auch die NO_x-Belastung. Sie ging um 21,2% zurück. Japan hat damit unter den Ländern der OECD die niedrigste Emissionsmenge pro Kopf und Wertschöpfungseinheit erreicht (OECD 1994, S.36). Der Zusammenhang von wirtschaftlichem Wachstum und Emissionsmenge begann sich bei beiden Schadgasen aufzulösen. Diese Form der Entkopplung hielt bis 1987 an. (Abbildung 3).

Abbildung 3: Entwicklung von industrieller Wertschöpfung und SO_x- und NO_x-Emissionen

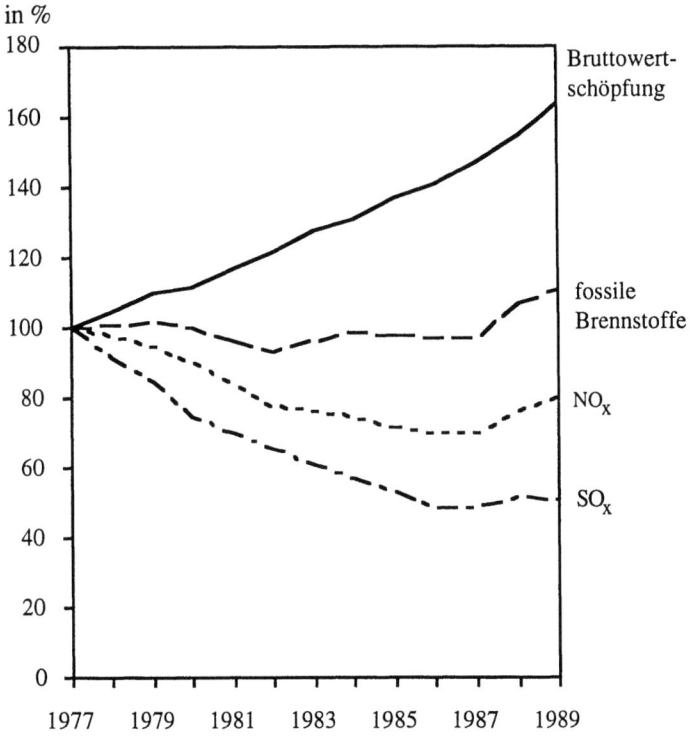

© Martin-Luther-Universität Halle/ Japanologie

nach: Kankyô-chô, laufende Jahrgänge.

In anderen Bereichen war die Entwicklung nicht ebenso eindeutig positiv: Verbesserungen wurden generell in Bereichen erzielt, die als verantwortlich für die schweren gesundheitlichen Schäden in der Bevölkerung angesehen worden waren. So wurde neben der Luftverschmutzung die Belastung der Gewässer mit Schwermetallen und anderen toxischen Substanzen weitgehend abgebaut. Der Gehalt von Quecksilber und PCB, die die schweren Vergiftungen in den fünfziger und sechziger Jahren verursacht hatten, liegt heute bei allen Meßstellen unterhalb der zulässigen Höchstgrenze. Dagegen ist nach wie vor die organische Wasserverschmutzung problematisch. Verantwortlich ist vor allem der immer noch hohe Anteil an ungeklärten Abwässern, die in die Gewässer eingeleitet werden. Das Abfallaufkommen stieg weiter.

Tabelle 5: Wirtschaftliche Entwicklung und Umweltbelastung

	prozentuale Veränderungen	
	1970-90	1980-90
BIP	133,4	50,2
Industrieproduktion	127,3	52,4
SO_2-Emissionen	-82,4[1]	-30,6[2]
CO_2-Emissionen	35,7	13,1
NO_x-Emissionen	-21,2[1]	-7,1[2]
städtisches Müllaufkommen	19,6[3]	14,8
Gebrauch von Stickstoffdünger	-11,1	-0,3
Abwasseraufkommen	1,9 [3]	1,2

Anm. 1) 1970-1989; 2) 1980-1989; 3) 1975-1990
Quelle: OECD 1994, S.96.

Wie Tabelle 5 zeigt, lagen die umweltpolitischen Erfolge vor allem im Bereich der Luftreinhaltung.

Die Reduzierungen der industriellen Emissionen können auf unterschiedliche Entwicklungen zurückzuführen sein. Zum einen sind angesichts des Niedergangs belastungsintensiver Branchen wie der Aluminiumproduktion positive Effekte für die Luftqualität zu erwarten, die krisenbedingt und damit reine Gratiseffekte wären. Zum anderen hat in der Phase 1973 bis 1986 die regulative Luftreinhaltepolitik der Regierung mit vergleichsweise strengen Auflagen für Großemittenten gegriffen. Schließlich sind durch die Verschiebung der Wachstumsdynamik auf Branchen mit einem vergleichsweise geringeren Ressourcenverbrauch ebenfalls günstige Auswirkungen auf die Emissionsentwicklung zu vermuten. Verantwortlich war nach Auskunft des Nationalen Umweltamts (Kankyô-chô 1990, S.138) eine Kombination aus all diesen Faktoren. Es hat ihre Bedeutung im einzelnen für SO_2, NO_x und den chemischen Sauerstoffbedarf von Gewässern berechnet.

Abbildung 4: Ursachen der Reduzierung von SO_2-Emissionen

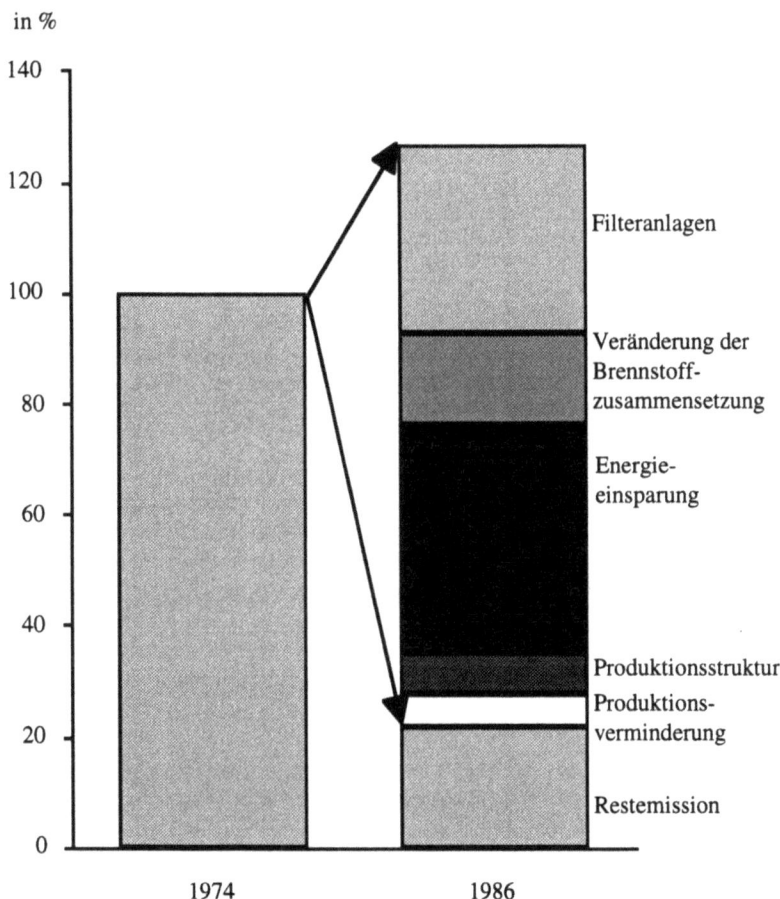

© Martin-Luther-Universität Halle/ Japanologie

Quelle: Kankyô-chô 1990, S.75.

Ersichtlich wird am Beispiel der SO_2-Emissionen, daß die positiven Effekte zu fast gleichen Teilen auf regulative Umweltpolitik und auf strukturelle Veränderungen im Verarbeitenden Gewerbe zurückzuführen sind (vgl. Abbildung 4). Brennstoffumstellungen auf Öl mit geringem Schwefelgehalt bzw. Entschwefelung von schwefelreichem Öl und Einbau von Rauchgasentschwefelungsanlagen sind Effekte aus regulativer Umweltpolitik, d.h. Reaktion der Industrie auf gesetzliche Grenzwertfestlegungen. Die japanische Regierung hatte im Zuge der Novellierung des Luftreinhaltegesetzes 1970 die Obergrenzen für alle bedeutenden Luftschadstoffe festgelegt. Hierzu zählten auch die Immissions- und Emissionsstandards für Schwefeldioxid. Sie wurden in den folgenden Jahren mehrmals ausdifferenziert, so durch die Einführung einer Gesamtemissionsmengenbegrenzung in Belastungsgebieten. Die Standards für Schwefeldioxid zählen bis heute weltweit zu den strengsten. Die Durchsetzung der umweltpolitischen Zielwerte wurde durch eine Kombination aus hoher Regelungsdichte, wirksamen Kontrollmechanismen, finanziellen Anreizen für Umweltschutzinvestitionen sowie einer Abgabe für Schwefeldioxidemissionen, die zwischen 1974 und 1988 zur Finanzierung der Umweltrente für Luftverschmutzungskranke von der Industrie erhoben wurde, abgestützt.[8]

Im Zuge der Implementation der Grenzwerte stiegen die Umweltschutzinvestitionen der Industrie deutlich an. Nach Branchen differenziert haben die Großemittenten bei den Umweltschutzinvestitionen am tiefsten in die Tasche gegriffen.

Rund die Hälfte der industriellen Gesamtinvestitionen zwischen 1970 und 1979 wurden von den Stahlproduzenten und Stromerzeugern getätigt, gefolgt von der Mineralölindustrie und Grundstoffchemie. Der Anteil von Umweltschutzgüterinvestitionen an den Anlageinvestitionen lag in diesen Branchen überdurchschnittlich hoch: 1976 waren es bei Mineralöl 34,7%, bei Chemie (ohne Petrochemie) 24,9%, bei Stahl 22,5%, bei Papier 22,2% und bei Petrochemie 17,2%. Durchschnittlich entfielen damals 15,3% der Gesamtinvestitionen der Industrie auf Umweltschutzgüter (Kankyô-chô 1977, S.49). Dieser Wert wurde in keinem anderen Industrieland erreicht.

Die Investititionen dienten vor allem der Installation von Rauchgasentschwefelungsanlagen sowie zeitlich versetzt von Entstickungsanlagen und führten zu einer raschen Anhebung des Niveaus

---

8 Die Abgabe wurde in dieser Form 1988 abgeschafft, da sie aufgrund der reduzierten SO_2-Belastung als Ursache für Atemwegserkrankungen gegenüber der Industrie nicht mehr durchsetzbar geworden war. Vgl. Foljanty-Jost 1989c.

technischer Abgasreinigung bei Großfeuerungsanlagen (Abbildung 5). Sie brachten deutliche Reduzierungen im Belastungsniveau. Tôkyô hat seither eine geringere Schwefeldioxidbelastung als Berlin.

Abbildung 5: Umweltschutzinvestitionen nach Branchen 1970-1979

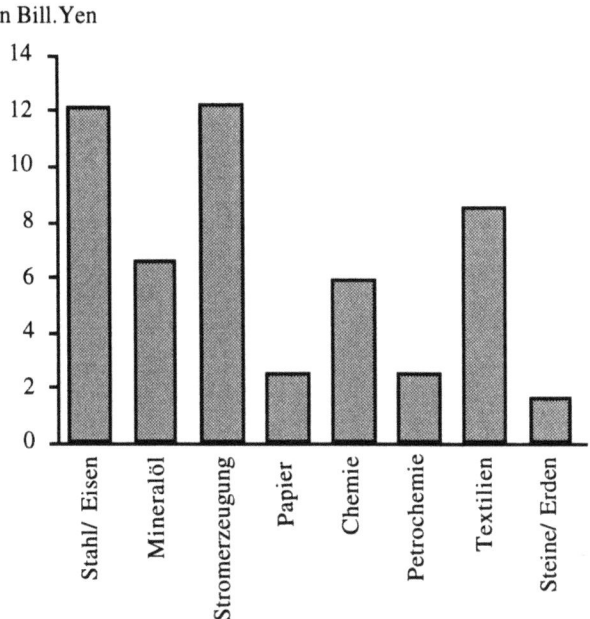

© Martin-Luther-Universität Halle/ Japanologie

Quelle: Kankyô-chô 1980, S.58.

Die Rauchgasentschwefelungskapazitäten stiegen von 5,4 Mio. Nm^3/Stunde bei 102 Anlagen im Jahre 1970 auf 204,7 Mio. Nm^3/Stunde 1991. Darüber hinaus wurde die Entschwefelungskapazität für schweres Heizöl kontinuierlich gesteigert. Dadurch konnte bis 1986 der durchschnittliche Schwefelgehalt des für den Inlandsverbrauch bestimmten schweren Heizöls auf 1,1% gesenkt werden. Seither liegt er unter 1%.

Abbildung 6: Veränderungen in den Kapazitäten bei der Rauchgasentschwefelung 1970-1991

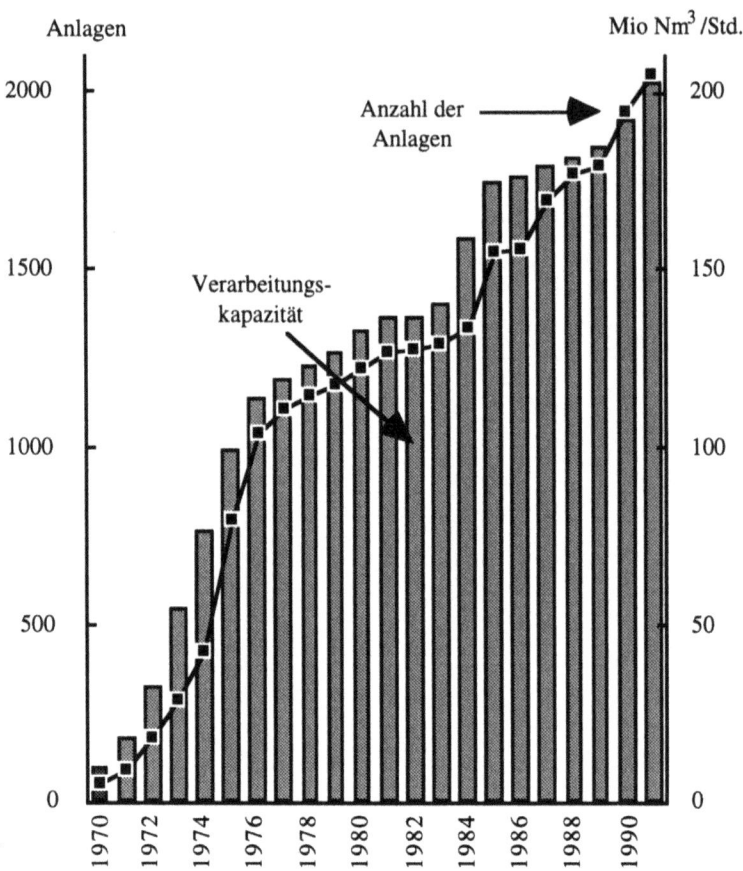

© Martin-Luther-Universität Halle/ Japanologie

Nach: Kankyô-chô 1994, S.73.

Die Anstrengungen zahlten sich wie gezeigt aus: die Reduzierung der Emissionen war mit 82,4% (1970 - 1989) so hoch wie in keinem anderem Land. Den Löwenanteil an der Reduzierung des Schwefeldioxidausstoßes konnten die Stromerzeuger und Stahlproduzenten für sich verbuchen, also die beiden Branchen, die als Giganten unter den Schadgasemittenten am stärksten von der Emissionsabgabe für SO_2 betroffen waren. Es waren gleichzeitig die beiden Branchen, die schon vor Einführung der Abgabe unter dem Druck von Bürgerinitiativen standen und sich während der frühen siebziger Jahre wiederholt in Schadensersatzprozessen wegen Schäden durch Luftverschmutzung verantworten mußten.

Abbildung 7: Veränderungen der SO_2-Emissionen nach Branchen

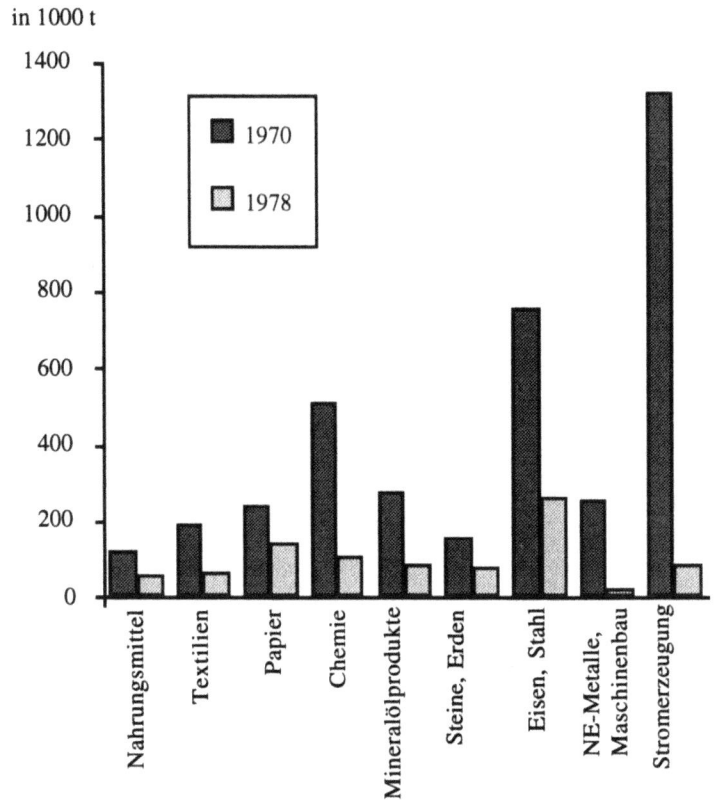

© Martin-Luther-Universität Halle/ Japanologie

Nach: Kankyô-chô 1980, S.64.

Ebenfalls beträchtliche Reduzierungen erzielten die Grundstoffchemie und Mineralölbranche, die ebenfalls zu dem Kreis der wichtigsten Luftverschmutzer gehören (Abbildung 7). Die Entwicklung der NO_x-Emissionen war ebenfalls positiv, wenngleich nicht so ausgeprägt wie die von SO_2. Auch hier wurde die Entwicklung und Anwendung von Entstickungstechnologie maßgeblich durch die wichtigsten Emittenten, nämlich die Stahlindustrie und die Stromerzeuger, vorangetrieben. Bis 1986 waren in Japan 323 Entstickungsanlagen mit einer Gesamtkapazität von 126,2 Mill. Nm^3/Std. in der Industrie in Betrieb (Environment Agency 1989, S.134), gegenüber nur 5 Anlagen 1970. Der Stickoxidausstoß pro Einheit produzierten Stroms lag bei einem Fünftel der durchschnittlichen Emissionsmenge in den OECD-Ländern.

Die Investitionen führten nach Aussage des Nationalen Umweltamts zu keinen Wachstumseinbußen (Kankyô-chô 1977, S.49ff.). Nach Berechnungen der Auswirkungen von Umweltschutzinvestitionen auf die Bruttowertschöpfung, den Verbraucherpreis- und Großhandelspreisindex kommt das Amt zu dem Schluß, daß der Einfluß auf die Branchen zwar differierte, je nachdem, ob es sich um Nachfrager oder Abnehmer von Umweltschutztechnologie handelte. So hatte die verstärkte Nachfrage nach Abgasreinigungsanlagen positive Effekte für die Maschinenbaubranche. Gesamtwirtschaftlich seien die Auswirkungen der Investitionen jedoch zu vernachlässigen gewesen.

Ab 1979 verliefen die Umweltschutzinvestitionen stark rückläufig. 1980 lag der Anteil an den Gesamtinvestitionen nur noch bei 3,9% (Yano 1993, S.547).[9] Während sich die SO_2- und die NO_x-Emissionen bis Ende der siebziger Jahre im Zusammenhang mit den industriellen Umweltschutzinvestitionen entwickelten, d.h. mit zunehmenden Investitionen abnahmen, verliefen die CO_2-Emissionen der Industrie bis zu diesem Zeitpunkt parallel zum Wirtschaftswachstum, was naheliegend ist, da CO_2-Emissionen sich bislang nicht durch technischen Umweltschutz beeinflussen lassen. Nach 1979 stiegen jedoch auch die CO_2-Emissionen trotz weiteren wirtschaftlichen Wachstums vorübergehend nicht mehr an, was darauf verweist, daß nun entlastende Effekte des strukturellen Wandels zu greifen begannen.

---

9 Der Anteil lag 1992 bei 4,0%. Vgl. Yano 1994, S.559.

2.3. Die Wende: konjunkturelles Hoch und steigende Umweltbelastung nach 1986

Die insgesamt positive Entwicklung von Emissionsverlauf und Wirtschaftswachstum kam 1986 zum Stillstand. Das durchschnittliche jährliche Wachstum lag in den Jahren von 1987 bis 1991 bei 5,1%. Erst 1992 ging die Industrieproduktion wieder zurück. Es wird aber generell davon ausgegangen, daß es sich hierbei um notwendige Rückanpassungen an die überhitzte Konjunktur der Jahre zuvor handelt und die japanische Wirtschaft insgesamt stabil geblieben ist. Als Beleg hierfür lassen sich die unvermindert niedrige Inflationsrate und Arbeitslosenquote anführen (OECD 1994, S.21).

Im Zuge des Aufschwungs nach 1986 stieg der Anteil Japans am Welt-Bruttosozialprodukt auf 15,3%, übertroffen nur noch von den USA. Beim Bruttoinlandsprodukt pro Kopf rangiert Japan weltweit an der Spitze. An dieser kolossalen Wirtschaftsleistung ist jedoch trotz Tertiärisierungstendenzen mehr als in anderen Industrieländern noch immer das Verarbeitende Gewerbe beteiligt, nämlich 1991 mit 32,1% (Yano 1993, S.116). Angesichts der nahezu vollständigen Abhängigkeit von Rohstoffimporten wie zu 99,6% bei Rohöl, 92,1% bei Kohle und jeweils 100% bei Eisenerz, Zinn, Bauxit und Nickel (Keizai Koho Center 1993, S.65) läßt sich das industrielle Wachstum nur durch steigende Ausbeutung der globalen Rohstoffvorkommen realisieren. Der Einfluß der japanischen Wirtschaftsdynamik auf die globalen Ressourcenvorkommen ist damit weiter gestiegen.

Abbildung 8: Japans Stellung in der Weltwirtschaft (1989)

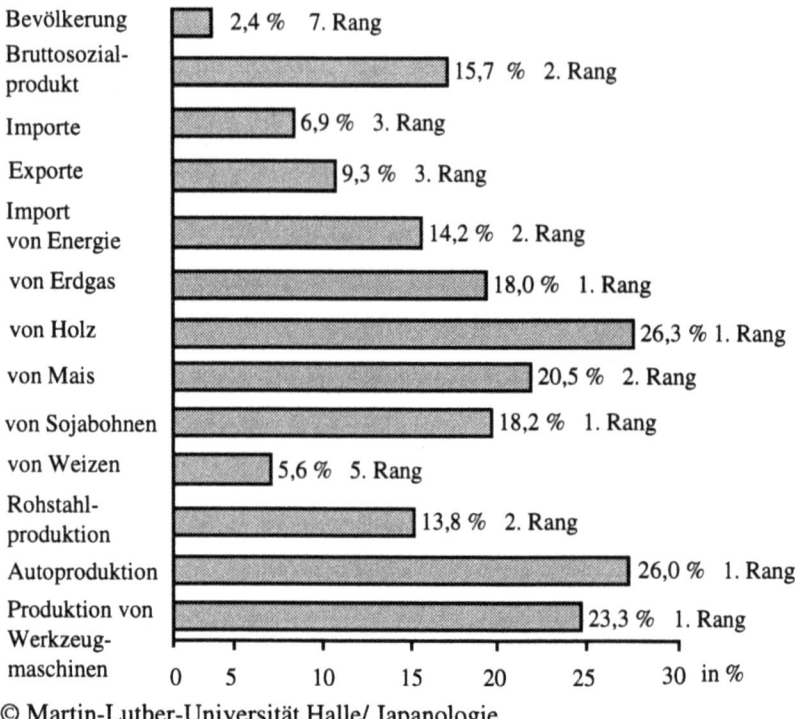

© Martin-Luther-Universität Halle/ Japanologie

Quelle: Nach Angaben von Yano, laufende Jahrgänge.

Von dem zweitlängsten konjunkturellen Hoch der Nachkriegszeit profitierten praktisch alle Branchen. Von dem Boom in der Baubranche war positiv vor allem die Zementindustrie betroffen. Der Fahrzeugbau erreichte 1991 einen Anteil an der Bruttowertschöpfung des Verarbeitenden Gewerbes von 10,1%, 6, 5 Millionen Beschäftigte sind direkt oder indirekt von ihr abhängig (Yano 1993, S.261). Weltweit produziert Japan mit Abstand die meisten Kraftfahrzeuge. Diese Entwicklung sowie der Zuwachs in den Branchen Elektrotechnik und Maschinenbau wirkten sich auf die Nachfrage nach Grundstoffen aus. Folge war ein Wiederanstieg in der Grundstoffgüterproduktion, die in der Dekade 1975-1985 noch von Umsatzeinbußen betroffen war. Die Stahlerzeuger produzierten 1988 3,7% mehr Rohstahl als 1987. Die Rohstahlproduktion erreichte 1990 erstmals wieder das Niveau von 1979.

Abbildung 9: Entwicklung der Wertschöpfung in den Problemindustrien 1985-1992

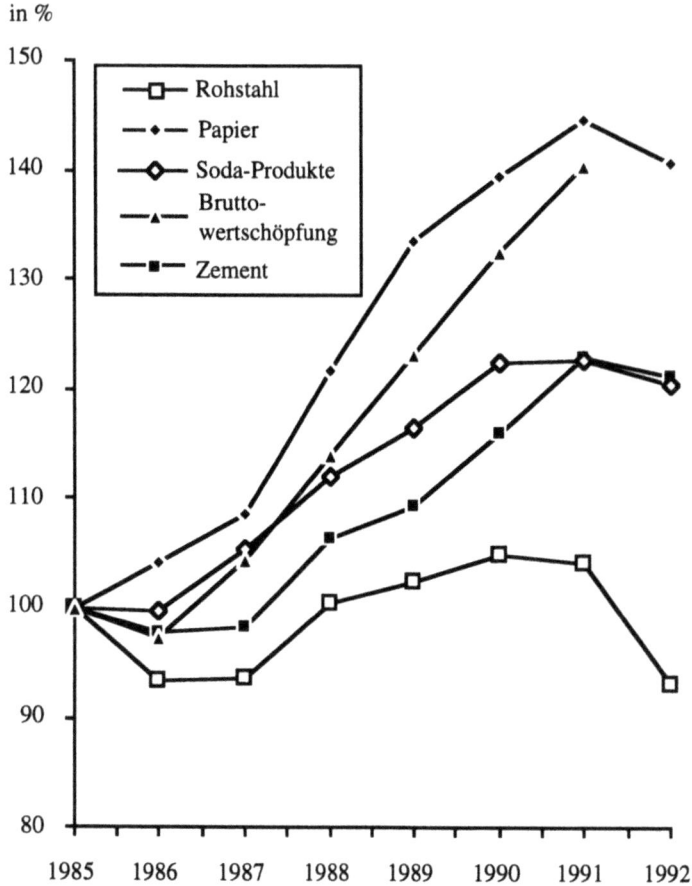

© Martin-Luther-Universität Halle/ Japanologie

Quelle: Yano 1994, S.338 und Statistics Bureau, laufende Jahrgänge.

Verantwortlich für diese ökologisch problematische Entwicklung war neben der konjunkturell bedingten steigenden Inlandsnachfrage vor allem die steigende Nachfrage nach japanischem Rohstahl auf dem chinesischen Markt (Japan Times vom 20.8.1993). Unter den wichtigsten zehn Stahlherstellern der Welt waren 1990 und 1991 vier japanische Firmen, 15% der Weltproduktion von Rohstahl kam 1991 aus Japan. Im Gesamtverbrauch steht Japan an Platz drei hinter den USA und Rußland.

Die chemische Industrie wies schon vor 1986 überdurchschnittliche Zuwachsraten auf, wobei im Hinblick auf Umwelt- und Ressourcenverbrauch die Entwicklung nicht eindeutig zu bewerten ist: die Ethylenproduktion stieg allein von 1986 auf 1987 um 9,7%. Wachstumsträger waren aber die Pharmaindustrie und die Kunststoffindustrie. Insbesondere die Kunststoffindustrie bringt zahlreiche Probleme mit sich, da 60-70% der Jahresproduktion als Abfall entsorgt werden muß und bei der in Japan üblichen Entsorgung durch Verbrennung das Problem der toxischen Abgase nach wie vor nicht geklärt ist. Die Düngemittelproduktion war rückläufig, die außerordentlich umweltbelastende Chlorproduktion stieg dagegen weiter an. Auch in der Zementproduktion und in der ökologisch problematischen Papierindustrie ist es zu einem starken Anstieg gekommen. Dies ist umso bedeutsamer, als daß dieser neuerliche Anstieg auf einem bereits hohen Produktionsniveau erfolgt ist: Japan steht in der Zementproduktion seit Jahren weltweit an dritter Stelle, nach China und der ehemaligen Sowjetunion. In der Produktion von Papier und Papierprodukten nimmt Japan in der Weltproduktion und pro Kopfverbrauch seit den siebziger Jahren Platz zwei ein, übertroffen nur von den USA.

Das beschleunigte Wachstum der industriellen Produktion zwischen 1987 und 1990 hat einen Zuwachs in der Umweltbelastung mit sich gebracht, der durch Umweltschutzmaßnahmen offensichtlich nicht kompensierbar war: die industriellen Emissionen von SO_2, NO_x und CO_2 steigen wieder an.

Tabelle 6: Emissionsentwicklung nach Industriebranchen 1985/1990

	NO_x (in t)		SO_x (in t)		CO_2 (in 1000 t)	
	1985	1990	1985	1990	1985	1990
Landwirtschaft	291,6	278,2	55,8	53,3	17,4	16,6
Bergbau	24,2	25,6	7,6	8,0	3,3	3,5
Nahrungsmittel	19,6	21,0	64,7	69,4	12,8	13,8
Textilien	12,1	12,3	36,3	36,9	8,4	8,5
Papier, Zellstoff, Holzprodukte	33,2	40,2	83,7	101,3	29,4	35,6
Chemie	60,9	80,1	83,1	109,3	38,5	50,6
Petrochemie	32,1	36,8	32,9	37,8	33,8	38,8
Steine/ Erden	160,8	201,5	46,0	57,6	98,1	122,9
Eisen/ Stahl	114,2	120,5	113,9	119,5	114,9	121,3
NE-Metalle	19,0	24,2	17,5	22,2	6,9	8,8
Metallprodukte	7,4	10,1	3,5	4,8	3,8	5,1
Maschinenbau	6,5	9,4	5,1	7,3	3,4	4,9
Elektrotechnik	5,9	9,8	4,9	8,2	3,8	6,3
Fahrzeugbau	10,1	13,2	10,9	14,2	6,1	8,0
Präzisionsinstrumente	0,8	0,9	0,7	0,8	0,4	0,5
andere	9,6	12,8	15,2	20,1	4,2	5,5

Quelle: Hasebe 1994, S.49f.

Das Fazit bleibt damit gespalten:

Das Verhältnis von Ökonomie und Ökologie seit 1970 hat sich nach der Erfahrung der ökologischen Grenzen des Wachstums insofern positiv entwickelt, als daß trotz hohen wirtschaftlichen Wachstums Verbesserungen in der Umweltbelastung erzielt werden konnten. Die positive wirtschaftliche Entwicklung war bis in die sechziger Jahre begünstigt durch eine konsequente Externalisierung der Kosten für Umweltzerstörung und Umweltverbrauch, sie bot aber ihrerseits in der Folgezeit auch günstige Voraussetzungen für einen weitreichenden technischen Umweltschutz, der, wie gezeigt, zu überdurchschnittlichen Reduzierungen in der Luftbelastung führte. Diese Erfolge wurden erzielt, ohne daß es zu Wachstumseinbußen kam.

Seit der zweiten Hälfte der achtziger Jahre aber werden die ökologischen Grenzen von Wachstum wiederum sichtbar: zum einen ist mit dem hohen Wachstum deutlich geworden, daß angesichts der großen Bedeutung, die das Verarbeitende Gewerbe für die Umweltbelastung noch immer hat, positive Umwelteffekte allein durch das industrielle Wachstum kompensiert werden. Zum anderen wird die Dynamik des Verarbeitenden Gewerbes und der japanischen Wirtschaft schlechthin aufgrund ihres Niveaus immer stärker eine globale Herausforderung, wenn es um Ressourcenverbrauch und Nutzungsintensitäten geht.

3. Ökologische Dimensionen strukturellen Wandels

Die Berechnungen des Nationalen Umweltamtes haben, wie bereits angesprochen, gezeigt, daß die insgesamt vergleichsweise positive Entwicklung der Umweltsituation in Japan seit 1970 auf eine effiziente Umweltpolitik, auf Energieeinsparungen und die umweltentlastenden Effekte strukturellen Wandels zurückzuführen sind. Unter der Perspektive einer ökologischen Umsteuerung der Industriegesellschaft als Vorstufe der Verwirklichung einer nachhaltigen Entwicklung richtet sich das Interesse zweifellos am stärksten auf die ökologische Relevanz des industriellen Strukturwandels. Umweltpolitische Steuerung findet ihre Grenzen in dem Zwang, ständig Anpassungen der Umweltschutzaufwendungen an den Wachstumsverlauf vorzunehmen, um zu vermeiden, daß das Belastungsniveau bei Wachstum wieder ansteigt. Sie findet ihre Grenzen auch in Problemverlagerungen, beispielsweise durch das Anfallen von Gips bei der Rauchgasentschwefelung oder von Klärschlämmen bei der Abwasserreinigung. Demgegenüber beruhen umweltentlastende Effekte aus Strukturwandel auf Einsparungen von Ressourcen. Zu unterscheiden sind zwei unterschiedliche Aspekte strukturellen Wandels mit jeweils unterschiedlichen Auswirkungen auf den Ressourcenverbrauch in der industriellen Produktion. Wenn es sich um eine sinkende Bedeutung der rohstoffintensiven Industriezweige innerhalb des Verarbeitenden Gewerbes handelt, sprechen wir vom intersektoralen Wandel. Wenn es dagegen um Effekte aus Prozeß- oder Produktinnovationen geht, haben wir es mit den Folgen des intrasektoralen Wandels zu tun. In beiden Fällen kommen Umweltentlastungen als Folge von Einsparungen von Ressourceneinsätzen, sei es absolut oder relativ zur Wertschöpfung, zustande. Sie wirken sich in der Regel nicht nur auf eine Belastungsart, sondern auf unterschiedliche produktionsbedingte Belastungsformen positiv aus. So zum Beispiel bedeutet die Einsparung von fossilen Brennstoffen, daß endliche Rohstoffe langsamer verbraucht werden, daß weniger Schadgasemissionen beim Verbrennen entstehen, weniger Gips aus der Rauchgasentschwefelung und weniger Schlacken und Aschen aus den Verbrennungsvorgängen verbleiben usw.. Entlastungen durch Ressourceneinsparungen bilden einen wichtigen Ansatz für eine Industrieproduktion, die dem Prinzip der nachhaltigen Entwicklung geschuldet ist. Sie sind kostengünstig: Investitionen für Entsorgungstechnologie können gespart werden, aber auch Kosten für Ressourcenerschließung, -abbau und -nutzung. Der Verbrauch nicht erneuerbarer Rohstoffe wird verlangsamt. Umweltschutz durch industriellen Strukturwandel ist die intelligentere Form von Umweltschutz, weil sie die ökologische Vorsorge in den Wirtschaftsprozeß integriert.

Für eine detaillierte Prüfung der ökologischen Dimension strukturellen Wandels ist es notwendig, die Ebene der Schadstoffemissionen zu verlassen und als Indikator Ressourcenverbräuche, also Inputfaktoren, zu berücksichtigen. Hier werden in Fortführung früherer Studien (Jänicke u.a. 1992; Foljanty-Jost 1992) der Endenergieverbrauch, der Stromverbrauch, der Wasserverbrauch, der Flächenverbrauch sowie zusätzlich das Müllaufkommen des Verarbeitenden Gewerbes berücksichtigt.

Die Liste der Indikatoren ließe sich zweifellos erweitern. Die Beschränkung auf die genannten Indikatoren hat vor allem pragmatische Gründe: es handelt sich hier um die Formen von Umweltverbrauch, deren Entwicklung branchenspezifisch und über einen Zeitraum von mehr als zwanzig Jahren gut dokumentiert ist.

Der Energieverbrauch ist das zentrale Verbindungsstück zwischen industrieller Produktion und Umweltbelastung. Sein besonderes Gewicht erhält er durch die Tatsache, daß selbst bei einem Verzicht auf weiteren Verbrauchszuwachs allein der aktuelle Verbrauch auf konstantem Niveau zu einem kontinuierlichen Abbau der endlichen Primärenergien wie Öl und Kohle beiträgt. Der Endenergieverbrauch und als Teilbereich der Stromverbrauch geben Auskunft über den technologischen Stand der Produktion und über das ökologische Gefährdungspotential. Um Aufschlüsse über die Materialintensität der industriellen Produktion zu erlangen, wird ergänzend das Müllaufkommen der Industrie untersucht. Dieses erhält seine zusätzliche Relevanz durch die Begrenztheit der Deponieflächen und die Entsorgungsprobleme, die sich aus der intensiven Flächennutzung ergeben.

Der Boden- und Wasserverbrauch sind anders als der Verbrauch endlicher Ressourcen sogenannte Bestandsgrößen, bei denen durch ein Einfrieren des Verbrauchs auf dem Status Quo eine reale Verbesserung erzielt werden kann (Jänicke 1993a, S.7). In Japan ist die Entwicklung des industriellen Bodenverbrauchs vor allem deshalb ein sensibler Bereich, weil der akute Mangel an nutzbarer Fläche die Bedeutung von Bodenversiegelung und Bodenverschmutzung in besonderer Weise dramatisiert. Die Festlegung von

Nutzungsformen sowie deren Veränderungen sind daher häufig Gegenstand von konkurrierenden Interessen.

Der industrielle Wasserverbrauch gefährdet einerseits die Wasserversorgung in den japanischen Ballungsgebieten. Andererseits hat er in der Vergangenheit zu problematischen Bodenabsenkungen geführt, die insbesondere in meeresnahen Gebieten eine ständige Überschwemmungsgefahr mit sich bringen. Darüber hinaus ist der Wasserverbrauch ein Indikator für das Abwasseraufkommen und eingeschränkt für die Gewässerbelastung.

Als Datengrundlage für die Analyse wurden neben den Statistiken der OECD und den Industriestatistiken des Ministeriums für Internationalen Handel und Industrie (MITI) die laufenden Jahrgänge diverser Regierungsweißbücher sowie die statistischen Jahrbücher des Amtes des Premierministers ausgewertet. Zwischen den verschiedenen Quellen bestehen zum Teil Abweichungen, die im einzelnen nicht immer rekonstruierbar waren, weil die den jeweiligen Angaben zugrundeliegenden Berechnungsgrundlagen nicht offenlagen. Wenn Abweichungen auftraten, wurde versucht, sie aufzuklären. War dies nicht möglich, wurden sie zum Teil bewußt hingenommen, sofern die Grundaussage bzw. Entwicklungstendenzen dadurch nicht tangiert wurden, gleichzeitig aber Zusatzinformationen gewonnen werden konnten.

Sofern nicht anders angegeben, werden in der Kategorie Grundstoffgüterindustrie die Branchen Eisen- und Stahlerzeugung sowie NE-Metalle, Steine/Erden und Zement, Chemie sowie die Papier-, Zellstoff- und Pappeerzeugung zusammengefaßt. Teilbereiche wie die Pappeproduktion werden zwar hier üblicherweise nicht zur Grundstoffproduktion gerechnet, lassen sich für Japan aber nicht isolieren.

In der Kategorie der Investitions- und Konsumgüter werden die Branchen der Metallverarbeitung mit Fahrzeugbau, Elektrotechnik, Maschinenbau, Präzisionsinstrumenten, Rüstungsgütern und sonstigen Metallprodukten sowie die Branchen Holzverarbeitung, Textilien, Bekleidung sowie Nahrungs- und Genußmittel berücksichtigt. Auch hier gilt, daß die Zuordnung, aber auch die Zusammenfassung von Branchen der japanischen Datenlage folgte und von der in Deutschland üblichen abweichen kann.

Der Ressourcenverbrauch wird in zwei Richtungen untersucht: zum einen geht es um die Verbräuche ganzer Industriebranchen und Veränderungen, die sich aus Verschiebungen im Gewicht der einzelnen Branchen zueinander ergeben. Hier sprechen wir von der ökologischen Dimension des intersektoralen Wandels. Zum anderen werden Veränderungen innerhalb der Industriebranchen untersucht, also Effekte des intrasektoralen Wandels. Zusätzlich wird nach der absoluten Verbrauchsentwicklung sowie dem jeweiligen Verbrauch pro Wertschöpfungseinheit (spezifischer Verbrauch) differenziert. Ziel ist eine ökologische Bewertung des industriellen Strukturwandels mit dem Schwerpunkt auf der Phase von 1974 bis 1990 und, soweit es die Datenlage zuläßt, darüber hinaus bis 1992/93.

Strukturwandel und Ressourcenverbrauch

Mit dem industriellen Strukturwandel nach 1973 sind Veränderungen im Ressourcenverbrauch einhergegangen wie in kaum einem anderen Land. Wie bereits erwähnt, verloren die umweltbelastenden Grundstoffgüterindustrien ihre Rolle als Wachstumsmotoren. Sie wurden abgelöst von den Branchen der metallverarbeitenden Industrie, deren Anteil an der industriellen Wertschöpfung von 1970 bis 1991 von 28,7% auf 54,1% stieg. Diese Entwicklung läßt erwarten, daß der Verbrauch von Wasser, Boden und Energie mit dem Rückgang der Bedeutung der traditionellen Großverbraucher dieser Ressourcen ebenfalls rückläufig war.

Abbildung 10 zeigt, daß dies nicht der Fall war: im Verlaufe einer annähernden Verdreifachung der industriellen Wertschöpfung stiegen die Ressourcenverbräuche absolut an. Der Gesamtverbrauch des Verarbeitenden Gewerbes hat seit 1970 bei allen berücksichtigten Ressourcen zugenommen. Lediglich der Endenergieverbrauch ist vorübergehend absolut zurückgegangen. Es wird aber auch deutlich, daß die Zuwächse langsamer verlaufen sind als das wirtschaftliche Wachstum. Eine so umfassende Entkopplung von Wasser-, Boden-, Endenergie- und Stromverbrauch vom wirtschaftlichen Wachstum ist so ausgeprägt in keinem anderen Industrieland anzutreffen (Jänicke u.a. 1992, S.142ff.). Setzt man den Ressourcenverbrauch in Relation zur Wertschöpfung, so wird deutlich, wie stark sich die Effizienz der Ressourcennutzung verbessert hat

Abbildung 10: Zuwächse in Ressourcenverbräuchen und Bruttowertschöpfung im Verarbeitenden Gewerbe 1970-1991 (1970 = 100)

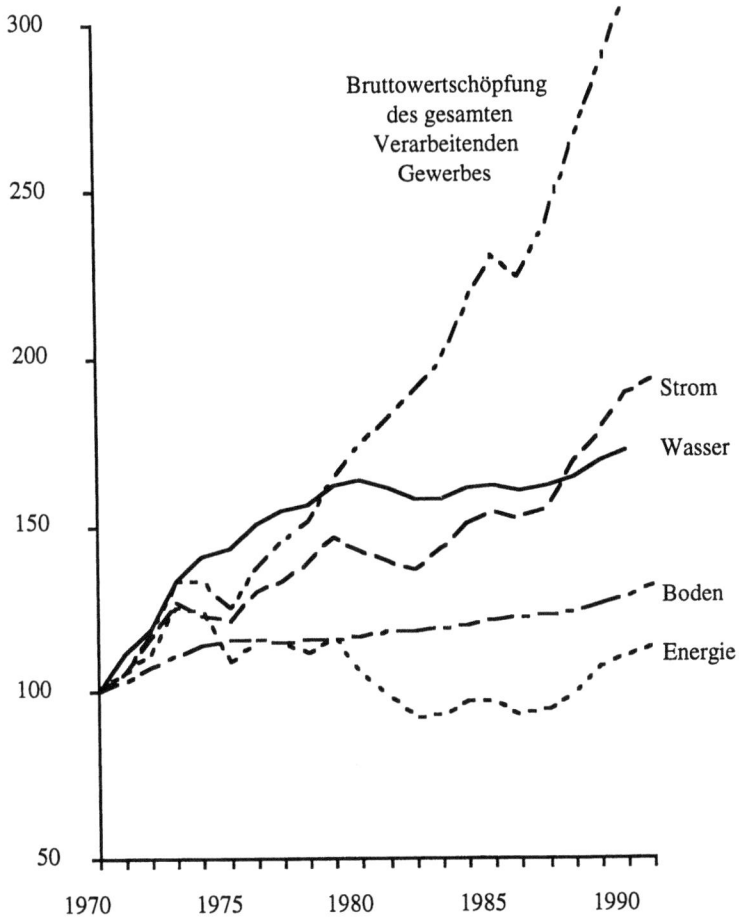

© Martin-Luther-Universität Halle/ Japanologie

Errechnet nach Angaben von Statistics Bureau, laufende Jahrgänge.

Abbildung 11: Entwicklung der spezifschen Ressourcenverbräuche im Verarbeitenden Gewerbe 1970-1991 (1970 = 100)

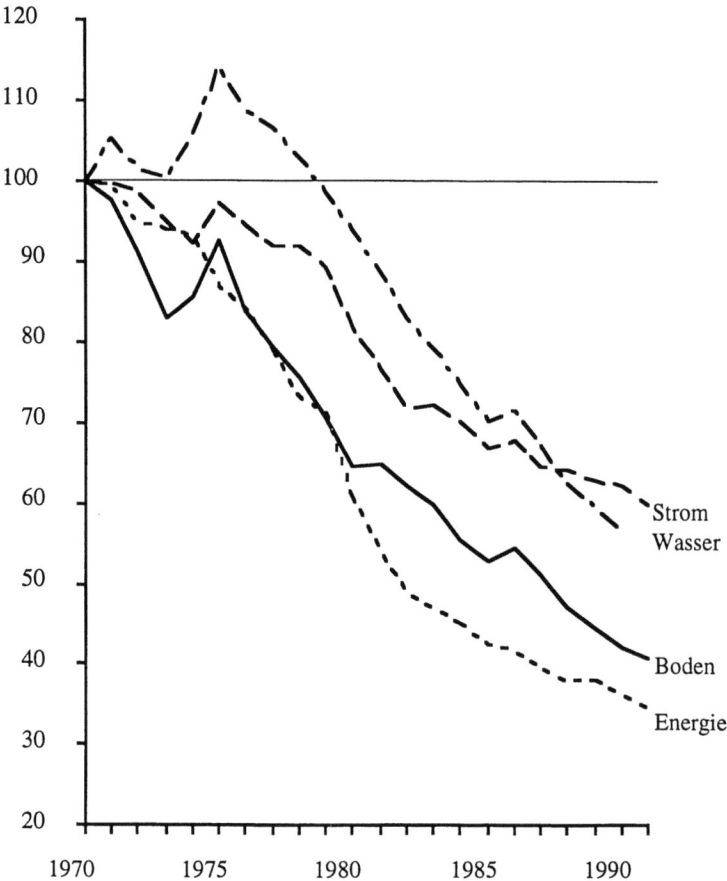

© Martin-Luther-Universität Halle/ Japanologie

Errechnet nach Angaben von Statistics Bureau, laufende Jahrgänge.

Im internationalen Vergleich herausragend ist die Entwicklung des spezifischen Endenergieverbrauchs gewesen, der zwischen 1970 und 1991 auf 33% zurückging. Besonders stark war die Reduzierung zwischen 1979 und 1987, d.h. sie begann mit der zweiten Ölpreiskrise und endete mit dem konjunkturellen Aufschwung 1987. In dieser Zeit sank der Verbrauch pro Wertschöpfungseinheit um fast ein Viertel. Die Nutzung von Ressourcen ist im Verarbeitenden Gewerbe also intensiviert worden. Mit Ausnahme des Endenergieverbrauchs blieben die Entlastungseffekte aber über den gesamten Untersuchungszeitraum nur relativ.

Seit 1987 zeichnet sich eine Wende ab. Mit dem konjunkturellen Hoch, das in diesem Jahr einsetzte, reduzierten sich die Einspareffekte im Ressourcenverbrauch. Mit Ausnahme des industriellen Wasserverbrauchs stagniert seither der Entkopplungsprozeß.

3.1. Energieverbrauch

Der Energieverbrauch einer Volkswirtschaft ist das entscheidende Scharnier zwischen wirtschaftlichem Wachstum und Umweltbelastung. Gesellschaftlicher Wohlstand in den westlichen Industrieländern und Japan ist gekoppelt an einen kolossalen Energieverbrauch. Gleichzeitig verursacht die Gewinnung, Umwandlung und der Endverbrauch in großem Umfang Umweltbelastungen. Neben Luft- und Wasserbelastungen ist der Einsatz von Energie als Rohstoff, beispielsweise in der Chemieindustrie, indirekt mit weiteren Belastungen wie stofflich problematischem Abfall verbunden.

Entwicklung und Stand des Endenergieverbrauchs

Der Gesamtenergieverbrauch Japans lag 1990 unter den OECD-Ländern nach dem der USA an zweiter Stelle, das gleiche gilt für den Rohölverbrauch. Auch hier nimmt Japan weltweit im Verbrauch eine Spitzenposition ein. Im Industrieländervergleich weist die Nachfragestruktur zwei Besonderheiten auf: zum einen ist noch immer das Verarbeitende Gewerbe Hauptverbraucher von Endenergie. Der Anteil des Verkehrs und der privaten Haushalte liegt demgegenüber vergleichsweise niedrig. Im Verkehr spielt bedingt durch die Insellage die Schiffahrt eine vergleichsweise große Rolle. Im Personenverkehr ist dank des gut ausgebauten innerstädtischen und regionalen Verkehrsnetzes sowie der Verbindung aller Metropolen mit Hochgeschwindigkeitszügen der Anteil der Bahn relativ hoch. Bei dem niedrigen Anteil der privaten Haushalte am Gesamtverbrauch wirkt sich vor allem der klimatisch bedingte vergleichsweise geringe Bedarf an Heizenergie positiv aus.

Tabelle 7: Struktur der Endenergienachfrage nach Verbrauchern 1992 (in %)

	Japan	Deutschland	USA
Industrie	44,4	33,0	30,8
Verkehr	26,9	25,2	34,8
Haushalte	13,7	23,9	17,0

Quelle: Keizai Koho Center 1995, S.59.

Als zweite Besonderheit ist hervorzuheben, daß unter den Energieträgern Öl noch immer eine zentrale Stellung einnimmt. Japan verfügt kaum noch über eigene Vorkommen an Kohle und über keine Ölvorkommen. Die Flüsse werden in den Gebirgsregionen gestaut und zur Stromerzeugung genutzt. Japan steht weltweit an Platz fünf in der Nutzung von Wasserkraft zur Stromerzeugung. Sie machte 1991 4,6% des Angebots an Primärenergie aus. Windenergie wird bislang kaum genutzt. Das bedeutet, daß die Energienachfrage sich stets auf die konventionellen Energieträger Kohle und Öl richtete und damit eine faktisch vollständige Importabhängigkeit in Kauf genommen wurde. Eine Folge ist, daß sich Preisschwankungen auf den internationalen Energiemärkten in Japan stärker als anderswo auf die Inlandsnachfrage auswirken. Günstige Rohölpreise waren der Grund, daß der Übergang der japanischen Wirtschaft von der sogenannten Rekonstruktionsphase zu der Phase des Hochwirtschaftswachstums Ende der fünfziger Jahre von der Umstellung von Kohle auf Öl begleitet war. Diese Option war unmittelbar umweltrelevant: billiges Öl, das noch dazu in der damaligen Zeit unbegrenzt zur Verfügung zu stehen schien, leistete einem massiven Anstieg im Energieverbrauch Vorschub. Das ohnehin schon hohe Wirtschaftswachstum zwischen 1950 und 1970 wurde durch den Anstieg des Endenergieverbrauchs noch übertroffen. Die Nachfrage wurde durch Importe von Rohöl mit einem extrem hohen Schwefelgehalt aus dem Nahen Osten gedeckt. Dieser Wandel in der Nachfrage sowie das Fehlen von Entschwefelungstechnologie erklärt die nahezu parallele Entwicklung von Bruttosozialprodukt und SO_2-Emissionen in den Jahren 1960 bis 1969.

Von der Vervierfachung des Rohölpreises 1973 war Japan denn auch stärker betroffen als andere OECD-Länder, da Öl einen höheren Anteil am Primärenergiebedarf stellte und der Anteil der Importe aus OPEC-Ländern überdurchschnittlich hoch war. Die Preiserhöhungen beeinflußten damit indirekt und direkt die Produktionskosten der Industrie, die damals noch mehr als 50% der Primärenergie verbrauchte, stärker.

Insofern ist es wenig verwunderlich, daß die Ölpreiskrise eine energiepolitische Umorientierung auslöste. Die Aufmerksamkeit galt fortan der Einsparung von Endenergie, insbesondere natürlich von Öl. Die Sicherung der Energieversorgung sollte möglichst durch Reduzierung der Abhängigkeit vom Ausland und Diversifizierung der Energieträger erzielt werden.

Tabelle 8: Struktur des Primärenergieangebots 1973-1991

	1973	1985	1991
Abhängigkeit von Primärenergieimporten	82,8	80,5	83,4
Anteile am Primärenergieangebot:			
Erdöl	77,4	56,3	56,7
Kohle	15,5	19,5	16,9
Atomenergie	0,6	8,9	9,8
Erdgas	1,5	9,4	10,6
Wasserkraft	4,1	4,7	4,6
neue Energien	0,9	1,2	1,3

Nach: Shô-enerugii sentaa 1987, S.34f.; Shô-enerugii sentaa 1993, S.39f.

Die Entwicklung nach 1973 verlief bis 1986 entlang dieser Zielsetzungen: eine Steigerung der Unabhängigkeit von Importen und Stabilisierung des Energieangebots wurde, wie Tabelle 8 zeigt, durch eine Diversifizierung der Energieträger erreicht.

Die Reduzierung des Ölanteils ist demnach durch den verstärkten Einsatz von Erdgas sowie durch einen starken Ausbau der Atomenergienutzung realisiert worden. Angesichts der Gefährdung aller Regionen Japans durch Erdbeben stellt letzterer schon ein klassisches Beispiel für eine Problemverlagerung dar. Die Bedrohung der Erdatmosphäre durch Treibhausgase wird durch das Risiko einer atomaren Katastrophe eingetauscht.

Das zweite Ziel der energiepolitischen Umorientierung, nämlich die Senkung des Energieverbrauchs, wurde ebenfalls erreicht. Der Zuwachs im Endenergieverbrauch verlangsamte sich gegenüber den sechziger Jahren auffallend, der Verbrauch pro Wertschöpfungseinheit ging bis 1991 kontinuierlich zurück.

Tabelle 9: Veränderungen im Endenergieverbrauch 1973-1992

	1973	1979	1985	1987	1988	1989	1990	1991	1992
Erdölanteil am Endenergieverbrauch	77,4	71,5	56,3	56,9	57,3	57,9	57,9[1]	56,7	58,2
Endenergieverbrauch je Einheit BSP (1974 = 100)	--	85	67,8	65,4	65,1	64,6	64,7	63,2	63,9
Zuwachsrate (% Jahr)	0,9	- 0,4	1,2	4,8	5,7	3,4	3,8	2,7	0,5

1) Wert von 1989
Quelle: Tsûshô sangyô-shô 1990, S.377, Shô-enerugii sentaa 1993, S. 40ff.

Die Entkopplung des industriellen Verbrauchs von der konjunkturellen Entwicklung verlief in dieser Phase sehr viel eindeutiger als bei den privaten Haushalten und im Verkehrssektor.

Zwar beanspruchen, wie bereits erwähnt, der Verkehr und die privaten Haushalte vergleichsweise einen geringeren Anteil am gesamten Endenergieverbrauch als das Verarbeitende Gewerbe, die Zuwachsraten liegen jedoch überdurchschnittlich hoch.[10] Der Anstieg des Verbrauchs der privaten Haushalte spiegelt Veränderungen im Lebensstil sowie im Freizeit- und Konsumverhalten wider. Hierzu zählt der gestiegene Standard japanischer Wohnungen im Hinblick auf die Ausstattung mit Zentralheizung, Klimaanlagen etc.. Anpassungen an den westlichen Lebensstil im Zuge wachsenden individuellen Lebensstandards gehen mit einem steigenden Stromverbrauch vor allem auch in den privaten Haushalten einher, beispielsweise durch den Übergang auf Warmwasserwaschmaschinen, Elektroherde, elektrische Raumbeheizung, Wäschetrockner etc.

Der Energieverbrauch des Transportsektors steigt seit 1980 durchschnittlich um 4% pro Jahr. 80% des Energieverbrauchs in diesem Bereich wird durch den Straßenverkehr beansprucht. Die Zunahme des Verkehrsaufkommens, und zwar insbesondere des Gütertransports auf Straßen, ist dafür verantwortlich, daß die positiven Effekte von Emissionsminderungen in der Industrie relativiert werden und die Belastung der Luft mit Stickoxiden entlang von Straßen in Ballungsgebieten keine Verbesserungen zeigt, sondern vielmehr heute seit Beginn der Messungen 1971 auf einem Höchststand angelangt ist. Mehr als 40% der NO_x-Emissionen stammten 1990 aus dem Straßenverkehr.

Tabelle 10: Entwicklung der Endenergienachfrage (in Mio. kl Rohöläquivalente, in Klammern die Veränderungsrate gegenüber dem Vorjahr)

Jahr	1973	1979	1985	1986	1987	1988	1989	1990	1991
Endenergieverbrauch	285	301	292 (1,2)	294 (0,4)	308 (4,8)	325 (5,7)	337 (3,4)	349 (3,8)	358 (2,7)
Industrie	187	178	158 (-0,4)	156 (-1,2)	163 (4,8)	173 (5,9)	178 (2,7)	183 (3,2)	185 (0,7)
Privatsektor Büros	52	63	71 (3,7)	72 (1,1)	76 (5,2)	80 (5,4)	82 (2,3)	85 (4,5)	89 (4,8)
Verkehr	47	60	64 (2,4)	66 (3,5)	69 (4,1)	72 (6,5)	77 (6,3)	80 (4,4)	84 (4,9)

Quelle: Shô-enerugii sentaa 1993, S.46.

---

10 Zu beachten ist, daß in den verwendeten japanischen Energieverbrauchsdaten in der Rubrik "private Haushalte" auch Büro- und andere gewerblich genutzte Flächen des Dienstleistungssektors eingerechnet sind.

Der ökologisch so positive Rückgang des Endenergieverbrauchs fand sein Ende 1986. Zwei Entwicklungen waren hierfür verantwortlich, nämlich die Energiepreisentwicklung und der konjunkturelle Aufschwung. Schon ab 1981 hatte eine Entspannung auf dem internationalen Energiemarkt eingesetzt. Der Rohölpreis begann zu sinken und mit ihm auch die Treibstoffkosten. Mit der Yen-Aufwertung beschleunigte sich für die japanischen Konsumenten der Preisverfall. Der Preis für Rohöl fiel allein von 1981 bis 1988 um 60%. Nach 1986 lag er auf dem Niveau von vor 1973. Ab 1989 wurden die Preissenkungen an die Stromabnehmer weitergegeben. Begünstigt wurden dabei die industriellen Großverbraucher, für die die Preise überproportional stark sanken.

Niedrige Ölpreise und konjunktureller Aufschwung führten zwischen 1987 und 1991 zu einem erneuten Anstieg im Endenergieverbrauch von durchschnittlich 4% jährlich. Weitaus ausgeprägter als der Zuwachs im industriellen Sektor war allerdings wiederum der Verbrauchsanstieg in den Bereichen Verkehr, wo sich der konjunkturbedingte Anstieg auf das Gütertransportaufkommen auswirkte, sowie bei privaten Haushalten und Büros.

Nach neuesten Prognosen wird sich dieser Trend auch über das Jahr 2000 hinweg fortsetzen. Für 2010 wird von einem Anteil des Verarbeitenden Gewerbes am Energieverbrauch von 39,9% ausgegangen. Der Anteil der privaten Haushalte soll auf 30,9% steigen (Shô-enerugii sentaa 1993, S.52f.).

Der industrielle Endenergieverbrauch

Der Endenergieverbrauch des Verarbeitenden Gewerbes ist zwischen 1979 und 1982 absolut gesunken. Angesichts des wirtschaftlichen Wachstums ist dies allein ein bemerkenswerter ökologischer Gewinn. 1988 lag das Verbrauchsniveau der Industrie um rund 20% niedriger als 1973. Drei Ursachen spielten hierbei eine Rolle: der intersektorale Wandel, der intrasektorale Wandel sowie das Wachstum in der industriellen Produktion.

Durchgängig übten intrasektoraler und intersektoraler Wandel einen positiven Einfluß auf den Endenergieverbrauch aus (Tabelle 11). Der Blick auf die

Entwicklung in den Branchen zeigt, daß im zeitlichen Ablauf zunächst der intersektorale Wandel wirkte, d.h. Verschiebungen zwischen den Industriesektoren, die durch die unterschiedliche Wachstumsdynamik in den Industriebranchen zustandekamen. Nach der zweiten Ölpreiskrise 1979 begannen dann energiesparende Verfahrensumstellungen zu greifen – der intrasektorale Wandel wurde spürbar. Er hat insgesamt über den gesamten Zeitraum eine größere Rolle bei der Reduzierung des Endenergieverbrauchs gespielt als der intersektorale Wandel.

Aus Tabelle 11 geht aber auch hervor, daß wachstumsbedingte Zuwächse 1983/84, vor allem aber in den Jahren 1986 bis 1991 auftraten. Die Reduzierungen durch strukturellen Wandel hätten demnach noch positiver ausfallen können, wenn sie nicht durch die Effekte des Wirtschaftswachstum relativiert worden wären (Shô-enerugii sentaa 1987, S.142; Shô-enerugii sentaa 1992, S.162).

Tabelle 11: Einflußfaktoren auf den industriellen Energieverbrauch 1980-1992 (in 1 Mio. kl Rohöläquivalente)

Jahr	1980	1984	1986	1987	1988	1989	1990	1991	1992
Energieverbrauch	-12,5	+6,3	-3,6	+6,5	+8,6	+4,0	+3,6	+1,6	-3,4
Effekte aus Wachstum	+1,0	+10,3	-0,7	+7,7	+11,5	+6,7	+7,9	-1,0	-9,9
intersektoraler Wandel	-7,8	-3,2	-0,8	+0,6	-2,9	-1,3	-1,4	-1,1	+3,5
intrasektoraler Wandel	-5,5	-1,1	-2,1	-2,0	-0,3	-1,5	-3,1	+3,7	+3,6

Quelle: Shô-enerugii sentaa 1993, S.172.

Wie verlief nun der intersektorale und intrasektorale Wandel im einzelnen?

Der ökonomische Bedeutungsverlust energiezehrender Branchen wirkte sich erwartungsgemäß positiv auf den Endenergieverbrauch dieser Branchen aus. Hierzu zählen vor allem die Eisen- und Stahlindustrie und die Aluminiumindustrie, die nach 1973 unter dem Einfluß steigender Energiepreise weiter an Wettbewerbsfähigkeit verloren hatten. Der sinkende Verbrauch führte zu einem Rückgang des Anteils dieser Industriezweige am Endenergieverbrauch des Verarbeitenden Gewerbes.

Abbildung 12: Anteile ausgewählter Wirtschaftsgruppen an der Bruttowertschöpfung und am Endenergieverbrauch des Verarbeitenden Gewerbes

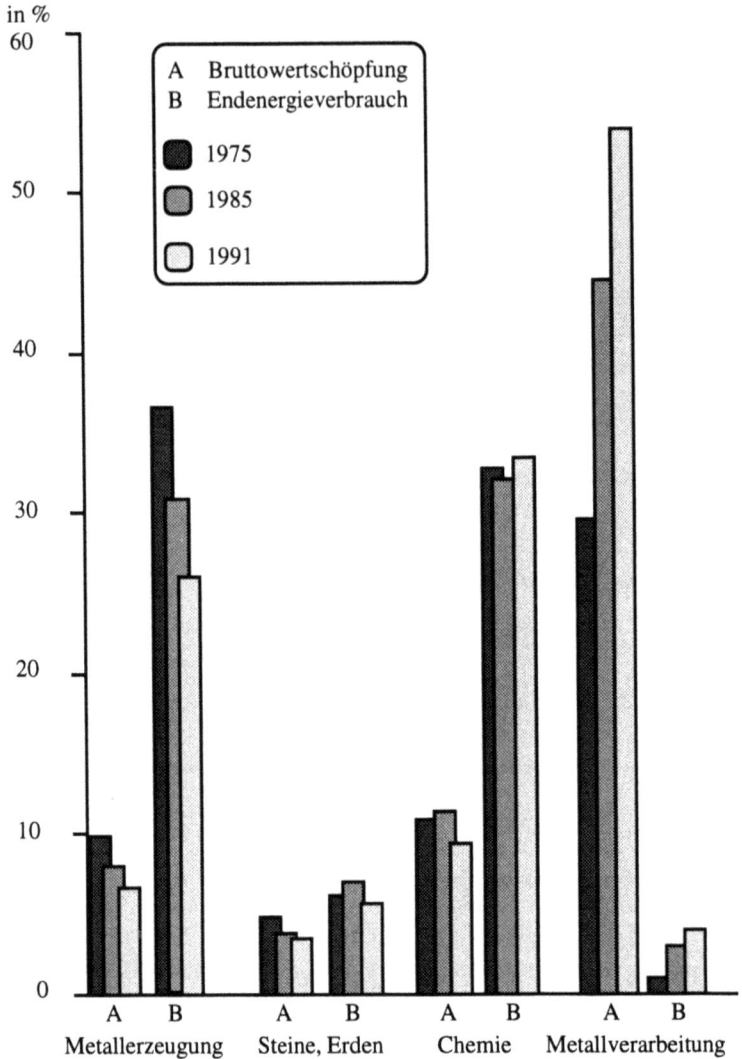

© Martin-Luther-Universität Halle/ Japanologie

Erstellt nach Angaben des Statistics Bureau, laufende Jahrgänge, und OECD, diverse Jahrgänge.

Abbildung 13: Entwicklung des spezifischen Endenergieverbrauchs im Verarbeitenden Gewerbe 1970-1991

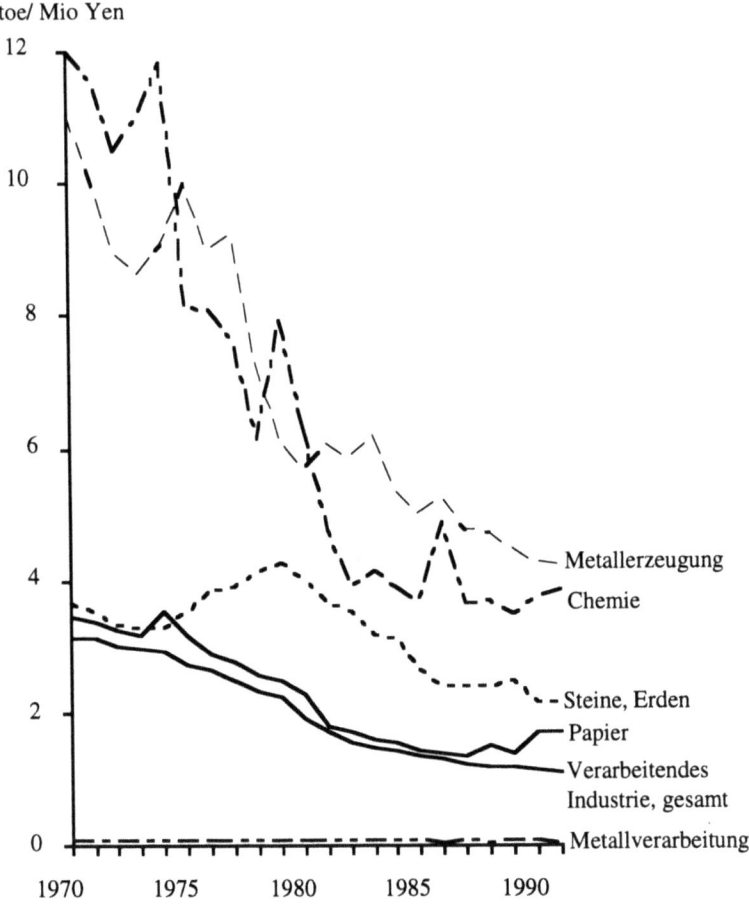

© Martin-Luther-Universität Halle/ Japanologie
Erstellt nach Angaben von Tsûshô sangyô-shô, laufende Jahrgänge, und Statistics Bureau, laufende Jahrgänge.

Neben dem intersektoralen Wandel griffen industrieweit in den achtziger Jahren verstärkt Verbesserungen in der Energieausnutzung. Einspareffekte durch Verfahrensinnovationen fanden in allen Industriebranchen statt. Dieser Trend schlägt sich in dem auffallend günstigen Verlauf des spezifischen Endenergieverbrauchs nieder (Abbildung 13).

Nach Industriebranchen differenziert ist der Rückgang des spezifischen Endenergieverbrauchs in den Branchen der Grundstoffgüterproduktion überdurchschnittlich stark ausgeprägt.

Die Umsetzung von Energieeinsparkonzepten in diesen Branchen verlief bzw. verläuft in der Regel in drei Phasen: in der ersten Phase wird die Ausnutzung des Energieeinsatzes unter Beibehaltung des eigentlichen Produktionsprozesses allein dadurch erhöht, daß beispielsweise die zeitliche und organisatorische Gestaltung des Produktionsprozesses verändert wird. So werden ohne speziellen technischen Aufwand Verbesserungen vorgenommen, indem Leerlauf bei Motoren vermieden wird etc.. In der zweiten Phase erfolgen technische Innovationen mittlerer Reichweite wie die Nutzung von Abwärme, Einsatz von Wärmepumpen u.ä.. In dieser Phase werden mit vergleichsweise geringen finanziellen Mitteln relativ weitreichende Einspareffekte erzielt. In der dritten Phase schließlich werden Pläne zur umfassenden Modernisierung des Produktionsprozesses erarbeitet. Hierzu zählen die kooperative Erschließung alternativer Energiequellen mit dem Ziel der industriellen Nutzung der Sonnenenergie, Effektivierung der Abwärmenutzung, Reduzierung von Energieverlusten in der Elektrizitätserzeugung u.ä..

Tabelle 12: Stand der Energieeinsparungen bei Großverbrauchern 1992 (1973=100)

Branche	Reduzierung des spezifischen Energieverbrauchs auf	Einsparmaßnahmen
Eisen/Stahl	79,5	Veränderungen im Produktionsablauf, Nutzung von Abwärme, Erhöhung der Energieeffizienz
Ethylen	58,5	Anlagenmodernisierung, Rationalisierung von Verfahren, Nutzung von Abwärme
Zement	67,9	Abwärmenutzung, Anlagenmodernisierungen,
Papier	62,2	Erhöhung der Verwendung von Altpapier, Nutzung von Abwärme, Verstetigung des Produktionsprozesses

Quelle: Shô-enerugii sentaa 1994, S. 168f.

Vorreiter bei der Umsetzung von Einsparstrategien war die Stahlindustrie. Die Branche hat nach eigenen Angaben zwischen 1971 und 1991 insgesamt 1,4 Bio. Yen in Umweltschutz und Energieeinsparungen investiert (Tsûshô sangyô-shô 1994, S.141). Die Ergebnisse waren beeindruckend: Untersuchungen zeigen, daß bereits 1978 in der Rohstahlproduktion weltweit die höchste Intensität in der Energieausnutzung erreicht wurde. Der Energieeinsatz pro Tonne Rohstahl wurde seit 1973 um rund 20% gesenkt. Damit hält dieser Industriezweig bis heute die Spitzenposition unter den Stahlherstellern in der Welt. Die Branche selbst führt dieses Ergebnis sowohl auf die Einführung von Anlagen mit niedrigerem Energieverbrauch und Verstetigung des Produktionsprozesses als auch auf die zunehmende Nutzung von Abwärme zurück (Tsûshô sangyô-shô 1994, S.139). Die verfahrensmäßigen Innovationen wirkten sich hier nicht nur positiv auf den Energieverbrauch aus. Sie umfaßten auch die Intensivierung des Materialeinsatzes. So wurde der Verbrauch von Eisenerz pro Tonne Rohstahl im gleichen Zeitraum halbiert. Der sinkende Primärenergieeinsatz spiegelt sich auch in der Abnahme von Schlacken und Aschen im industriellen Abfallaufkommen nieder. Die Stahlindustrie steht indessen mit ihren Erfolgen nicht allein da.

Ähnlich beeindruckend wie in der Eisen- und Stahlherstellung hat sich auch der Endenergieverbrauch in der Zementindustrie entwickelt. Dieser Industriezweig gehört ebenfalls zu den Energiegroßverbrauchern im Verarbeitenden Gewerbe. Die Zementindustrie ist mit 5,7% an dem gesamten CO_2-Ausstoß beteiligt. Nach 1973 wurde auch hier durch verbesserte Energieausnutzung im Brennprozeß der spezifische Endenergieverbrauch um knapp 33% gesenkt. Und auch hier wurde bis 1990 unter allen Industrieländern der niedrigste spezifische Energieverbrauch erreicht (Tsûshô sangyô-shô 1994, S.237). Die Folgen der technischen Innovationen für den spezifischen CO_2-Ausstoß sind beachtlich (Tabelle 13).

In der Papierindustrie wurde nach eigenen Angaben durch Modernisierung der Produktionsanlagen, Erhöhung der Energieeffizienz bei der Eigenstromerzeugung und Abwärmenutzung der Energieverbrauch pro Wertschöpfungseinheit um 37,8% gesenkt (Tsûshô sangyô-shô 1994, S.220). In der Petrochemie lag 1992 der spezifische Endenergieverbrauch um 46% niedriger als 1976, wobei allerdings die Einsparpotentiale, die vor allem in der Ethylen-Produktion durch Abwärmenutzung erschlossen wurden, seit 1988 erschöpft zu sein scheinen.

Tabelle 13: CO_2-Emissionen der Zementproduktion im internationalen Vergleich 1989

	CO_2-Ausstoß in Mio. t		Anteil an den globalen Gesamtemissionen	Ausstoß in t pro Mio. $ BIP
	1965	1989	%	
Japan	106	284	4,9	99
Deutschland	178	175	3,0	147
China	131	652	11,2	1547
USA	948	1329	22,8	259

Quelle: Yano 1993, S.541.

Aktuelle Entwicklungstendenzen seit 1986

Mit dem konjunkturellen Hoch der späten achtziger Jahre kam es zu einer Wende in der bis dahin zu beobachtenden Tendenz zu einem stärker qualitativen Wachstum.

Da wie bereits erwähnt in Japan der Anteil der Industrie am Endenergieverbrauch traditionell höher liegt als in anderen Ländern, wirkte sich die Energiepreisentwicklung wie schon nach 1973 ausgeprägter auf den industriellen Verbrauch aus als in Ländern, in denen der größte Verbrauchsanteil beim Verkehr (USA) oder bei den Haushalten (Deutschland) liegt. Im Zuge des wirtschaftlichen Aufschwungs verzeichnete der Industriesektor zwischen 1987 und 1991 ein durchschnittliches jährliches Wachstum von 5,1%.

Die konjunkturelle Lage in Verbindung mit niedrigen Energiepreisen begünstigte die steigende Inlandsnachfrage nach Grundstoffgütern, insbesondere nach Rohstahl, Ethylen, Papier und – durch den Boom in der Bauwirtschaft – nach Zement.

Während zwischen 1975 und 1980 ein absoluter Anstieg im Endenergieverbrauch dank des abgeschwächten Wachstums und der Senkung des spezifischen Verbrauchs kompensiert werden konnte, konnten die positiven Effekte des strukturellen Wandels nun die Wachstumseffekte nicht mehr ausgleichen.

Abbildung 14: Rohölpreise und Investitionen in Energieeinsparungen

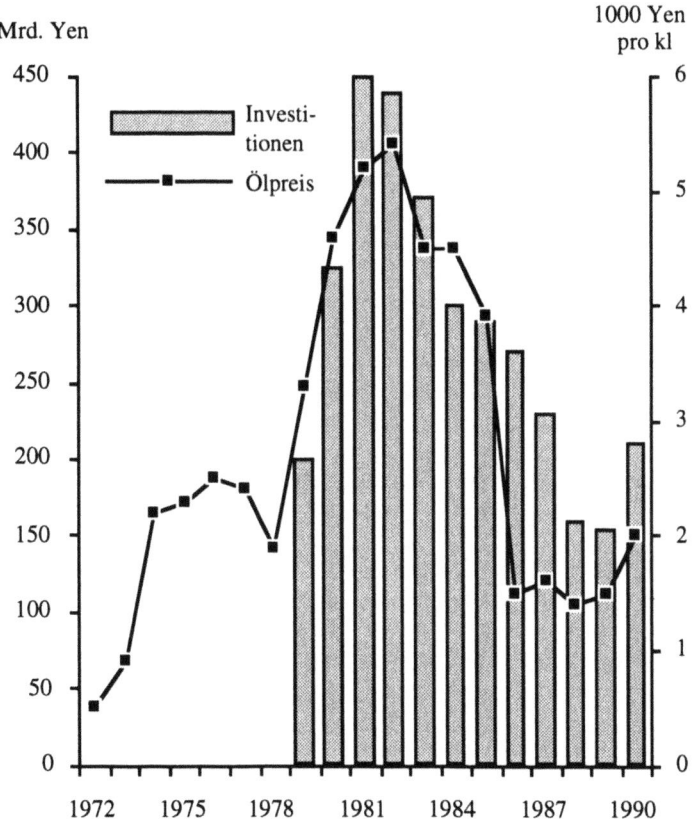

© Martin-Luther-Universität Halle/ Japanologie

Quelle: Shô-enerugii sentaa 1994, S.49.

Die weiteren Folgen von niedrigen Ölpreisen und hohem Wirtschaftswachstum waren zum einen, daß die Entkopplung von Wirtschaftswachstum und Energieverbrauch seither stagniert. Verantwortlich hierfür ist der Stillstand in der weiteren Erhöhung von Energieeinsparpotentialen vor allem in der Grundstoffgüterindustrie (Kankyô-chô 1992, S.165). Die niedrigen Ölpreise führten daneben zum Wiederanstieg der Abhängigkeit von Ölimporten von 84% 1985 auf 87% 1990. Schließlich stieg auch der Anteil von Öl an der Stromerzeugung wieder an (Murota/ Yano 1993, S. 124ff.).

Für die zukünftige Entwicklung des Endenergieverbrauchs stellt sich gegenwärtig die Frage, zu welchen Kosten weitere Energieeinsparpotentiale erschlossen werden können. Seit der zweiten Ölpreiskrise hatten sich Investitionen für energieeinsparende Technologien und Verfahren in engem Zusammenhang mit dem Ölpreis entwickelt.

Als nach 1985 der Rohölpreis sank, ging damit eine abnehmende Bereitschaft der Unternehmen, in eine weitere Erhöhung der Energieausnutzung zu investieren, einher, da durch Energieeinsparinvestitionen die Produktionskosten nicht mehr wie bis dahin zu reduzieren waren.

Die entmotivierende Wirkung von niedrigen Energiepreisen für Energieeinsparungen ist auch bei der Produktentwicklung und dem Konsumentenverhalten sichtbar: Energieeinsparungen als Folge von Produktinnovationen stagnieren seither sowohl im Bereich der Elektrogeräte für den Haushalt als auch im Kraftfahrzeugbau. Der spezifische Treibstoffverbrauch von Lastwagen und Kleintransportern liegt heute höher als 1982.[11] Die private Nachfrage geht wieder hin zu großen Pkws mit hohem Benzinverbrauch. Es wird erwartet, daß dieser Trend weiter anhält (Environment Agency 1990, S.207).

Die Entwicklung hat dazu geführt, daß die langfristigen Energieprognosen der Regierung von 1987 schon zwei Jahre später hinfällig waren: die für 1995 erwartete Endenergienachfrage war bereits 1989 eingetreten (Nihon kôgyô shinbun-sha shuppan-kyoku 1993, S.17).

---

[11] Der durchschnittliche monatliche Stromverbrauch von Kühlschränken von 170 l und mit zwei Türen wurde bis 1987 auf 33% gegenüber 1973 gesenkt, bei Farbfernsehern und Klimaanlagen mit 1600 kcal/Std. Kühlkapazität konnte er halbiert werden. Danach ist es zu keinen weiteren Einsparungen gekommen. Vgl. Environment Agency 1990, S.67, S.71.

Abbildung 15: Endenergieverbrauch und CO_2-Emissionen

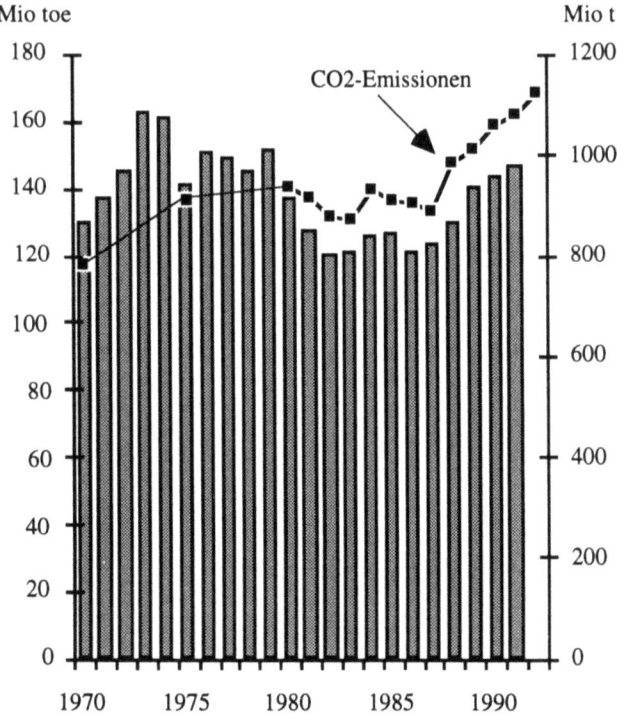

© Martin-Luther-Universität Halle/ Japanologie

Quelle:Kankyô-chô 1992a, S.206.

Der Anstieg im Endenergieverbrauch zeigt seine ökologischen Folgen: im Zuge des Wirtschaftsbooms der Jahre 1987 bis 1990 nahmen mit dem Verbrauch auch die Emissionsmengen wieder zu. 1992 wurde bei NO_x ein neuer Höchststand erreicht, die Schwebstaubbelastung entlang von Autostraßen steigt seit 1991 wieder deutlich an. Die CO_2-Emissionen waren nach der drastischen Erhöhung der Energiepreise 1973 und dem Rückgang des Energieverbrauchs stagniert. Sie sanken im Zuge der Intensivierung der Energieausnutzung in der industriellen Produktion in der folgenden Zeit auf ein Niveau, das bezogen auf die Wertschöpfung weltweit am niedrigsten liegt

(Kankyô-chô 1992, S.205). Nach 1987 stagnierte jedoch die Intensivierung der Energienutzung, und im Zuge des einsetzenden Wirtschaftsbooms stiegen Energieverbrauch und CO_2-Emissionen erneut an. Von 1987 bis 1990 gibt das Nationale Umweltamt (Kankyô-chô 1992a, S.207) einen Emissionsanstieg von 19% an. Damit ist die Emissionsmenge pro Kopf wieder auf das Niveau von 1973 angestiegen.

Die gleiche Ambivalenz in der Entwicklung zeigt sich auch bei den Emissionen von SO_2 und NO_X. Auch hier steigen die Emissionsmengen absolut wie bei CO_2 wieder an. Gleichzeitig aber muß festgehalten werden: trotz der negativen Entwicklung bei den absoluten Verbrauchs- und Emissionswerten bleibt Japan auch nach 1986 führend, wenn man diese Werte in Relation zu der industriellen Wertschöpfung setzt. In keinem anderen Land war der strukturelle Wandel auch zwischen 1985 und 1990 für den Energieverbrauch und die Luftbelastung so günstig wie in Japan. Die Emissionsmenge pro Wertschöpfungseinheit bei allen drei Schadgasen lag 1990 niedriger als 1985. Nach Berechnungen von Hasebe (1994, S.49ff.) sind durch den industriellen Strukturwandel in diesem Zeitraum die SO_2-Emissionen von 2292 kg auf 2181 kg pro 1 Mill. Yen Produktionswert, die NO_x- Emissionen von 4577 kg auf 4373 kg und die CO_2-Emissionen von 1509 kg auf 1432 kg zurückgegangen. Diese Entwicklung scheint jedoch nicht nur auf den innerjapanischen strukturellen Wandel innerhalb und zwischen den Industriezweigen zurückzuführen zu sein: Hasebes Analyse läßt vielmehr die Schlußfolgerung zu, daß Entkopplungseffekte im Wachstumsprozeß dieser Jahre auch Ergebnis einer veränderten internationalen Arbeitsteilung gewesen sind. Nach dem Plaza-Abkommen 1986 und der anschließenden Yen-Aufwertung ist es zu einem Anstieg bei den Importen von industriellen Vorprodukten bzw. Halbfertigwaren gekommen, der sich für Japan positiv auf Energieverbrauch und Emissionsmengen ausgewirkt hat, faktisch aber lediglich die Belastungen in die Herkunftsländer Südost- und Ostasiens verschoben hat, wo das Niveau der Umweltschutztechnologien im Verarbeitenden Gewerbe weitaus niedriger ist als in Japan.

3.2. Stromverbrauch

Stromverbrauch schlägt ökologisch vor allem indirekt durch den bei der Gewinnung benötigten Primärenergieverbrauch zu Buche. Die Stromerzeugung gehört zu den umweltbelastendsten Produktionen einer Volkswirtschaft. Sie erfordert den Einsatz großer Mengen von Primärenergie, durch deren Verbrennung Luftschadstoffe freigesetzt werden. Der Kühlwasserbedarf stellt alle anderen Wassernutzungsarten quantitativ in den Schatten, durch ihre Einleitung in Küstengewässer kommt es zu problematischen Aufwärmungen, zurück bleiben aus dem Produktionsprozeß Abfälle, die nur begrenzt wiederaufbereitet werden können. Aufgrund der beträchtlichen Probleme, die aus der Stromerzeugung für die Umwelt erwachsen, waren Kraftwerke in Japan seit Beginn der Umweltschutzbewegung Zielscheibe öffentlicher Proteste und Forderungen. In den Ballungsgebieten standen schon frühzeitig keine Standorte mehr zur Verfügung, die Sanierung der Altanlagen war begleitet von teilweise drastischen Schadensersatzforderungen der Anlieger. Die Flucht der Stromerzeuger in ländliche Gebiete war nicht weniger problembeladen: betroffen von Ansiedlungsplänen waren vor allem strukturschwache Gebiete an der Küste.

Sofern Standorte überhaupt vereinbart werden konnten, mußten zuvor im Vorgriff auf eine mögliche Dezimierung der Fischbestände durch Kühlwassereinleitungen die Fischereirechte der ortsansässigen Fischer aufgekauft werden (Foljanty-Jost/Weidner 1981). Die Konsequenzen, die bis in die achtziger Jahre hinein von den Kraftwerksbetreibern aus der Standortproblematik gezogen wurden, haben eine umweltpolitisch höchst problematische regionale Verteilung von Kraftwerken gebracht: dort, wo Standorte zur Verfügung standen, wurden sie durch Ausbau der Kapazitäten immer weiter ausgedehnt. Die Folge war, daß statt Dezentralisierung und verbrauchernaher Produktion eine regionale Standortkonzentration vor allem in dezentralen abgelegenen Gebieten mit entsprechend weiten Leitungswegen erfolgte.

Stand und Entwicklung des Stromverbrauchs

Zu der Standortproblematik gesellte sich nach 1974 die problematische Struktur der Energieträger in der Elektrizitätsgewinnung, da durch den hohen Anteil von Öl auch für die Stromerzeuger die einseitige Abhängigkeit von Öl und damit von dem Rohölpreis zu einem drückenden Kostenfaktor wurde. Die Strategie war daher ebenso wie generell im Verarbeitenden Gewerbe im Hinblick auf den Endenergieverbrauch bestimmt durch das Bemühen, den Energieeinsatz zu intensivieren sowie die Energieträger zu diversifizieren.

Wie Abbildung 16 deutlich macht, war die Diversifizierung der Energieträger im Hinblick auf die Reduzierung des Anteils von Öl erfolgreich. Die Tendenz geht zu einem ausbalancierten Mix aus konventionellen fossilen Brennstoffen – hier ist der steigende Anteil von Kohle bemerkenswert – und Atomenergienutzung. Die Ergebnisse der Intensivierung der Energieausnutzung lassen sich aus der Entwicklung von Bruttowertschöpfung und Stromverbrauch ablesen (Abbildung 17).

Es haben Entkopplungsprozesse stattgefunden, wenn auch weniger ausgeprägt als im Falle des Endenergieverbrauchs. Insgesamt besteht ein eindeutiger Trend zur Zunahme von Verstromung. Diese Entwicklung ist allerdings weniger dem Verarbeitenden Gewerbe geschuldet. Vielmehr ist in der Nachfragestruktur seit Jahren eine Verschiebung zwischen den Sektoren feststellbar. Insbesondere der Stromverbrauch als Folge der Zunahme von Büroflächen sowie von privaten Haushalten steigt.

Abbildung 16: Anteile der Energieträger an der Stromerzeugung

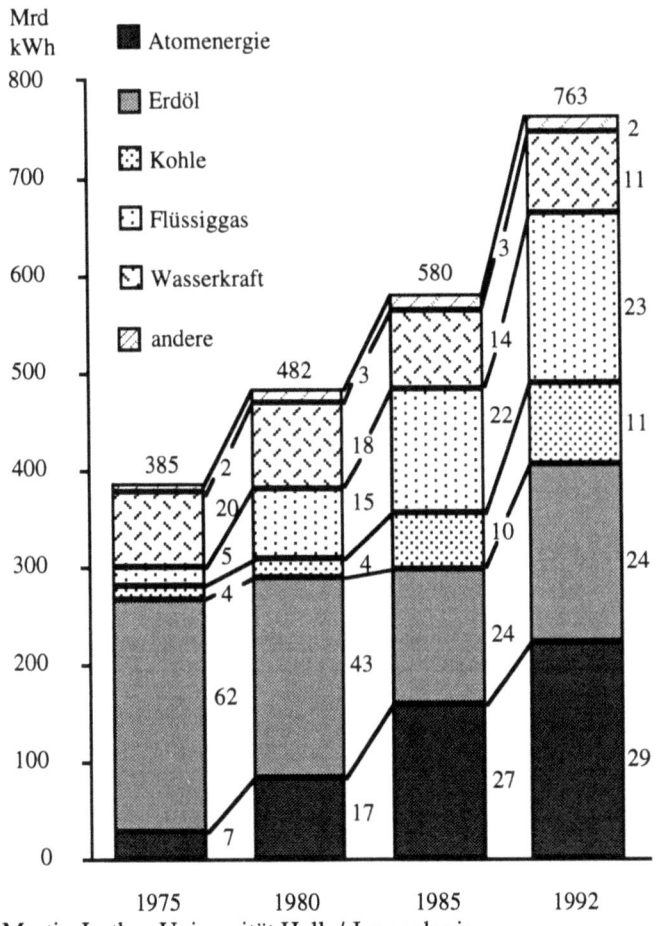

© Martin-Luther-Universität Halle/ Japanologie

Nach: Tsûshô sangyô-shô 1994, S.313.

Abbildung 17: Wertschöpfung, Stromverbrauch und Endenergieverbrauch in der Industrie 1970-1991

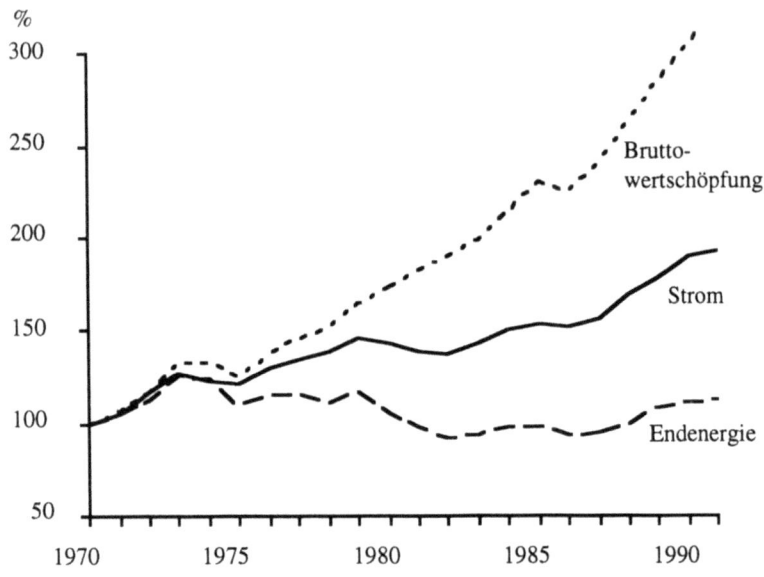

© Martin-Luther-Universität Halle/ Japanologie

Eigene Berechnungen nach Angaben von: Shigen enerugii-chô, laufende Jahrgänge, und Statistics Bureau, laufende Jahrgänge.

Die Entwicklung des industriellen Stromverbrauchs

Der Anteil des Verarbeitenden Gewerbes am gesamten Stromverbrauch sinkt gegenüber dem Anteil der privaten Haushalte und dem des Dienstleistungssektors. Er machte 1991 45,9% aus (Shô-enerugii sentaa 1994, S.16).

Abbildung 18: Anteile ausgewählter industrieller Hauptgruppen am Stromverbrauch des Verarbeitenden Gewerbes 1975-1991

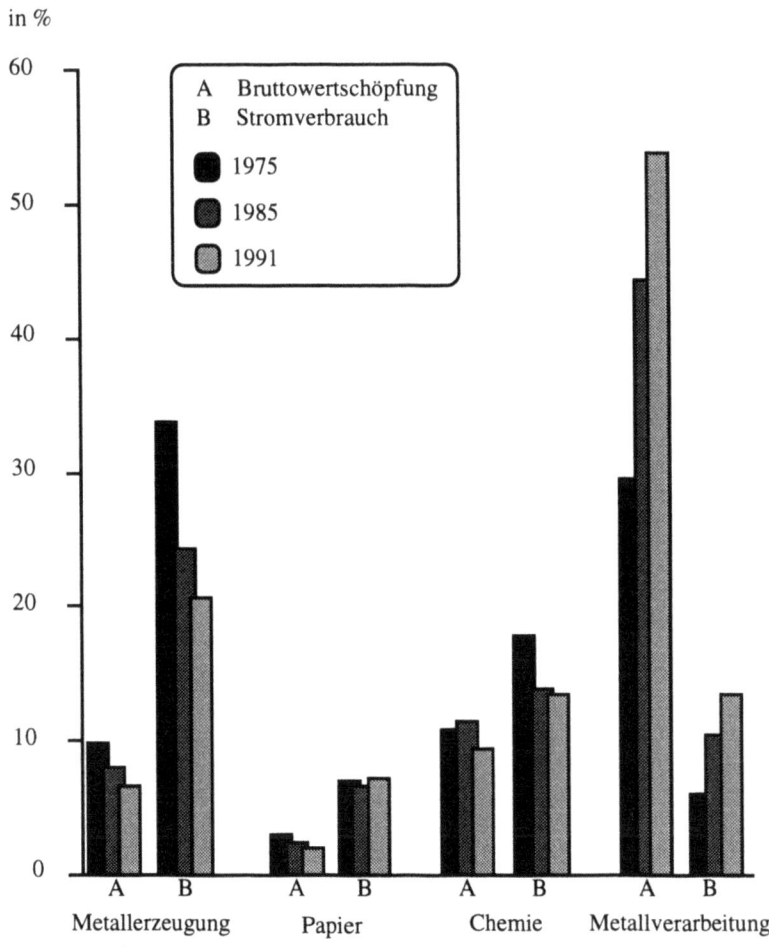

© Martin-Luther-Universität Halle/ Japanologie

Errechnet nach Angaben des Statistics Bureau, laufende Jahrgänge, Denki jigyô rengô-kai tôkei iin-kai 1993, S.76f.

Traditionell bedeutendste Stromkonsumenten im Verarbeitenden Gewerbe sind die Eisen- und Stahlindustrie, die chemische Industrie, die NE-Metalle mit der Aluminiumindustrie und die Papierindustrie. Allein auf die drei Branchen Eisen/Stahl, Chemie und Papier entfielen 1991 rund 42% des Stromverbauchs des gesamten Verarbeitenden Gewerbes.

Lag der Stromverbrauch des Grundstoffgüterbereichs[12] 1970 noch bei 66,3% des industriellen Verbrauchs, waren es 1985 nur noch rund 50% gegenüber einem steigenden Anteil der Investitions- und Konsumgüterindustrien[13] von 12,9% auf 21,2%. 1991 lagen die Anteile bei 57% resp. 25,9%. Der Verbrauch ging in Teilbereichen der Grundstoffgüterindustrie besonders stark zurück, wie etwa in der Aluminiumerzeugung und in der Stahlindustrie. In der Aluminiumindustrie kam es durch den Abbau von Produktionskapazitäten für Hüttenaluminium zu einer Schrumpfung des Strombedarfs innerhalb von zehn Jahren (1976-1986) um 86% (Shigen enerugii-chô 1988, S.374f.). Die Branche war zwischen Kriegsende und 1973 zum zweitwichtigsten Aluminiumhersteller in den westlichen Industrieländern aufgestiegen. Nach der Verteuerung der Ölpreise 1973 stiegen die Strompreise für die Branche innerhalb von zwei Jahren um mehr als das Doppelte. 1982 lagen sie gegenüber 1970 um mehr als das fünffache höher. Aufgrund des zwangsläufig hohen Anteils von Energiekosten an den Produktionskosten und der im internationalen Vergleich hohen Abhängigkeit der Stromerzeuger von Öl verschlechterten sich daher mit den Ölpreiserhöhungen der siebziger Jahre die Wettbewerbsbedingungen. Die Branche wurde in das staatliche Strukturanpassungsprogramm als strukturschwache Branche einbezogen. Der "geordnete" Abbau der Inlandsproduktion war mit der Neueinrichtung von Produktionsstätten an kostengünstigen Standorten im Ausland verbunden. Japan bezieht Aluminium heute vor allem aus Brasilien, Indonesien und Venezuela. Der Inlandsverbrauch von Aluminium steigt indessen weiter an. Das Land steht heute weltweit an Platz zwei unter den Konsumenten von Aluminium, es beansprucht 13,5% des weltweiten Verbrauchs. Wie Abbildung 19 deutlich macht, haben wir es demnach mit einem typischen Beispiel von Verlagerung zu tun: Die positiven Umwelteffekte im Inland durch Minimierung der Aluminiumproduktion und des damit verbundenen Rückgangs im Stromverbrauch sind hauptsächlich ein Ergebnis regionaler

---

12 Berücksichtigt sind hier die Branchen Eisen/Stahl, NE-Metalle, Steine/Erden, Chemie und Papier, einschließlich der Herstellung von Kunststoffen und Papiererzeugnissen, die normalerweise nicht den Grundstoffindustrien zugerechnet werden.

13 Zur Kategorie der Investitions- und Konsumgüter zählen die Branchen der Metallverarbeitung mit Fahrzeugbau, Elektrotechnik, Maschinenbau, Präzisionsinstrumente und sonstige Metallprodukte, die Branchen Textilien, Bekleidung sowie Nahrungs- und Genußmittel.

Verlagerung. Der häufig geäußerte Verdacht, Japan würde Umweltverschmutzung durch Auslagerung belastender Produktionen exportieren, läßt sich in diesem Falle bestätigen, wenngleich die Verlagerung primär nicht aus ökologischen, sondern aus ökonomischen Gründen erfolgt ist.

Für die Zukunft wird ein weiterer Anstieg im Verbrauch erwartet, da insbesondere im Fahrzeugbau zunehmend Stahlbleche durch Aluminium und Kunststoffe substituiert werden.

Abbildung 19: Produktion, Import und Wiederverwertung von Aluminium

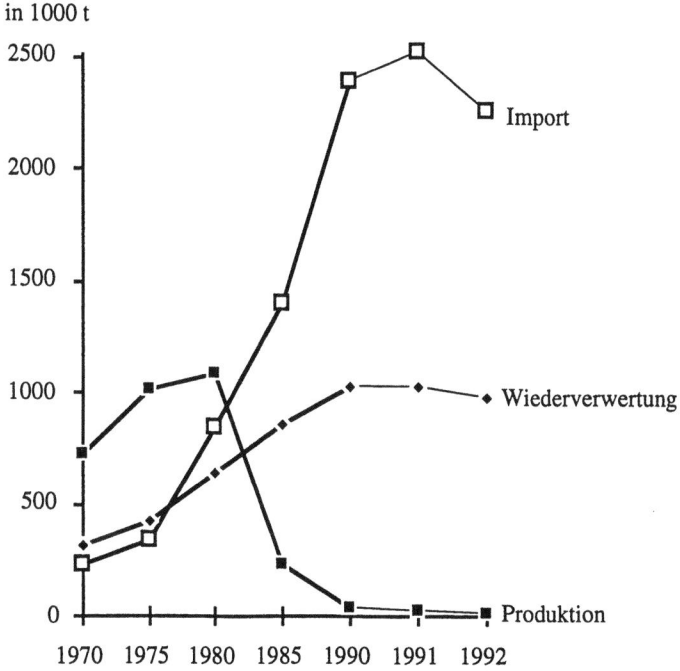

© Martin-Luther-Universität Halle/ Japanologie
Eigene Berechnungen nach: Yano 1993, S.245.

Die Reduzierung der Aluminiumproduktion hat starke Stromeinsparungen mit sich gebracht, sie wurden aber durch den absoluten Verbrauchsanstieg in den Zukunftsindustrien der metallverarbeitenden Industrie mehr als ausgeglichen. Daß es dennoch zu Entkopplungen gekommen ist, ist auf das ungewöhnlich günstige Verhältnis von Stromverbrauch und Bruttowertschöpfung in diesem Industriezweig zurückzuführen.

Abbildung 20: Entwicklung des spezifischen Stromverbrauchs in industriellen Hauptgruppen 1970-1991

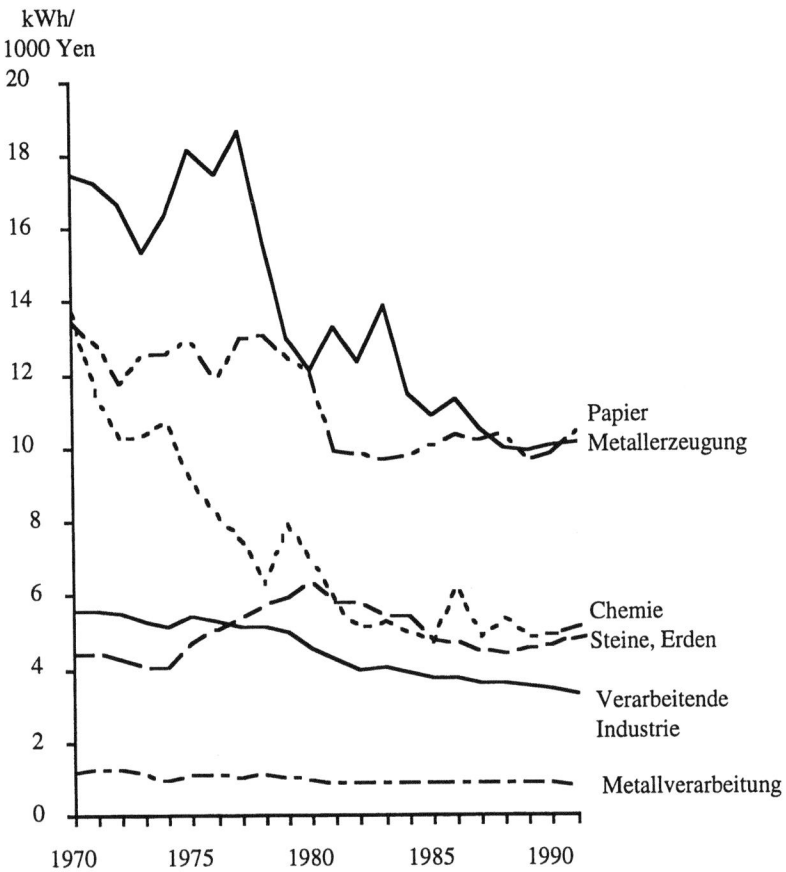

© Martin-Luther-Universität Halle/ Japanologie

Errechnet nach Angaben des Statistics Bureau, laufende Jahrgänge.

Die Zuwächse im Stromverbrauch der Fahrzeugbau-, Maschinenbau- und Elektroindustrie lagen seit Mitte der achtziger Jahre deutlich über dem Durchschnitt des Verarbeitenden Gewerbes. Der Anteil der Metallverarbeitung am Gesamtverbrauch des Verarbeitenden Gewerbes stieg von 7,9% (1970) auf 10,8% (1985) und lag 1991 bei 13,9%. Demgegenüber erwirtschafteten sie jedoch 54,1% der Bruttowertschöpfung des Verarbeitenden Gewerbes, d.h. wir haben es mit großem Abstand hier mit dem günstigsten spezifischen Verbrauch zu tun.

Hierin spiegelt sich die wachsende Bedeutung von know-how-intensiven, aber materialsparenden, kleinteiligen Produkten wider. Dies gilt insbesondere für die Elektroindustrie, ist jedoch als auch beim Maschinenbau feststellbar. Vergleichsweise ungünstig ist demgegenüber die Entwicklung im Fahrzeugbau, der mehr als 90% seines Energieeinsatzes mit Strom abdeckt. Dort liegt u.a. aufgrund des hohen Automatisierungsgrads der Stromverbrauch innerhalb der Metallverarbeitung am höchsten.

In der Bilanz hat der intersektorale Wandel weniger Einfluß auf den Stromverbrauch gehabt als der intrasektorale Wandel. Wie Abbildung 20 zeigt, ist es wie beim Endenergieverbrauch zu teilweise starken Rückgängen des spezifischen Stromverbrauchs gekommen.

Verantwortlich für die Entkopplung waren wie insgesamt beim Endenergieverbrauch sowohl Änderungen in Produktionsabläufen als auch Anlagenmodernisierungen. In der Zementindustrie lag beispielsweise durch eine Erhöhung der Stromeffizienz beim Vermahlen der Stromverbrauch pro Tonne Zement 1992 um 18% niedriger als 1973 (Tsûshô sangyô-shô 1994, S.236).

Neuere Entwicklungstendenzen im Stromverbrauch

Nach 1986 machten sich zunächst der konjunkturelle Aufschwung sowie zeitlich leicht versetzt die sinkenden Ölpreise auch bei der Stromerzeugung bemerkbar. Ab 1988 wirkte sich der sinkende Rohölpreis auf die Strompreise aus: Yen-Aufwertung und Ölpreissenkungen wurden in Form von Senkungen der Stromtarife an die industriellen Großverbraucher weitergegeben. Für diese sank der Stompreis stärker als für die privaten Haushalte. Zusätzlich wurden sie durch ein neues Strompreiskonzept begünstigt, durch das die progressiven Stromtarife, die bislang Großverbraucher stärker belasteten als private Haushalte, abgemildert werden (Ogawa 1988, S.40ff.).

Während bis 1986 Japan ein Beispiel dafür gewesen war, wie sich im internationalen Vergleich hohe industrielle Strompreise günstig auf die Einsparmotivation der Verbraucher auswirken können, läßt sich für die Zeit ab 1987 umgekehrt demonstrieren, wie sich konjunktureller Aufschwung, starker Yen und niedrige Ölpreise auf den Stromverbrauch negativ auswirken. Der Verbrauch des Verarbeitenden Gewerbes nahm von 1986 bis 1988 um rund 11% zu. Überdurchschnittlich expandierte der Stromverbrauch in der Metallverarbeitung mit 21,7%. Bedingt durch den Bauboom der späten achtziger Jahre stieg der Stromverbrauch auch bei Steine/Erden (9,2%) und in der Stahlindustrie (9,4%) deutlich an. Ähnlich wie beim Endenergieverbrauch sind Verbesserungen im spezifischen Stromverbrauch zum Stillstand gekommen oder zeigen eine negative Tendenz.

Auswirkungen hatte der gesunkene Strompreis auch außerhalb des industriellen Sektors: die generelle Tendenz zur Verstromung hat sich durch Steigerung des Lebensstandards, Wertewandel und technische Innovationen am Arbeitsplatz weiter verstärkt. So werden immer mehr Wohnungen mit kombinierten elektrischen Kühl- und Heizanlagen ausgestattet. Die Nachfrage der privaten Haushalte geht verstärkt in Richtung auf stromintensive Haushaltsgeräte der Luxusklasse. 1990 lag der Anteil dieses Bereichs an den CO_2-Emissionen bei 23%, das bedeutet einen Anstieg gegenüber 1989 um 5% (Kankyô-chô 1992, S.211) . Die Reduzierung der Arbeitszeit und die Einführung der Fünf-Tage-Woche begünstigen einen steigenden Stromverbrauch durch Erholungs-, Sport- und Freizeiteinrichtungen. Gleichzeitig wirken sie sich negativ auf den spezifischen Stromverbrauch insbesondere bei Büroflächen aus, da sich dadurch die Nutzungsintensität der Büroflächen verringert. Vor allem im Dienstleistungssektor nimmt durch die Büroautomatisierung die Verstromung stark zu. Das Nationale Umweltamt (Kankyô-chô 1991, S.110) berichtet von einem zusätzlichen Strombedarf durch die Notwendigkeit, in Büros verstärkt Klimaanlagen einzusetzen, um die Abwärme der elektrischen Bürogeräte zu kompensieren. Gleichzeitig stellt das Amt aber auch einen Rückgang im Engagement für Stromeinsparungen fest. So sei zu beobachten, daß die durchschnittliche Zieltemperatur für Zimmerkühlung wieder ansteigt, ebenso die durchschnittliche Zieltemperatur bei elektrischer Raumbeheizung (Kankyô-chô 1994, S.59-66). Nach Prognosen des administrativen Beratungsausschusses für die Stromerzeugung (Denki jigyô shingi-kai 1992) von 1990 wird vor diesem Hintergrund deshalb auch für die nächsten Jahre eine Verschiebung in der Nachfragestruktur als Folge von Büroautomatisierung und steigendem Lebensstandard erwartet, die nicht durch die stromsparenden Effekte des industriellen Strukturwandels ausgeglichen werden können wird. Der Anteil von Strom an der Endenergie soll weiter steigen, nämlich auf mehr als 50% nach dem Jahr 2000. Es wird erwartet, daß bis zum Jahre 2010 die Nachfrage des Dienstleistungsbereichs und der privaten Haushalte auf 53,3% der Endnachfrage nach Strom ansteigen und der Bedarf des industriellen Sektors weiter zurückgehen wird (Nihon kôgyô shinbun-sha shuppan-kyoku 1993, S.80).

Angesichts von Prognosen für das 21. Jahrhundert, wonach der absolute Stromverbrauch von 1995 bis 2030 durchschnittlich im Jahr um 1,2% - 1,7% zunehmen wird, wird auch weiterhin die Frage nach der Form der Stromerzeugung von ökologischem Interesse sein.

Rückblickend hat sich die Stromerzeugung durch den beträchtlichen Einsatz von Umweltschutztechnologien insgesamt positiv entwickelt. Die Verbesserung der Ausnutzung der eingesetzten Primärenergie hat zu Einsparungen geführt und eine Entkopplung von Stromerzeugung und CO_2-Ausstoß mit sich gebracht (Abbildung 21). Die Emissionsmengen von SO_2 und NO_x sind, begünstigt durch den hohen technischen Stand der Abgasreinigung, auch absolut stark zurückgegangen (Tabelle 14). Die Stromerzeuger waren neben den Stahlproduzenten die ersten, die in den frühen siebziger Jahren Rauchgasentschwefelungs- und Ende der siebziger Jahre Entstickungsanlagen einsetzten. Der Ausstoß von SO_2 pro erzeugter Stromeinheit liegt heute bei 1/21 und von NO_x bei 1/7 des Wertes in den Ländern der OECD.

Tabelle 14: SO_2- und NO_x-Emissionen bei der Stromerzeugung mit fossilen Brennstoffen

	1975	1992
Gesamtmenge SO_2	460000 t	150000 t
SO_2-Emission pro kWh	1,79 g	0,35 g
Gesamtmenge NO_x	240000 t	170000 t
NO_x-Emission pro kWh	0,93 g	0,40 g

Quelle: Tsûshô sangyô-shô 1994, S.314.

Abbildung 21: Stromerzeugung und CO_2-Emissionen 1960-1992

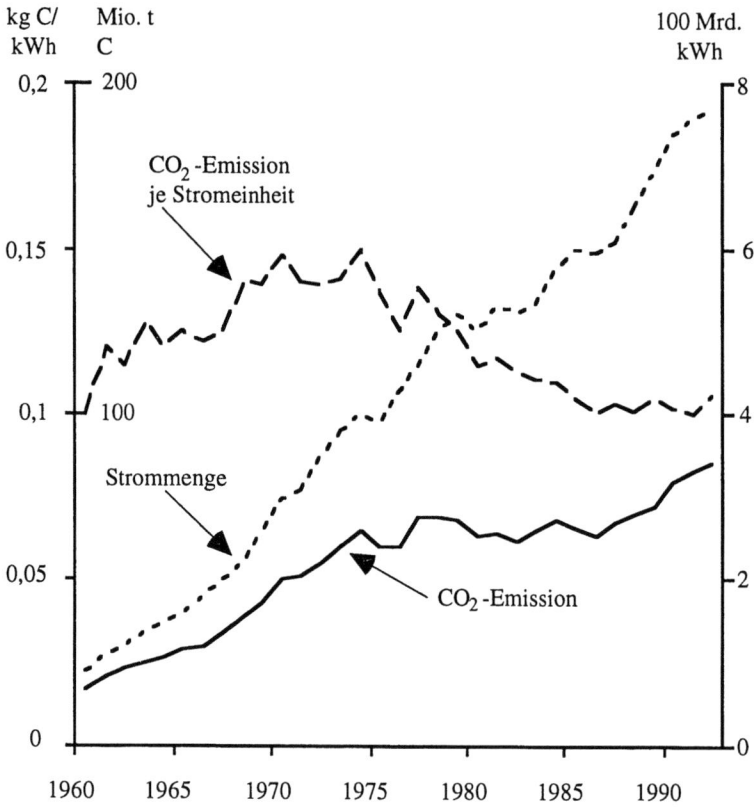

© Martin-Luther-Universität Halle/ Japanologie

Quelle: Tsûshô sangyô-shô 1994, S.317.

Für die künftige Entwicklung ist angesichts der zu erwartenden Zuwächse die Zusammensetzung der Energieträger maßgeblich. Auf der Suche nach dem günstigsten Energiemix zeichnet sich seit der Globalisierung der Umweltdebatte eine erneute Favorisierung der Atomenergie ab. Nach Vorstellungen der Stromerzeuger gilt dem weiteren energischen Ausbau der Atomenergie als "wirtschaftlichem und sicherem" Energieträger oberste Priorität (Nihon kôgyô shinbun-sha shuppan-kyoku 1993, S.73).

Tabelle 15: Perspektiven für den Energiemix in der Stromerzeugung (in %)

	1991	1996	2001
Atomenergie	28	31	34
Wasserkraft	12	11	10
Kohle	10	12	20
Erdöl	25	20	11
Flüssiggas	23	23	23
andere	2	2	2

Nach: Nihon kôgyô shinbun-sha shuppan-kyoku 1993, S.82.

Der Trend geht in Richtung auf weitere Verstromung, die durch den Schwenk auf Atomstrom umweltverträglich gestaltet werden soll. Inwieweit die Problemverlagerung von Luftbelastung durch fossile Brennstoffe auf die Risiken der Atomenergie allerdings in der Öffentlichkeit durchsetzbar sein wird, ist gegenwärtig offen. Japan ist eines der letzten Industrieländer, die unvermindert auf den Ausbau der Atomenergie setzen. Es ist aber auch eines der letzten Länder, in denen der gesellschaftliche Konflikt um die Nutzung von Atomenergie noch nicht seinen Höhepunkt erreicht hat.

3.3. Flächenverbrauch

Der Flächenverbrauch der Industrie kann als Indikator für strukturelle Umweltbelastung zweierlei aussagen:

In Verbindung mit der Wertschöpfung gibt er zum einen Aufschluß über die Intensität der Flächennutzung. Zum anderen könnte aus den Merkmalen der Nutzungsform, d.h. der Branchen- und Produktionsstruktur, auf die Gefährdung der Bodenqualität geschlossen werden. Letzteres kann hier nicht behandelt werden, da eine Zuordnung des Bodenverbrauchs einzelner Industriebranchen zu qualitativen Gefährdungspotentialen aufgrund der Systematik der Datenerhebungen nicht umfassend möglich ist. Es wird daher vor allem um die Flächennutzungsintensität gehen. Zunächst werden die Rahmenbedingungen industrieller Flächennutzung aufgezeigt, nämlich das Nebeneinander von Raumknappheit und regional unausgewogener Nutzungsintensitität. Vor diesem Hintergrund wird dann die Entwicklung des industriellen Bodenverbrauchs untersucht. Bei der Frage, welche Verschiebungen im Gewicht der einzelnen Branchen feststellbar sind, wird die Aufmerksamkeit vor allem den neuen Wachstumsbranchen der metallverarbeitenden Industrie gelten, von denen bereits bekannt ist, daß sie von einem vergleichsweise niedrigen Ausgangsniveau des wertschöpfungsrelativen Verbrauchs aus überdurchschnittliche Zuwachsraten im Endenergieverbrauch, Stromverbrauch und Wasserverbrauch aufweisen. Flächenexpansion durch Neugründung von Produktionsstätten in den Bereichen Unterhaltungselektronik, Mikroelektronik und Maschinenbau wären aufgrund der Wachstumsdynamik durchaus zu erwarten. Schließlich soll abschließend nach den politischen Strategien zur Steuerung von industrieller Flächennutzung gefragt werden.

Die Flächennutzungsstruktur: ein Überblick

Boden in Japan ist traditionell ein kostbares, weil knappes Gut. Die topographischen Bedingungen des Landes erlauben eine Nutzung von nur rund 25% der Landesfläche für Landwirtschaft, Besiedlung und Industrie, rund 67% des Landes ist bewaldetes, unzugängliches Bergland. Aus der Verteilung ist das grundlegende Dilemma japanischer Bodennutzung erkennbar: für Wohnen, Wirtschaft und Infrastruktur werden lediglich 7,3% der Landesfläche genutzt. Damit sind Konzentration, Übernutzung, hohe Bodenpreise und Standortrestriktionen nahezu vorprogrammiert. Das Land steht im Hinblick auf die Bevölkerung an Platz sieben in der Welt, gemessen an der Landesfläche jedoch an Platz 50. Die Bevölkerungsdichte liegt damit ähnlich hoch wie in Belgien und den Niederlanden. Tatsächlich aber konzentriert sich die Bevölkerung in den Tiefebenen auf einem schmalen Küstenstreifen entlang des Pazifik zwischen Tôkyô und Kitakyûshû. Während im Landesdurchschnitt die Bevölkerungsdichte bei 333 Einwohnern/km^2 (1990) liegt, leben hier durchschnittlich auf einem km^2 6661 Personen (1990).

Die Ballung ist also in den natürlichen Gegebenheiten angelegt, jedoch durch die historisch gewachsene zentripetale Ausrichtung der wirtschaftlichen Entwicklung auf die drei Wirtschaftszentren um Tôkyô, Nagoya und Ôsaka an der Pazifikküste zementiert worden. Sie führte zu einer ausgeprägt dualen Flächennutzungsstruktur: den wenigen Agglomerationsräumen mit einer extremen Übernutzung durch Industrie, Wohnen und Freizeit stehen gering vernetzte Provinzstädte in einem infrastrukturell wenig erschlossenen Umfeld gegenüber. Folge sind extrem ungleiche Standortbedingungen.

Tabelle 16: Veränderung in den Flächennutzungsformen 1972-1995 (in %)

	1972	1991	1995 (geplant)
Agrarfläche	15,8	14,1	14,8
Wald	67,0	66,8	67,1
Heide/Wildflächen	1,3	0,7	0,6
Gewässer	3,4	3,5	3,6
Straßen	2,2	3,0	3,4
überbaute Flächen	2,9	4,3	4,4
davon Wohngebiete	1,9	2,6	2,8
Industrie	0,3	0,4	0,4
sonstige	0,7	1,2	1,2
andere	7,4	7,6	6,1
gesamt	100,0	100,0	100,0

Anm.: Einschließlich der von Rußland verwalteten Nordterritorien

Nach: Yano, 1994, S.65.

Die Ballungsgebiete beziehen ihre Attraktivität aus ihren informationellen und infrastrukturellen Bedingungen, die jedoch gleichzeitig auch Grund für die horrenden Bodenpreise für Gewerbeflächen sind. Nach den leidvollen Erfahrungen der Bevölkerung mit der räumlichen Verflechtung von Wohn- und Industrieflächen sind darüber hinaus Neuansiedlungen von Industriebetrieben schon lange nicht mehr konfliktfrei zu realisieren.

Der wirtschaftliche Aufstieg Japans erforderte daher von Beginn an Strategien, um mit begrenzt zur Verfügung stehenden Standorten ein Optimum an Wirkung zu erzielen.

Tabelle 17: Bevölkerung, Bruttosozialprodukt und Energieverbrauch pro Flächeneinheit 1992

	Japan	Deutschland	Frankreich
Bevölkerung pro km^2	328	225	104
BSP pro km^2 (Mio. US$)	11,09	5,26	2,27
Energieverbrauch pro km^2 (toe)	845	679	280

Quelle: Nach Angaben von Keizai Koho Center 1994.

Industrieller Bodenverbrauch

Der industrielle Anteil an der Flächennutzung erscheint mit 0,4% (1990) für eine Industrienation wie Japan unbedeutend.[14] Auch die Zuwachsrate ist, wie aus Tabelle 18 ersichtlich, vergleichsweise gering. Aufgrund der angesprochenen räumlichen Konzentration der Industrie in den drei traditionellen Zentren und deren Verbindungsflächen nimmt die Industrie dort allerdings rund ein Drittel des Bodens für sich in Anspruch. Gerade angesichts der generell reduzierten Umwelt- und Wohnqualität dieser Gebiete ist die Frage nach industrieller Nutzung, Verschiebungen und Trends im Hinblick auf die Lebens- und Umweltbedingungen daher von vitalem Interesse.

Der entscheidende Sprung im industriellen Bodenverbrauch fand vor 1970 statt: während des japanischen Wirtschaftsbooms nahm die Industriefläche

---

14 Die Erhebungen des MITI über den industriellen Flächenverbrauch erfassen grundsätzlich nur Betriebe mit mehr als 30 Beschäftigten, bei den Angaben über den Anteil der industriell genutzten Flächen an der Landesfläche wird dagegen keine Einschränkung auf bestimmte Betriebsgrößen vorgenommen. Vgl.: Tsûshô sangyô daijin kanbô chôsa tôkei-bu (Hrsg.), laufende Jahrgänge

zwischen 1961 und 1970 allein um 79% zu. Überdurchschnittlich stark war der Zuwachs in den Grundstoffgüterindustrien. Da es sich hier um Industrien mit typischerweise großem Flächenbedarf handelt, schlug sich das hohe Wachstum in diesen Branchen erwartungsgemäß deutlich in der Ausdehnung von Industrieflächen nieder: der Flächenverbrauch der Eisen- und Stahlindustrie sowie der Branchen Steine/Erden und Metallverarbeitung stieg mehr als das Doppelte, die Petrochemie verdreifachte gar bis 1970 ihren Verbrauch (Tsûshô sangyô daijin kanbô chôsa tôkei-bu 1973, S.5). Nach der ersten Ölpreiskrise ging der industrielle Bodenverbrauch vorübergehend zurück, seit 1979 ist erneut ein leichter Anstieg festzustellen. Gemessen an der Wirtschaftsleistung nimmt sich der Zuwachs an industriellen Grundflächen jedoch über den gesamten Zeitraum bescheiden aus: zwischen 1978 und 1988 lag der jährliche Anstieg gegenüber dem Vorjahr mit wenigen Ausnahmen unter einem Prozent. Seit 1988 steigt der Flächenverbrauch wieder etwas stärker an, was als Folge der "Seifenblasenkonjunktur" gedeutet werden kann.

Tabelle 18: Veränderungen in der industriellen Flächennutzung 1982-1992 (jeweils gegenüber dem Vorjahr)

Jahr	Anzahl der Betriebe	Industrielle Grundflächen	bebaute Industriefläche
1981	102,9	101,6	101,6
1982	99,6	100,2	101,2
1983	100,9	100,4	101,0
1984	101,6	100,8	101,1
1985	101,8	101,6	102,7
1986	101,3	100,7	101,5
1987	99,7	100,4	100,6
1988	101,5	101,0	101,8
1989	101,0	101,6	102,2
1990	101,3	102,3	103,0
1991	102,1	102,3	103,1
1992	98,9	102,0	101,9

Nach Angaben von: Tsûshô sangyô daijin kanbô chôsa tôkei-bu, laufende Jahrgänge.

Der grobe Überblick über die Veränderungen zeigt, daß zwischen 1982 und 1992 etwas stärker als die industriellen Grundstücksflächen die Größe der bebauten Flächen zunimmt. Eine Erklärung hierfür könnte sein, daß im Wachstumsverlauf zusätzlich notwendig werdender Flächenbedarf durch eine bauliche Verdichtung der bestehenden Standorte befriedigt wird, da – wie bereits erwähnt – die Erschließung neuer Gewerbeflächen aufgrund der extremen Bodenpreise und der nicht immer konfliktfreien Genehmigungsverfahren häufig erschwert ist.

Im einzelnen ergibt sich branchendifferenziert folgendes Bild: strukturelle Verschiebungen im Verarbeitenden Gewerbe haben keine dramatischen Bewegungen im Bodenverbrauch mit sich gebracht. Da Industrieflächen kaum zurückgewandelt werden, sondern lediglich Besitzer oder Nutzungsform wechseln, wird die Gesamtbilanz insgesamt relativ wenig tangiert. Die Entwicklungstendenzen in den Branchen entsprechen dennoch – wenn auch abgeschwächt – den Befunden bei den anderen bereits geprüften Indikatoren. Metallerzeugung und Chemie sind die traditionellen Großverbraucher, hinzu kommt die Metallverarbeitung. Knapp 70% des industriellen Bodenverbrauchs entfallen auf diese drei Branchen (Abbildung 22).

Im Zuge des relativen wirtschaftlichen Bedeutungsrückgangs der Stahl- und Eisenindustrie ist ihr Anteil an der industriellen Flächennutzung gesunken. Die metallverarbeitende Industrie, die seit 1970 die höchsten Zuwachsraten zu verzeichnen hat, beansprucht mittlerweile 34% des Gesamtbedarfs. Sie hat damit heute innerhalb des Industriesektors den größten Anteil am industriellen Bodenverbrauch. Aber auch hier gilt, daß der Zuwachs der Bruttowertschöpfung deutlich über dem des Flächenverbrauchs liegt, d.h. auch beim spezifischen Flächenverbrauch fällt innerhalb des Verarbeitenden Gewerbes die Position der Metallverarbeitung am günstigsten aus. Besonders ausgeprägt war die Entkopplung in den Branchen Maschinenbau, Fahrzeugbau und Elektrotechnik (Tabelle 19).

Abbildung 22: Bodenverbrauch ausgewählter Wirtschaftsgruppen in Anteilen am Gesamtverbrauch des Verarbeitenden Gewerbes 1970 - 1991

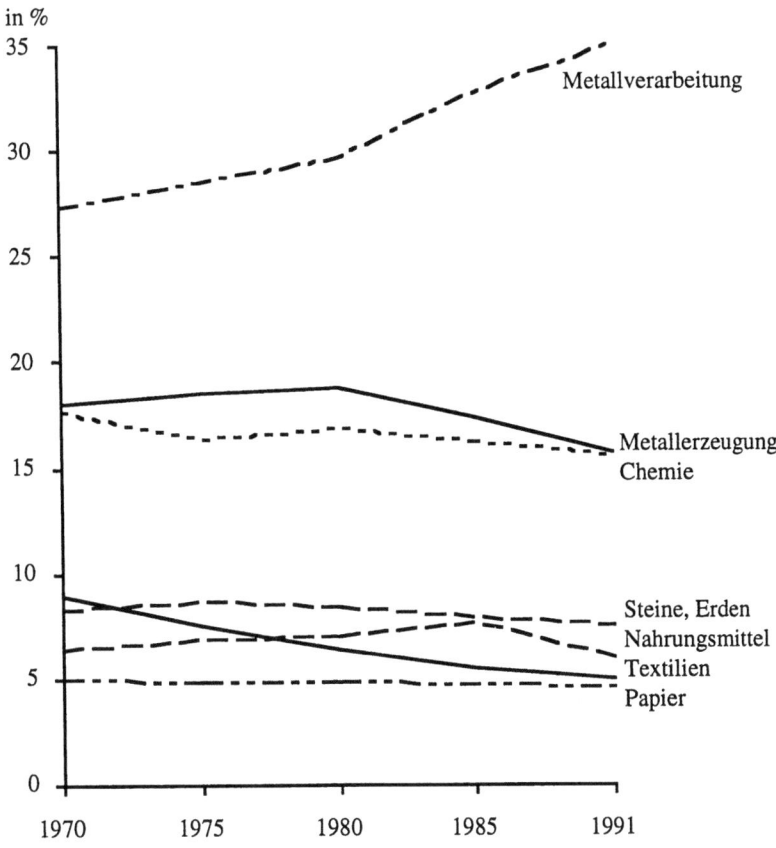

© Martin-Luther-Universität Halle/ Japanologie

Erstellt nach Angaben des Statistics Bureau, laufende Jahrgänge, und Tsûshô sangyô daijin kanbô chôsa tôkei-bu, laufende Jahrgänge.

Tabelle 19: Anteile der Metallverarbeitung an Wertschöpfung und Bodenverbrauch der Industrie 1970/85/91

	Bodenverbrauchs-anteil			Anteil an Bruttowertschöpfung		
Jahr	1970	1985	1991	1970	1985	1991
Fahrzeugbau	8,3	10,2	9,8	6,6	10,8	10,1
Elektroindustrie	5,8	8,1	9,3	7,5	16,4	17,0
Maschinenbauindustrie	8,5	8,8	9,4	10,5	11,0	11,7
Gesamt	22,6	27,1	28,5	24,6	38,2	38,8

Quelle: Eigene Berechnungen nach Angaben des Statistics Bureau, laufende Jahrgänge und Tsûshô sangyô daijin kanbô chôsa tôkei-bu, laufende Jahrgänge.

Überdurchschnittlich positiv hat sich das Verhältnis von Bodenverbrauch und Wertschöpfung laut Abbildung 23 aber auch bei den beiden anderen flächenintensiven Industriebranchen, der Chemie- und der Eisen-und Stahlindustrie, entwickelt.

Insgesamt ist festzuhalten, daß es zu einer deutlichen Intensivierung der Flächennutzung gekommen ist. Dies gilt für alle Branchen mit Ausnahme der Holzverarbeitung, wo der Bodenverbrauch pro Wertschöpfungseinheit gestiegen ist. Die ungünstige Entwicklung in der Holzverarbeitung ist jedoch insofern zu vernachlässigen, als der Anteil der Branche am gesamten industriellen Bodenverbrauch schon immer gering war und darüber hinaus seit 1970 kontinuierlich weiter zurückgegangen ist. Er lag 1992 nur noch bei 1,7% gegenüber 4,6% 1970.

Die konjunkturelle Wende nach 1986 hat auf den industriellen Bodenverbrauch weitaus weniger Auswirkungen gehabt als auf die anderen Ressourcenverbräuche. Erst ab 1988 ist ein stärkerer Zuwachs feststellbar, ohne daß aber dadurch die generelle Entkopplungstendenz in Frage gestellt wird.

Abbildung 23: Bodenverbrauch pro Einheit Bruttowertschöpfung 1970-1991 nach Branchen

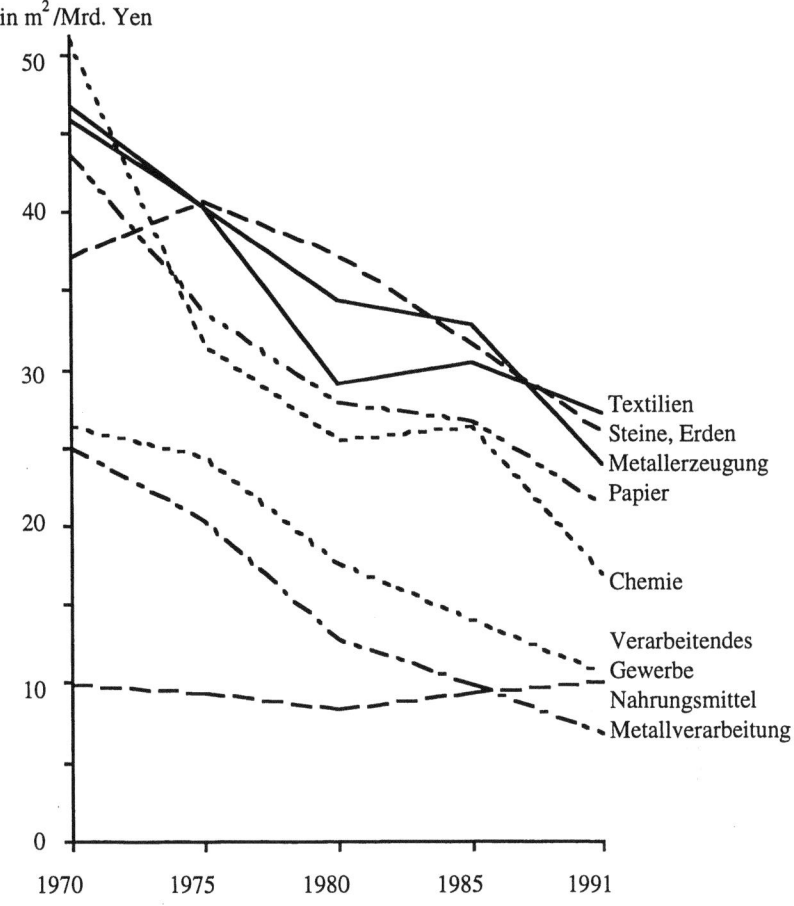

© Martin-Luther-Universität Halle/ Japanologie

Erstellt nach Angaben des Statistics Bureau, laufende Jahrgänge, und Tsûshô sangyô-shô, laufende Jahrgänge.

Angesichts der eingangs angesprochenen Bodenknappheit ist es unter umweltpolitischem Aspekt dennoch nicht unerheblich, wie der steigende Bedarf der Industrie in Zukunft gedeckt werden soll.

In der Vergangenheit ist zusätzlicher Bedarf für gesellschaftliche und wirtschaftliche Nutzung zu mehr als der Hälfte durch Umwandlung von Agrarflächen gedeckt worden. Politisch wurden damit zwei Fliegen mit einer Klappe geschlagen: die Stillegung von Reisland ist ein Politikum. Der Reisproduktion galt stets besonderer politischer Schutz. Eine Reduzierung bzw. Stillegung der Felder ist im Zuge der Deregulierungspolitik und der Öffnung des bislang geschützten japanischen Reismarktes unumgänglich. Durch die Umwandlung in Industriefläche können den Reisbauern attraktive Kompensationsleistungen geboten werden, zumal auch neue Arbeitsplätze in ländlichen Regionen entstehen. Weitere Nutzfläche wurde durch Umwidmung von ehemaligen Waldgebieten und von bereits brachliegenden Reisfeldern gewonnen.

Des weiteren werden noch immer durch Aufschüttung von Küstengewässern neue Industriegebiete erschlossen. Im Zeitraum von 1972 bis 1990 sind durch Aufschüttungen 30 000 ha Neuland gewonnen worden, die vor allen für gewerbliche Zwecke genutzt werden (Yano 1993, S.56). Diese Entwicklung wird sich nach vorliegenden Planungen bis 1995 fortsetzen. In Einzelfällen werden auch ehemalige Industriestandorte reaktiviert. Interessanterweise bleibt aber die Hauptquelle für die Flächenanforderungen des expandierenden Wohn-, Straßen- und Fabrikbaus noch genutzte Agrarflächen, wogegen bereits brachliegende Flächen nur zu einem geringen Umfang rekultiviert oder einer anderen Nutzungsform zugeführt werden.

In der Bilanz ist festzuhalten, daß die Versiegelung des Bodens trotz der relativ positiven Entwicklung im Verarbeitenden Gewerbe weiter zunimmt und daß diese Entwicklung zu Lasten der Landwirtschaft, insbesondere des Naßfeldanbaus, verläuft.

Flächennutzungsplanung und Umweltschutz

Staatliche Flächennutzungsplanung hatte angesichts der topographischen Bedingungen schon immer die Aufgabe, die knappe Ressource Boden funktional zu verteilen. Sie kreist seit Jahrzehnten um die Notwendigkeit, die Übernutzung der Agglomerationsräume zu reduzieren und Funktionen in strukturschwache Regionen zu verlagern. Die konkrete Zielrichtung ist durch die grundlegende Problematik der ungleichgewichtigen regionalen Flächennutzung bei geringerer Nutzbarkeit der Landesfläche geprägt.

Zentrales Steuerungsinstrument sind die sogenannten Landesentwicklungspläne (*kokudo sôgô kaihatsu keikaku*). Wie Miyamoto (1987) hervorhebt, hat die Bezeichnung "Entwicklungsplan" durchaus programmatischen Charakter: sie verweist auf das Ziel, die wirtschaftliche Entwicklung von Regionen ausserhalb der traditionellen Industriegebiete voranzutreiben. Dennoch sind die Pläne mehr als die pure räumliche Umsetzung von Wirtschaftsplänen: sie betten strukturpolitische Ziele in gesellschaftspolitische und sozialpolitische Zielsetzungen und deren räumliche Dimension ein. Aus diesem Grund haben sie stets das Interesse von Öffentlichkeit und Wissenschaft auf sich gezogen.

In der Nachkriegszeit haben vier Pläne, nämlich die von 1962, 1969, 1977 und 1987, als integrierte Landesentwicklungspläne für die gesellschaftliche und wirtschaftliche Entwicklung des Landes Bedeutung erlangt (Abbildung 24).

Abbildung 24: Die Landesentwicklungspläne

	Einkommens-verdopplungsplan	Nationaler Landes-entwicklungsplan	2. Landes-entwicklungsplan	3. Landes-entwicklungsplan	4. Landes-entwicklungsplan
verabschiedet	27.12.1960	5.10.1962	30.5.1969	4.11.1977	30.6.1987
Kabinett	Ikeda	Ikeda	Sato	Fukuda	Nakasone
Leitidee	Entwicklung der Pazifikküste	Entkernung der Industriezentren	Bau neuer Industriekombinate	Regionalentwicklung, Stop des Zuzugs in die Zentren	vernetzte, regionale Zentren
gesellschaftlicher Kontext	Ende der Nachkriegszeit, Beginn der Hochwachstumsphase, Kontroverse um den Sicherheitsvertrag USA-Japan	Olympiade in Tōkyō, regionale Disparitäten	Sozialistischer Gouverneur in Tōkyō, Verstetigung des hohen Wachstums	Umweltprobleme, Grenzen des Wachstums, Ölpreiskrise, „Zeitalter der Kommunen"	Internationalisierung, Erschließung von Meeresgebieten durch Aufschüttung
Planungsnorm	Effizienz (Ausbau der Pazifikküste)	Notwendigkeit der Förderung strukturschwacher Regionen	Effizienz durch Großkombinate	Notwendigkeit regionaler Ausbalancierung	Effizienz/ Multifunktionalität 300 km rund um Tōkyō

Quelle: Kawakami 1992, S. 66-67

Die ökologische Dimension von Bodennutzung wird erst im Plan von 1977 eingehender behandelt (Kokudo-chô 1978). Bis dahin war die ungleichgewichtige regionale Entwicklung vorrangig als wachstumspolitisches Problem aufgegriffen worden. Sowohl der Landesentwicklungsplan von 1962 wie auch die Fortschreibung von 1969 zielten auf Sicherung des Wirtschaftswachstums durch Expansion der Industriestandorte ab.

Prototyp einer Landesplanung, wie sie unter ökologischen Gesichtspunkten und vor allem unter den japanischen Gegebenheiten nicht sein sollte, war der erste Landesgesamtentwicklungsplan von 1962. Trotz der rigiden Grenzen industrieller Expansion durch die natürlichen Rahmenbedingungen wurde durch den Plan die industriepolitisch gewünschte Ausweitung der flächenintensiven Chemie- und Schwerindustrie nicht in Frage gestellt. Der Plan setzte auf die Absicherung der Expansionsbestrebungen der Branchen Eisen/Stahl, Chemie, Petrochemie und NE-Metalle durch Schaffung vertikal strukturierter Industriekomplexe in zentrennahen ländlichen Gebieten sowie neuer regionaler Wirtschaftszentren, den sogenannten "neuen Industriestädten" (*shin-sangyô toshi*). In der Umsetzungsphase wurden mehr als zwanzig japanische Provinzstädte als "neue Industriestädte" ausgewiesen. Für diese Gebiete wurden öffentliche Gelder zum Ausbau der industriellen Infrastruktur zur Verfügung gestellt, mit der ökologisch fatalen Folge, daß ein scharfer Konkurrenzkampf unter den betroffenen Kommunen um Industrieansiedlungen einsetzte und die Ausnutzung von umweltpolitischen Handlungsspielräumen behinderte. Entlang der Pazifikküste entstanden, meist auf Aufschüttungsland vor den Städten, gigantische Industriekomplexe – mit einschneidenden Auswirkungen auf die Sozialstruktur und die Umwelt.[15] Eines davon, das petrochemische Kombinat der Hafenstadt Yokkaichi, gelangte auch hierzulande zu trauriger Berühmtheit, weil dort nur wenige Jahre nach Inbetriebnahme des Kombinats in der Bevölkerung schwere gesundheitliche Beeinträchtigungen auftraten. Als Folge starker Proteste der Betroffenen und großer Beachtung in den Medien erkannte 1964 erstmals in Japan die Stadtverwaltung Atemwegserkrankungen als Folge von Luftverschmutzung offiziell als Umweltkrankheit an.

---

15 Mit dem Bau von Industriekombinaten vor den Küsten wurden in zahlreichen Fällen der eingesessenen Bevölkerung, die vom Fischfang lebte, Lebensraum und Existenzgrundlage genommen. Ehemalige Fischerdörfer verloren durch die Aufschüttungen den Zugang zum Meer, die küstennahe Fischerei wurde durch Industrieabwässer unmöglich gemacht. Abschreckendes Beispiel für die verheerenden Folgen dieses Entwicklungskonzepts ist das Kombinat Kashima im Norden Tôkyôs an der Pazifikküste. Vgl. die Fallstudie von Homma 1973.

Der Zweite Nationale Gesamtentwicklungsplan (*Dai ni-ji zenkoku sôgô kaihatsu keikaku*) von 1969 fiel in die Phase akuter Umweltprobleme. Er unterschied sich entsprechend, zumindest in der Diktion, schon deutlich von seinem Vorgänger. In der Präambel wurden die Folgen des Wirtschaftswachstums für die Umwelt angesprochen, in die Palette der Planziele wurde der Erhalt der natürlichen Lebensumwelt sowie der Schutz von Natur- und Kulturgütern aufgenommen (Kokudo-chô 1969). In Abschnitt 3 wird ausgeführt, daß sich die Bemühungen der Landesplaner auf den Umweltschutz in den Großstädten, den Erhalt der traditionellen Strukturen in Bauern- und Fischerdörfern sowie die Verhütung von Umweltbelastung in den neuen Industriezentren richten sollte. Die konkreten politischen Schritte zur Verwirklichung dieser Ziele unterschieden sich indes nicht grundsätzlich von früheren Plänen, d.h. die strukturellen Ursachen der Umweltkrise wurden nicht thematisiert. Das Rezept lautete unverändert Optimierung regionaler Verteilung von Industrie – in diesem Falle konkret die Auslagerung der Schwer- und Chemieindustrie aus den alten Industriegebieten in strukturschwache Gebiete an der Peripherie.

Die Umsetzung des Plans scheiterte an der Ölpreiskrise, die die Expansion der chemischen und Schwerindustrie verlangsamte.

Die Wirtschaftsrezession nach 1974 war gleichzeitig Auslöser für die Umorientierung der Industriepolitik, die sich unter dem Druck steigender Energie- und Rohstoffpreise, schwerer Umweltprobleme und begrenzter Standorte nunmehr offensiv der Realisierung einer "wissensintensiven Industriestruktur" zuwandte. In den "Industriepolitischen Perspektiven für die achtziger Jahre", die 1980 vom MITI der Öffentlichkeit vorgestellt wurden, wurde diese Idee für den Teilbereich der Flächennutzungsplanung im sogenannten "Technopoliskonzept" konkretisiert. Es basierte auf einem ganzheitlichen Entwicklungsmodell für die Industriestädte der Zukunft, in denen eine intakte natürliche Umgebung mit lokaler und regionaler Tradition und einer modernen Industriestruktur verknüpft werden soll. Konkret sollten nach diesem Konzept integrierte Forschungs-, Entwicklungs- und Produktionsstandorte mit attraktiven Wohnangeboten und ausgebauter infrastruktureller Anbindung an die traditionellen Zentren auf- bzw. ausgebaut werden. Das Konzept war multifunktional angelegt: durch die bevorzugte Standortförderung für die Wachstumszweige der Zukunft sollten allgemeine Wachstumsziele mit der Förderung strukturschwacher Gebiete verbunden und gleichzeitig eine umweltverträgliche regionale Erschließung durch Ansiedlung "sauberer" Industrien garantiert werden.

Nach der Verabschiedung des "Gesetz(es) über die Förderung von regionalen industriellen Erschließungsregionen für Hochtechnologien" (*Kôdô gijutsu kôgyô shûseki chiiki kaihatsu sokushin-hô*) wurden nach und nach mehr als 20 Kommunen als Fördergebiete designiert. Zweck und Folge war, daß verstärkt öffentliche Mittel u.a. in den Ausbau der dortigen Infrastruktur, die Gründung bzw. den Ausbau von Universitäten und Forschungseinrichtungen, die Reduzierung der Gewerbesteuer und die Förderung des Technologietransfers aus den neuangesiedelten Betrieben in die alteingesessene lokale Industrie in diese Gebiete flossen (Nihon kôgyô shinbun-sha shuppan-kyoku 1987, S.132-141). Damit war faktisch erstmals ein politischer Schritt in Richtung auf eine Intensivierung der Bodennutzung getan, denn das Konzept verspricht hohe Wertschöpfung bei geringer Beanspruchung des Bodens (Uehara 1988, S.25ff.). Es ist damit auch eine Antwort auf die strukturellen Verschiebungen im Verarbeitenden Gewerbe: die expandierenden Zweige der metallverarbeitenden Industrie, insbesondere die Elektrotechnik mit den Herstellern von Hochtechnologieprodukten, haben einen steigenden Standortbedarf. Sie sind jedoch im Gegensatz zu der Grundstoffgüterindustrie weniger abhängig von großdimensionierten Rohstoff- und Vorproduktlieferungen und benötigen daher nicht zwingend die Anbindung an die großen Häfen und Industriezentren an der Pazifikküste. Die Nachteile einer räumlichen Distanz zu den traditionellen Zentren im Hinblick auf eine infrastrukturelle Vernetzung sind auch deshalb weniger gravierend, da durch den Trend zur Miniaturisierung ihrer Produkte für den Transport eigens hierfür gebaute regionale Flughäfen benutzt werden können. Wichtig für diese Branchen sind gute Umweltbedingungen wie die Verfügbarkeit von sauberem Wasser und sauberer Luft. Die high-tech-Industrie hat daher das Konzept regionaler Dispersion und Rekonzentration in neuen "Technologiestädten" durchaus angenommen.

Intensivierung von Flächennutzung als politische Programmatik rückte allerdings mit dem bislang letzten Landesentwicklungsplan (*Dai yon-ji zenkoku sôgô kaihatsu keikaku*), der 1986 verabschiedet wurde, wieder in den Hintergrund (Kokudo-chô 1987). Zwar werden in dem Plan, der 1987 in Kraft trat, erstmals konkrete Umweltschutzaufgaben benannt, es handelt sich jedoch um eine Auflistung bekannter ungelöster Probleme wie dem nach wie vor geringen Anschluß der privaten Haushalte an die öffentliche Kanalisation, absehbaren Engpässen in den Müllentsorgungskapazitäten, Unterversorgung mit städtischen Grünanlagen usw. Ein vorausschauendes Konzept, das präventiven Umweltschutz in die Flächennutzungsplanung integriert, fehlt. Der Plan ist die verfeinerte Form des herkömmlichen Verständnisses von Flächennutzungsplanung als Instrument planvoller regionaler Allokation von Industrie, Dienstleistungen, Wohnarealen und Agrarflächen. Die Fragwürdigkeit des Ansatzes wird verstärkt durch die außerordentlich "großzügige" Umsetzung der Planung. So ist nach der Gesetzeslage praktisch jede Form von Gemengelage möglich sowie jede Form von Nutzungsumwandlung. Landwirtschaftliche

Nutzfläche kann (und wird) parzelliert und problemlos in Industriefläche umgewidmet. Weitere Zersiedlung und Zunahme von Gemengelagen sind Folge mangelnder Regulierung, an der auch durch den letzten Landesentwicklungsplan nichts Entscheidendes geändert wurde.

Es ist damit festzuhalten, daß auf die Brisanz der Flächennutzungsproblematik, nämlich auf einem Minimum an Nutzfläche die räumlichen Anforderungen der zweitstärksten Volkswirtschaft der Welt zu erfüllen, von politischer Seite vor allem mit der Förderung optimaler Standortbedingungen für wertschöpfungsintensive Zukunftsindustrien und einer planvollen, langfristig angelegten Reallokation von Industrien mit dem Ziel einer rationelleren Nutzung der geringen Flächen geantwortet wird.

3.4. Wasserverbrauch

Wenn es um das Umweltmedium Wasser geht, richtet sich üblicherweise das Interesse auf die Abwässer, und zwar sowohl auf ihre Menge als auch vor allem auf ihre Zusammensetzung. Dies ist naheliegend. Schließlich ist es die Schmutzfracht der Abwässer, die Fischsterben und Trinkwassergefährdung mit sich bringt oder zumindest mit Freizeitbedürfnissen kollidiert.

In Japan haben quecksilber- und kadmiumhaltige Industrieabwässer die schwersten Umweltkatastrophen der Nachkriegszeit verursacht. Die Konfrontation mit den ökologischen Folgen schwermetallhaltiger Industrieabwässer hatte Schockcharakter. Angesichts des dramatischen Schadensausmasses richteten sich – motiviert durch hohe Schadensersatzforderungen und strenge gesetzliche Vorgaben – die Bemühungen der Industrie auf eine Eliminierung der toxischen Substanzen aus dem Produktions- oder Entsorgungsprozeß. Heute sind Alkylquecksilber und Kadmium aus Gewässern nahezu vollständig verschwunden. Ursache waren Verfahrensmodernisierungen vor allem in der chemischen Industrie, die mit Investitionen, die sich nach Angaben der Branche auf 28 Mrd. Yen beliefen, realisiert wurden und u.a. die Folge hatten, daß seit 1986 Quecksilber in der Soda-Produktion nicht mehr eingesetzt wird (Tsûshô sangyô-shô 1994, S.191).

Das Problem hat sich auf die organische Wasserbelastung der Gewässer durch ungeklärte Abwassereinleitungen verlagert. Heute sind bereits in den wichtigsten industriellen Ballungsgebieten Japans um die Bucht von Tôkyô, von Nagoya und die Inlandsee (Setonai-kai) die Haushaltsabwässer stärker an der Wasserverschmutzung beteiligt als die Industrieabwässer. Ehemals landschaftlich wegen ihrer Schönheit berühmte Gewässer wie die Inlandsee werden mehrmals im Jahr von übelriechenden roten Algenteppichen heimgesucht, der Biwako ist durch Einleitungen aus den dichtbesiedelten Ufergemeinden einer der bedrohtesten Seen. Ursache ist die nach wie vor niedrige Anschlußrate privater Haushalte an die öffentliche Kanalisation. Sie lag im Jahre 1991 erst bei 49 %, wogegen alle westeuropäischen Industrieländer mit Anschlußraten von über 80% aufwarten können. Die Problemwahrnehmung hat sich insofern verschoben.

Die Probleme des industriellen Wasserverbrauchs sind angesichts des Verbrauchsniveaus nichtsdestoweniger erheblich: Intensiver Wasserverbrauch kann Grundwasserspiegel- und Bodenabsenkungen mit sich bringen. Wasserverbrauch in der Industrie zu Kühlzwecken führt zu Aufwärmungen der Einleitungsgewässer.

Insbesondere der erste Bereich ist frühzeitig als umweltpolitisches Problem erkannt worden: in den küstennahen Industrie- und Wohnarealen des Kantô-Beckens um Tôkyô, aber auch in ländlichen Gebieten wie der Takata-Ebene in der Präfektur Niigata in Nord-Ost-Japan haben Bodenabsenkungen als Folge übermäßigen Grundwassergebrauchs bedrohliche Ausmaße angenommen. Verantwortlich ist vor allem die Industrie, die ihren Wasserbedarf zu 30% mit Grundwasser deckt. Durch Absenkungen wird die Stabilität von Gebäuden gefährdet, und in extremen Fällen ist in Küstengebieten ein Schutz vor Überschwemmungen nicht mehr gewährleistet. Die Vermeidung von Bodenabsenkungen wurde aus diesem Grund als einer der gesetzlich definierten umweltpolitischen Regelungsbereiche in das erste Rahmengesetz über Maßnahmen gegen Umweltzerstörung (*Kôgai taisaku kihon-hô*) aufgenommen. Aufwärmung von Gewässern durch Kühlwassereinleitungen ist seit Jahren im Umfeld von Kraftwerken ein gravierendes Problem für die küstennahe Fischerei und Anlaß für langwierige Konflikte. Im Hinblick auf die ökologische Dimension von Strukturwandel kann dieser Bereich hier allerdings nicht systematisch einbezogen werden, da die Elektrizitätserzeuger dem Dienstleistungssektor zugerechnet werden, für dessen Wasserverbrauch über den vollen Untersuchungszeitraum keine differenzierten Vergleichsdaten vorliegen.

Wasserverbrauch und Strukturwandel

Der industrielle Wasserverbrauch ist seit 1970 mit Ausnahme eines leichten Rückgangs 1982/83 kontinuierlich angestiegen. Er lag 1991 7,1% höher als 1981. Erwartungsgemäß entfällt der Löwenanteil auf Wasser für Kühl- bzw. Heizzwecke.

Tabelle 20: Industrieller Wasserverbrauch 1975 -1992 (in 1000 m³/Tag)

	Frischwasser gesamt mit Wiederverwertung	Salzwasser	Nutzungsform		
			Kessel	Produktionsprozeß und Reinigungszwecke	Kühl- und Heizzwecke
1975	121625	75108	2225	25162	89207
1980	138927	41313	1968	27511	104040
1985	137309	38282	1733	27112	103018
1989	143796	38027	1784	27094	107376
1990	146763	39537	1831	27526	109844
1991	149092	39907	1905	27422	102211

Quellen: Nach Angaben des Statistics Bureau, laufende Jahrgänge und Tsûshô sangyô daijin kanbô chôsa tôkei-bu, laufende Jahrgänge.

Der Zuwachs im industriellen Wasserverbrauch zeigt eine enge Verbindung mit der konjunkturellen Entwicklung. Auffallend ist besonders der Anstieg zwischen 1987 und 1989, der sich ebenso auch im Endenergie- und Stromverbrauch gezeigt hat. Der Verbrauch der Grundstoffgüterindustrien stieg weiter an. Auf nur drei Branchen, nämlich der Chemie- und der Papierindustrie sowie der Metallerzeugung einschließlich der NE-Metalle entfielen 1991 73,4% des Verbrauchs des verarbeitenden Gewerbes, 1970 waren es noch 79,0%. Im Hinblick auf die ökologischen Folgen des Verbrauchs ist allerdings zu berücksichtigen, daß in der chemischen und metallerzeugenden Industrie mehr als 85% des Wasserverbrauchs Kühlzwecken dient.

Abbildung 25: Wasserverbrauch ausgewählter Wirtschaftsgruppen in
Anteilen am Gesamtverbrauch des Verarbeitenden Gewerbes 1975 - 1991

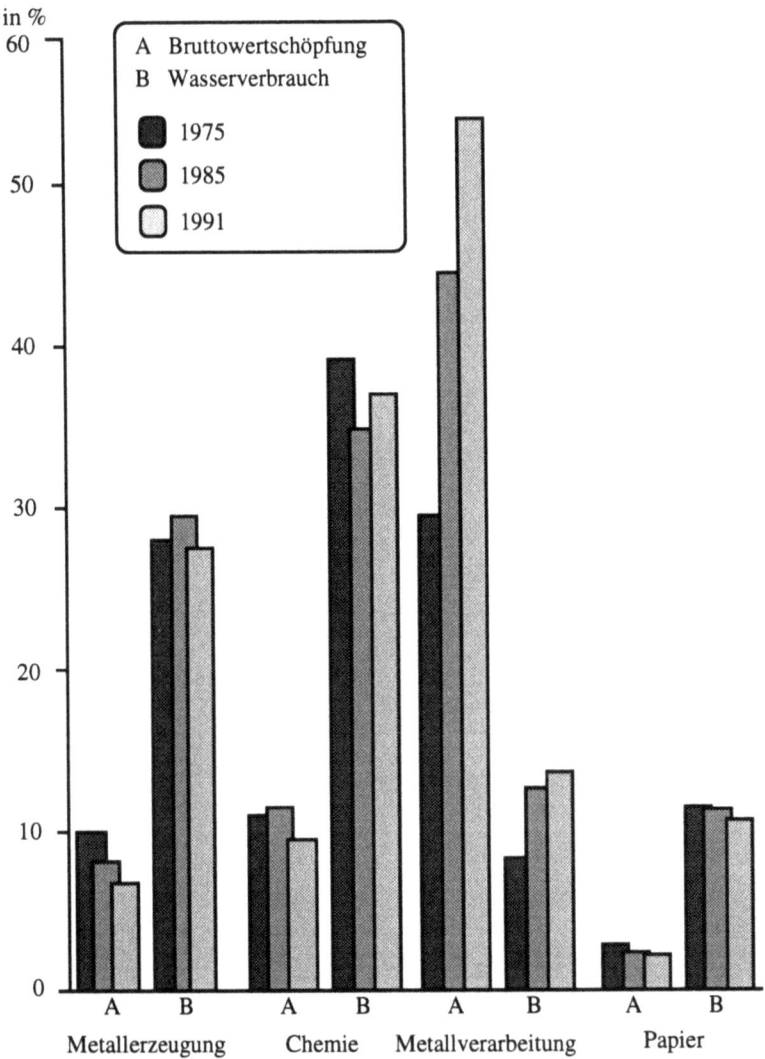

© Martin-Luther-Universität Halle/ Japanologie

Errechnet nach: Tsûshô sangyô daijin kanbô chôsa tôkei-bu, laufende Jahrgänge.

Abbildung 26: Wasserverbrauch je Wertschöpfungseinheit 1970-1991 nach Wirtschaftsgruppen

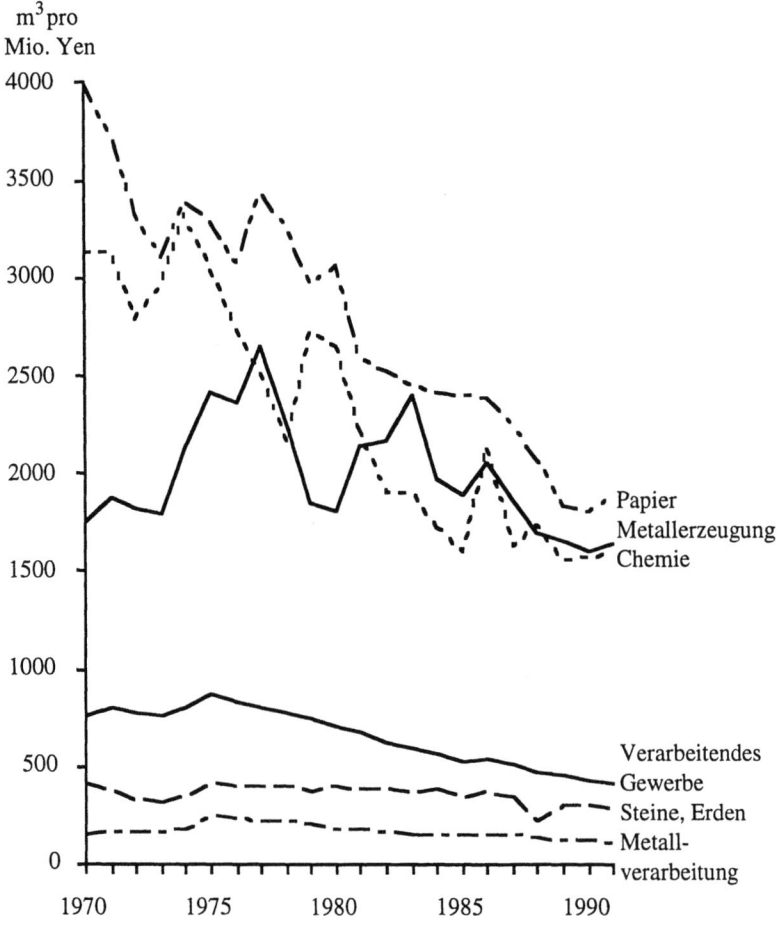

© Martin-Luther-Universität Halle/ Japanologie

Errechnet nach Angaben des Tsûshô sangyô daijin kanbô chôsa tôkei-bu, laufende Jahrgänge.

Deutlich wird zum einen, daß in Branchen der Grundstoffgüterproduktion das Verhältnis von Wertschöpfung und Wasserverbrauch nach wie vor ungünstig ist. Während allerdings in der Metallerzeugung und der Papierindustrie der sinkende Anteil an der Bruttowertschöpfung sich auch im Wasserverbrauch widerspiegelt, hat sich in der Chemieindustrie das Verhältnis negativ entwickelt. Einsparungen dieser Branchen wurden durch das überdurchschnittliche Wachstum der chemischen Industrie aufgewogen.

Zum anderen zeigt sich, daß es im gesamten Verarbeitenden Gewerbe zu Entkopplungen von Wertschöpfung und Wasserverbrauch gekommen ist. Besonders ausgeprägt sind sie bei den Großverbrauchern in der Grundstoffgüterindustrie sowie in der Metallerzeugung, verlaufen, wobei die Verbesserungen allerdings wie angesprochen von einem hohen Niveau aus erfolgten. Das Problem wird gesehen. Die Bemühungen der chemischen Industrie und der Papierindustrie gehen in Richtung auf Entwicklung geschlossener Systeme und Erhöhung des Brauchwassereinsatzes, um den Verbrauch von Frischwasser weiter zu reduzieren.

In der Metallverarbeitung setzte der Entkopplungsprozeß zeitlich verzögert erst nach 1978 ein. Mit Ausnahme des Fahrzeugbaus wurde das Verhältnis von Wasserverbrauch und Wertschöpfung so weit verbessert, daß es heute innerhalb des Verarbeitenden Gewerbes mit großem Abstand am günstigsten ist. Der Fahrzeugbau dagegen führt im Verarbeitenden Gewerbe im Hinblick auf den absoluten Verbrauchszuwachs und hat dazu als einziger Industriezweig den Wasserbedarf pro produzierter Wertschöpfungseinheit gesteigert. Glanzlicht der Branche ist demgegenüber die Elektroindustrie, die von einem niedrigen Niveau aus nach 1975/76 ihren wertschöpfungsrelativen Wasserverbrauch kontinuierlich weiter gesenkt hat. Die ökologische Vorbildfunktion der Branche im Hinblick auf den Wasserverbrauch unterliegt allerdings einer Einschränkung. Insbesondere bei der Herstellung von integrierten Schaltkreisen sind die eingesetzten Wassermengen zwar gering, es werden jedoch höchste Ansprüche an die Reinheit des Wassers gestellt. Das bedeutet, daß als Produktionsstandorte vorzugsweise noch relativ unbelastete, ländliche Gebiete gewählt werden. Außerdem fallen im Produktionsprozeß neben FCKWs in größeren Mengen Tetrachlorethylen und Trichlorethylen an. Letztere sind extrem gefährlich für Wasserorganismen und gelten als karzinogen. Nachdem beide Stoffe in Boden und Grundwasser des US-amerikanischen Silicon Valley festgestellt worden sind, sind auch in Japan Messungen im Umfeld von Standorten der Chipproduktion durchgeführt worden, die erhöhte Grundwasserbelastungen ergeben haben. Nach Auskunft des Nationalen Umweltamts nimmt die Belastung im ganzen Land zu. Die Messungen zeigen, daß zwar die bislang empfohlenen Richtwerte für die Belastung des Grundwassers noch nicht eklatant überschritten werden. Das Amt zeigt sich jedoch alarmiert. Im Industriegebiet Nord-Tama bei Tôkyô, einem Schwerpunkt für High-tech-Produktionen, liegt die Belastung durch chlorierte Kohlenwasserstoffe bereits bei einem Drittel aller Brunnen über den Standards der Weltgesundheitsbehörde (Jiyû kokumin-sha 1989, S.862).

Tabelle 21: Grundwasserbelastung durch Chemikalien

	Substanz	Untersuchte Brunnen	
		Anzahl	Überschreitungen (%)
1985	Trichlorethylen	3461	123 (3,6)
	Tetrachlorethylen	3459	140 (4,0)
	1,1,1,-Trichlorethan	3455	8 (0,2)
1990	Trichlorethylen	5817	44 (0,8)
	Tetrachlorethylen	5817	79 (1,4)
	1,1,1,-Trichlorethan	4514	1 (0,02)
1992	Trichlorethylen	4762	18 (0,4)
	Tetrachlorethylen	4762	35 (0,7)
	1,1,1,-Trichlorethan	3952	3 (0,1)

Quelle: Kankyô-chô, laufende Jahrgänge.

Als wichtigste Aufgabe für die Zukunft formuliert daher die Elektroindustrie, daß vorrangig das ökologische Gefährdungspotential durch chemische Reinigungsvorgänge gesenkt werden müsse. In der Halbleiterindustrie ist der Aufbau eines umfassenden Informations- und Kontrollsystems zur Überwachung des Chemikalieneinsatzes vorgesehen. In anderen Industriezweigen wie der Petrochemie und den NE-Metallen gehen die Anstrengungen in Richtung auf Eliminierung von Schadstoffen wie Selen und Phenolen aus den Abwässern.

Zusammenfassend ist festzuhalten, daß der industrielle Wasserverbrauch zwar weniger schnell zunimmt als die Wertschöpfung, nach wie vor aber absolut auf hohem Niveau ansteigt. Die Entlastung ist damit relativ. Die Initiativen der Industrie und der Politik richten sich im wesentlichen auf eine Verbesserung der Abwässerqualität. Dies entspricht dem regulativen Vorgehen der Regierung, die ihr Steuerungsverhalten weitgehend auf die Formulierung von Grenzwerten für Inhaltsstoffe von Abwässern beschränkt. Eine Reduzierung des Verbrauchs als politisches Ziel tritt demgegenüber in den Hintergrund. Politische Intervention in Form von ökologisch begründeten Be- und Entwässerungsgebühren fehlt.

3.5. Ressourcenverbrauch und Müllaufkommen

Produktion und Verbrauch von Rohstoffen, Halb- und Fertigprodukten gehen mit einem kolossalen Materialeinsatz einher. Umwandlungsprozesse erzeugen Umweltbelastungen unterschiedlichster Art. Neben Abgasen und Abwässern verbleiben vor allem Abfallstoffe in der Umwelt, die insbesondere ein Land wie Japan, dessen Deponieflächen faktisch erschöpft sind, vor beträchtliche Probleme stellen.

1992 wurden in Japan insgesamt rund 2,07 Mrd.t Rohstoffe eingesetzt. Davon stammten 660 Mio.t aus dem Ausland. Hinzu kamen 60 Mio.t importierter Industrieprodukte und 200 Mio.t wiederverwendeter Rohstoffe. Daraus ergibt sich ein Materialeinsatz von insgesamt rund 2,33 Mrd.t.

Aus den Umwandlungsprozessen gingen Produkte hervor, von denen rund 90 Mio.t das Land wieder als Exporte verließen. 1,24 Mrd.t verblieben als langlebige Konsumgüter bzw. wurden verbaut. 80 Mio. t wurden als Lebensmittel, weitere 400 Mio.t als Energie verbraucht. Schließlich blieb ein rund 310 Mio. t schwerer Abfallberg zurück (Abbildung 27).

Nach Berechnungen des Nationalen Umweltamts (Kankyô-chô 1992a, S.215) hat damit der Materialeinsatz zwischen 1970 und 1990 um das 1,5-fache zugenommen. Im Verlauf der vergangenen 20 Jahre ist es vor allem zu einem starken Anstieg im Energieverbrauch und im industriellen Abfallaufkommen gekommen.

Abbildung 27: Materialbalance Japans 1992 (in 100 Mio. t)

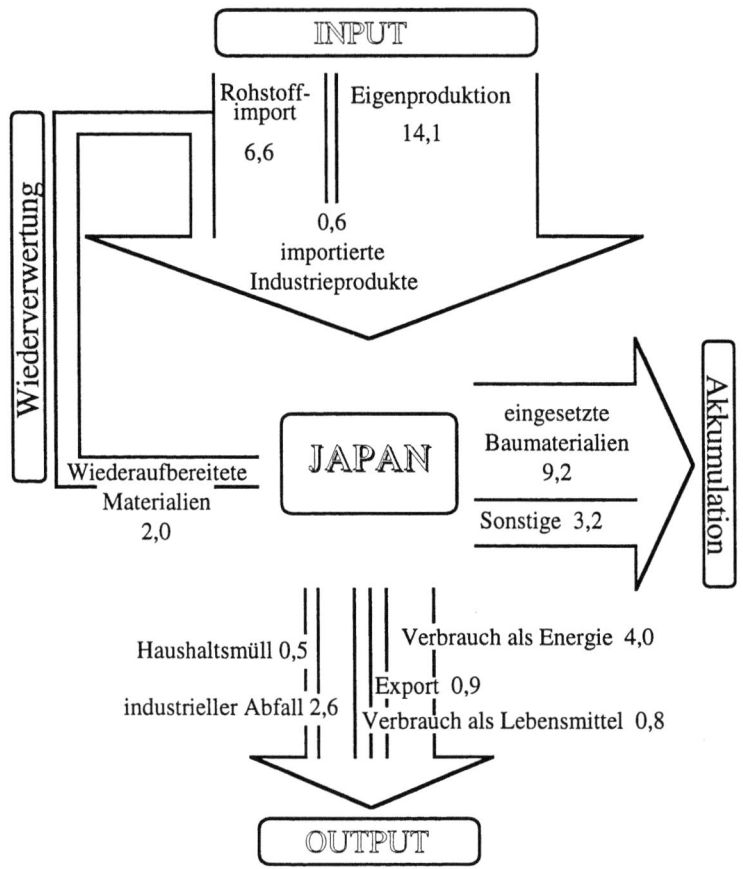

© Martin-Luther-Universität Halle/ Japanologie

Nach: Kankyô-chô 1995a, S.19.

Folgt man der japanischen Klassifizierung in Industriemüll und "allgemeinen Müll" (*ippan haikibutsu*), der neben Haushaltsmüll auch alle sonstigen Abfälle, die nicht aus dem Verarbeitenden Gewerbe stammen, umfaßt, so wird deutlich, daß das eigentliche Problem das industrielle Abfallaufkommen ist.[16] Es stieg zwischen 1975 und 1990 um rund 66%.

Das Müllaufkommen stellt das Land vor gravierende Probleme. Die extreme Siedlungsdichte und geringe Nutzbarkeit der Landesfläche setzen der Entsorgung enge Grenzen. Deponieflächen standen damit schon immer nur begrenzt zur Verfügung. Im Großraum Tôkyô sind sie für Industriemüll nahezu erschöpft. Es wird damit gerechnet, daß auf nationaler Ebene Ende dieses Jahrhunderts die Deponieflächen verbraucht sind. Vor diesem Hintergrund haben sich im wesentlichen zwei Wege durchgesetzt, mit den Entsorgungsproblemen umzugehen. Neben der Müllvermeidung spielt die Müllverbrennung eine zentrale Rolle, da dadurch das Volumen und das Gewicht des Mülls reduziert und die noch zur Verfügung stehenden Deponieflächen geschont werden können. Rund 73% des anfallenden Mülls werden verbrannt (Tabelle 22). Damit wird eine Reduzierung von rund 95% des Volumens und 82% des Gewichts erzielt.

Tabelle 22: Müllaufkommen und Entsorgung

	1980	1985	1987	1990	1991
Gesamtmenge (t/ Tag)	120371	119041	126956	138196	138708
Entsorgung durch: (Anteile von Gesamtmenge)					
Verbrennung	60,4	70,6	72,6	74,4	72,8
Landaufschüttung	37,1	26,4	23,4	20,4	17,0
Schnellkompostierung	0,2	0,2	0,1	0,2	0,1
andere	2,3	2,8	3,9	5,0	1,5

Anm.: ohne industrielles Abfallaufkommen
Quelle: Kankyô-chô 1994a, S.165.

Neben der Verbrennung war ursprünglich das Konzept verfolgt worden, neue Deponieflächen durch die Aufschüttung von Küstengewässern mit Müll zu erschließen. So ist die Bucht von Tôkyô mit einer Fülle von Müllinseln, die so blumige Namen wie "Insel der Träume" (*yume no shima*) tragen, durchsetzt. In der Bucht von Ôsaka wird seit 1990 der sogenannte Phönix-Plan realisiert, mit dem das Endlagerungsproblem der Kansai-Region durch weiträumige Aufschüttungen der Bucht mit Müll gelöst werden soll. Entsprechende neuere

---

16 In die Kategorie "industrielle Abfallstoffe" werden in Japan auch Abfälle aus der Landwirtschaft und aus dem Baugewerbe gerechnet.

Planungen existieren auch für die Gewässer vor Tôkyô, Nagoya und Kitakyûshû (Kankyô-chô 1990, S.154f.), obwohl im Einzugsgebiet dieser Ballungszentren weite Teile der Küstengewässer bereits aufgeschüttet sind. Die ökologischen Folgen dieser Entsorgungsstrategie werden bislang wenig thematisiert. Mit dem großen Erdbeben von Kobe im Januar 1995 ist jedoch offensichtlich geworden, welch hohes Gefährdungspotential durch Absenkung, Eindringen von Grundwasser und Ausschwemmungen von Schadstoffen in die umliegenden Gewässer durch die Aufschüttung von Meeresflächen freigesetzt werden kann[17], abgesehen von dem Verlust natürlicher Küstenlandschaften, der in der Vergangenheit wiederholt beklagt wurde. Das Ende der Verfügbarkeit geeigneter Küstenstreifen zeichnet sich allerdings auch hier ab, ein Verzicht auf Aufschüttung dagegen bislang nicht. Durch die verstärkte Verbrennung von Müll und Verwendung der Asche zur Aufschüttung soll vielmehr dazu beigetragen werden, Aufschüttungskapazitäten möglichst effizient und umweltverträglich noch lange zu nutzen. Die Unverzichtbarkeit dieser Strategie ergibt sich aus dem Mangel an Deponieflächen, obwohl der hohe Anteil der Müllverbrennung für die Anlieger von Verbrennungsanlagen mit beträchtlichen Belastungen verbunden und es deshalb zwischen Betreibern, Kommunalverwaltungen und Anliegern in der Vergangenheit wiederholt zu langwierigen Auseinandersetzungen gekommen ist. Auch diese Entsorgungsform wird deshalb nur als suboptimal eingestuft.[18] Die Bedingungen für den Betrieb und die Neuansiedlung von Verbrennungsanlagen sind daher nicht nur räumlich, sondern auch sozial äußerst restriktiv. Aber auch die Alternativen werden immer begrenzter. Japan hat sich international verpflichtet, bis Ende 1995 die Verklappung von Müll im Japanischen Meer und im Pazifik einzustellen. 1992 wurden 4,36 Mio.t industrieller Abfallstoffe im Pazifik verklappt sowie weitere 10,6 Mio.t Bodenaushub und 3,2 Mio.t anderer Müll. Meeresverklappung war in der Vergangenheit auch üblich für die Entsorgung von mittelstark radioaktivem Müll; exakte Mengenangaben liegen nicht vor, ebensowenig über die Verklappung von Sondermüll. Mit dem Ende dieser Praxis wird sich bei steigendem Müllaufkommen die Entsorgungsfrage weiter zuspitzen. Unter diesen Bedingungen wäre eine Lösung der innerjapanischen Entsorgungsprobleme durch Müllexporte nicht abwegig. Zum gegenwärtigen Zeitpunkt liegen jedoch keine gesicherten Informationen darüber vor, ob dieser Weg beschritten wird. Allerdings ist hier zu berücksichtigen, daß die Praxis, Abfallstoffe als

---

17 Vgl. Asahi shinbun vom 25.1.1995, S.1.
18 Einer der ersten berühmt gewordenen Konflikte war der sogenannte "Müllkrieg" von Tôkyô, bei dem es vor allem um Geruchs- und Lärmbelastungen durch den Antransport von Müll auf engen Straßen durch Wohngebiete ging, aber auch um die Gefährung der Anwohner durch das starke Aufkommen an Mülltransportern. Vgl. Huddle/Reich 1975.

industrielle Rohstoffe zur Weiterverarbeitung oder Wiederaufbereitung auszuführen, eine Erfassung von Müllexporten erschwert. So werden Altbatterien und Altmetalle nach Taiwan und Indonesien exportiert, deren Weiterverarbeitung sich in Japan aufgrund des hohen Lohnniveaus und der strengen Umweltschutzauflagen nicht rentiert.[19] Als politische Maßnahme gegen Müllexporte ist die Genehmigungspflicht beim Export von bislang 39 Substanzen konzipiert worden, die 1992 eingeführt wurde und vorsieht, daß die Genehmigung nur dann erfolgt, wenn die importierenden Länder explizit zustimmen.

Industrielles Müllaufkommen

Für das industrielle Müllaufkommengilt die generelle Problematik der Entsorgung noch verschärfter. Anders als die Erhebungen des Nationalen Umweltamts ergeben die Daten des Gesundheitsministeriums, daß das Gesamtaufkommen an Industriemüll von 236,48 Mio.t 1975 über 312,27 Mill.t im Jahre 1985 auf 394,74 Mio.t 1990 angestiegen ist.[20] Sollte sich die Prognose des Ministeriums bewahrheiten, wird es im Jahr 2000 bei 500 Mill.t pro Jahr liegen.[21] Diese Mengen von Abfallstoffen stellen allein schon

---

19 Ueda (1994, S.198f.) berichtet von den Umwelt- und Gesundheitsschäden, die in Taiwan im Umfeld der Wiederaufbereitungsanlagen für japanische Batterien durch Blei auftreten.

20 Das Müllaufkommen der Industrie wurde bis 1993 im Fünfjahres-Abstand erhoben. Die Daten werden differenziert nach Herkunftsbranchen und stofflicher Zusammensetzung des Abfalls erhoben. Eine Zuordnung von einzelnen Abfallarten zu Industriebranchen läßt dagegen die Datenlage nur indirekt zu. Wünschenswert wäre eine Berücksichtigung des industriellen Sondermülls gewesen, von dem bekanntlich ein spezifisches Gefährdungspotential ausgeht. Daten über das Sondermüllaufkommen werden jedoch in den einschlägigen Statistiken wie den Abfalldaten des Gesundheitsministeriums und den Branchendaten des MITI nicht ausgewiesen.

21 Kôsei-shô 1993, S.19. Diese Daten des Gesundheitsministeriums weichen in der Angabe des gesamten industriellen Müllaufkommens von den Angaben des Nationalen Umweltamts in seiner Materialbalance ab. Der Widerspruch ist hier nicht klärbar. Im folgenden werden die Daten des Gesundheitsministeriums zugrunde gelegt, da nur sie im Zeitablauf von 15 Jahren aufgeschlüsselt nach Branchen und stofflicher Zusammensetzung vorliegen. Da eine Materialbalance nur mit den abweichenden Daten des Nationalen Umweltamts (Abbildung 27) vorliegt, wurde diese aus Illustrationsgründen aufgenommen.

eine Herausforderung für die öffentliche Verwaltung und die Industrie dar. Die Deponieflächen für Industriemüll sind im Großraum Tôkyô praktisch erschöpft (Nihon nenkan shuppan-kyoku 1991, S.2-27).

Abbildung 28: Entsorgung von Industriemüll (1990)

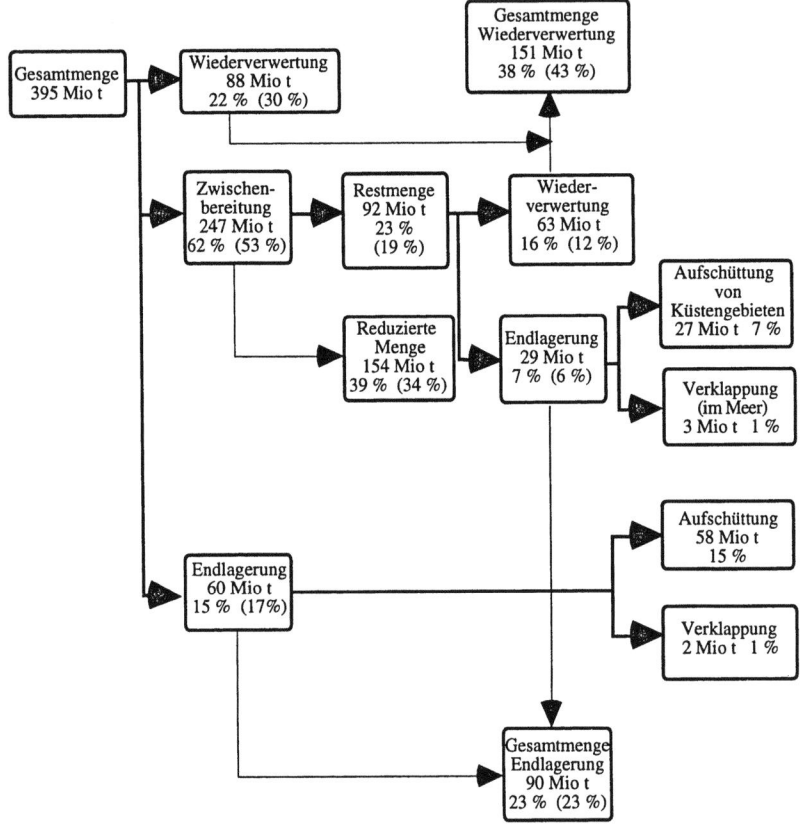

© Martin-Luther-Universität Halle/ Japanologie

Quelle: Kôsei-shô 1993, S.22 (in Klammern die Werte von 1980).

Die noch zur Verfügung stehenden Deponieflächen liegen weit außerhalb der Industriezentren, so daß inzwischen mehr als 17% der Mülltransporte über weite Strecken und über Präfekturalgrenzen hinweg geführt werden müssen, was zu weiteren Problemen führt (Kôsei-shô 1993, S.32f.). Neue Initiativen zur Reduzierung des Anteils von Abfallstoffen, die endgelagert werden müssen, sind daher zwingend geboten.

Tabelle 23: Industriemüllaufkommen in den Hauptwirtschaftsgruppen 1975 - 1990 (in 1000 t/Jahr, in Klammern Anteile in %)

	1975	1980	1985	1990
Gesamtmenge	236489	292311	312271	394736
Eisen/Stahl	68582 (29,0)	74919 (25,6)	50098 (16,0)	48561 (12,3)
Steine, Erden	12770 (5,4)	18452 (6,3)	17941 (5,7)	17492 (4,4)
Chemie	6858 (2,9)	10594 (3,6)	10364 (3,3)	12624 (3,2)
Papier/Zellstoff	9933 (4,2)	13628 (4,7)	12800 (4,1)	27502 (7,0)
Nahrungsmittel	8987 (3,8)	13697 (4,7)	12093 (3,9)	11862 (3,0)
Holzprodukte	4966 (2,1)	4919 (1,7)	k.A.	k.A.
Metallprodukte	k.A.	4407 (1,5)	4452 (1,4)	4835 (1,2)
Textilien	6385 (2,7)	4658 (1,6)	k.A.	k.A.
Baugewerbe	33817 (14,3)	30415 (10,4)	57481 (18,4)	71139 (18,0)
Landwirtschaft	41385 (17,5)	49913 (17,1)	62690 (20,1)	77390 (19,6)
übrige	19155 (8,1)	35385 (8,8)	30587 (9,9)	34348 (8,7)

Nach: Kôsei-shô seikatsu eisei-kyoku 1987, S. 453f. und Kôsei-shô 1993, S. 20.

Wie Abbildung 28 zeigt, ist es bis heute gelungen, die Menge Müll, die der Endlagerung bedarf, auf 23% des ursprünglichen Gesamtaufkommens an industriellen Abfallstoffen zu reduzieren. 38% wurden insgesamt der Wiederverwertung zugeführt, 39% wurden durch chemische Weiterbehandlung oder Verbrennung zerlegt oder vernichtet. Die restlichen 23% oder 89 Mio.t wurden 1990 endgelagert.

Abfallintensivste Branchen sind die Bereiche Eisen/Stahl und Papier sowie die Landwirtschaft und das Baugewerbe, die in den Abfalldaten der japanischen Symstematik folgend, ebenfalls berücksichtigt werden, obwohl sie nicht zum Verarbeitenden Gewerbe zählen (Tabelle 23).

Auf sechs Industriebranchen des Verarbeitenden Gewerbes entfallen rund 30% des gesamten industriellen Abfallaufkommens. Es handelt sich wiederum um die Grundstoffgüterindustrie, die auch bei allen hier untersuchten Ressourcenverbräuchen ungünstig abgeschnitten hat. Gleichwohl spiegelt auch hier die Entwicklung über die vergangenen Jahre den intersektoralen Wandel wider: mit der sinkenden wirtschaftlichen Bedeutung der Grundstoffgüterindustrie ist auch ihr Anteil am Müllaufkommen gesunken. Bei den Stahlerzeugern ist er von 29% 1975 auf 12,3% 1990, bei Steine/Erden von 5,4% 1975 auf 4,4% 1990 zurückgegangen. Aber auch die Entwicklung in den Wachstumsbranchen der Metallverarbeitung ist bemerkenswert: der Anteil am Gesamtaufkommen des industriellen Abfallaufkommens ist mit 1,2% (1990) so gering, daß die Teilbranchen Elektrotechnik, Fahrzeugbau und Maschinenbau in den Industriestatistiken erst gar nicht branchenspezifisch aufgeführt werden (Tabelle 23).

Die Entwicklung läßt sich bedingt auch an der Entwicklung der stofflichen Zusammensetzung des Industriemülls ablesen. Die traditionelle Erhebung der stofflichen Zusammensetzung des Industriemülls sieht 19 Kategorien vor, die jedoch keine direkten Aufschlüsse über die Toxität zulassen. Unter den zwölf wichtigsten Abfallsorten hat der stärkste Zuwachs bei den Schlämmen stattgefunden (Tabelle 24). Schlämme fallen in großem Umfang in der Papierindustrie und in der chemischen Industrie an, wo sie gegenwärtig rund 70% des gesamten Müllaufkommens ausmachen. Da die komplexe Zusammensetzung bislang eine Wiederaufbereitung begrenzt, kommt für die Entsorgung häufig nur eine Endlagerung als Sondermüll in Betracht. Sofern Schlämme zur Weiterverwertung behandelt werden, wie dies in der Chemieindustrie der Fall ist, sind die Abnehmer begrenzt. Im Falle der chemischen Industrie steht lediglich die Zementindustrie als Abnehmer zur Verfügung (Tsûshô sangyô-shô 1994, S.192). Die zweite große Gruppe der Abfallstoffe sind Schlacken, die vor allem bei der Metallerzeugung anfallen. Ihr Aufkommen ist rückläufig. Hier wirkt sich der gesunkene Energieeinsatz positiv aus (Tabelle 24).

Tabelle 24: Stoffliche Zusammensetzung des Industriemülls (ausgewählte Stoffgruppen, in %)

	1975	1980	1985	1990
Aschen	0,5	0,6	0,8	0,7
Schlämme	15,9	30,2	36,1	43,4
Schlacke	25,8	20,7	13,3	10,8
Altmetall	4,2	4,5	2,8	2,2
Altöl	1,0	0,0	1,2	0,9
Säuren	4,2	3,5	1,4	0,7
Holzspäne	3,4	2,3	2,6	1,7
Plastik	0,6	0,8	0,9	1,1
Papier/ Pappe	0,4	0,6	0,5	0,3
Textilreste	0,1	0,0	0,0	0,0
Stäube	3,4	4,0	2,0	1,9
Bauschutt	14,4	10,3	15,7	13,9

Nach Angaben des Kôsei-shô seikatsu eisei-kyoku, laufende Jahrgänge, und Kôsei-shô 1993. Ohne Abfälle aus der landwirtschaftlichen Tierproduktion.

Wiederverwertung von Abfallstoffen

Von dem Gesamtaufkommen werden inzwischen, wie bereits angesprochen, rund 38% wiederverwertet. Nach Branchen differenziert ist heute ein hoher Anteil an Recycling in der Holzindustrie, der Fahrzeugbaubranche sowie der Stahlindustrie erreicht. So werden in der Eisen- und Stahlindustrie Schlacken und Stäube zu 96,7% bzw. 94,5%, Schlämme zu 64,7% weiterverarbeitet (Tsûshô sangyô-shô 1994, S.138). Die ökologisch bedeutsame Zementproduktion ist mit dem Bauboom der "Seifenblasenwirtschaft" Ende der achtziger Jahre kräftig expandiert, ohne daß es zu einem entsprechenden Anstieg im Müllaufkommen gekommen wäre. Die Zementhersteller selbst heben hervor, daß sich dieser Industriezweig vom chronischen Umweltsünder zum "Allesverwerter" gemausert hat. Heute werden schon 17% seines Materialeinsatzes aus Altstoffen anderer Industriezweige abgedeckt. 3% des Energieeinsatzes werden ebenfalls durch Industrieabfälle ersetzt. Die wiederverwendeten Stoffe gehen nach Angaben der Branche vollständig im

Produkt auf, so daß es zu keinem erneuten Entsorgungsbedarf bei den wiederverwerteten Stoffen kommt (Tsûshô sangyô-shô 1994, S.238).

In der Chemieindustrie wird das Abfallvolumen durch Bearbeitung der einzelnen Müllsorten inzwischen um 70% reduziert, die verbleibenden rund 30% werden wiederverwertet bzw. endgültig entsorgt. Von der ursprünglichen gesamten Abfallmenge bleibt nach den verschiedenen Bearbeitungsverfahren nur noch etwa ein Fünftel zur Endlagerung übrig (Tsûshô sangyô-shô 1994, S.192).

Tabelle 25: Stand der stofflichen Wiederverwertung 1980-1990

Müllsorte	1980	1983	1987	1990
Aschen	23,3 (1979)	42,9	34,2	17,5
Schlacken	75,0	75,1	87,9	84,7
Schlämme	10,4 (1979)	24,8	13,6	11,5
Altöl	34,3	24,6	28,0	24,5
Säuren	60,2	33,6	16,1	26,5
Alkali	26,3	28,8	24,1	8,0
Plastikstoffe	33,9	24,4	26,5	31,2
Papier	80,5	43,8	32,4	63,2
Holzspäne	45,6	95,1	78,6	43,3
Textilreste	42,6	50,6	33,3	51,1
Gummi	17,0	25,9	14,3	12,5
Altmetall	97,1	97,5	99,5	93,0
Glas- und Keramikscherben	35,9	37,9	47,9	50,8
Bauschutt	7,5	10,0	15,1	16,0
Stäube	71,7	64,7	58,2	78,0

Quelle: Kôsei-shô seikatsu eisei-kyoku und Kankyô-chô, jeweils laufende Jahrgänge.

Abbildung 29: Politisches System der Energieeinsparung/ Recycling

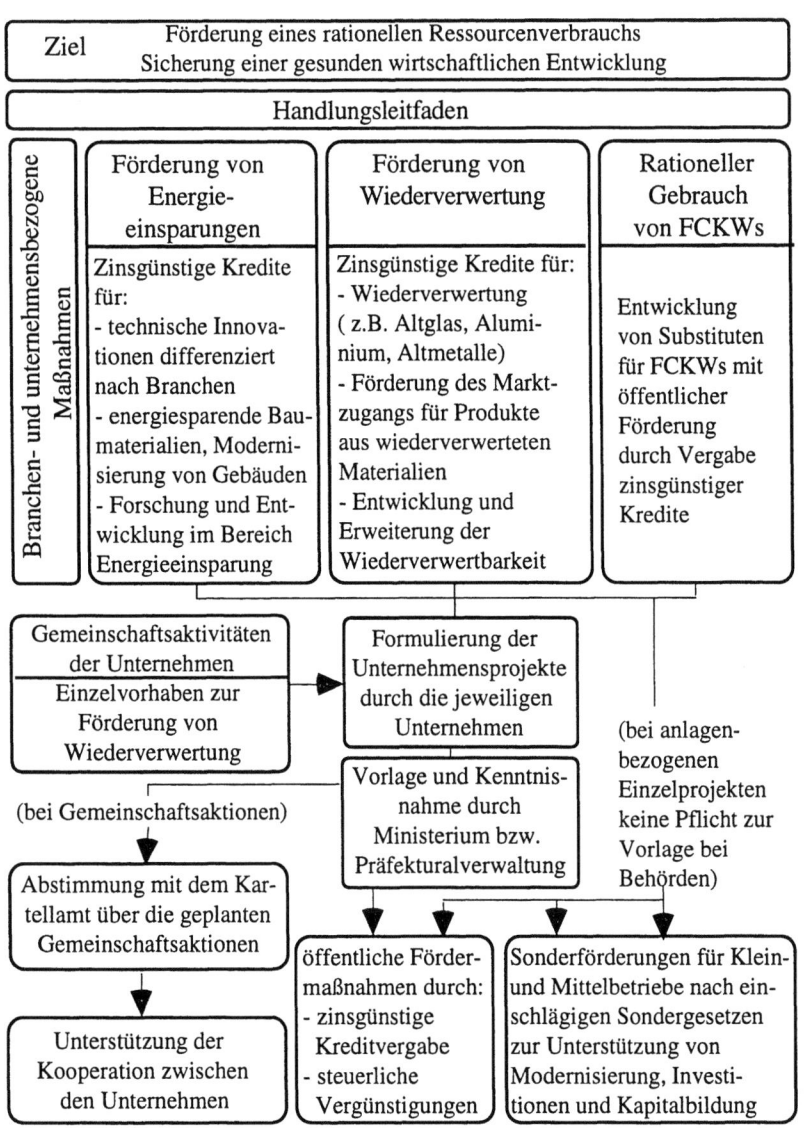

© Martin-Luther-Universität Halle/ Japanologie

Quelle: Shô-enerugii sentaa 1994, S.96.

Die Grenzen der Wiederverwertung scheinen sich indessen abzuzeichnen: seit etwa zehn Jahren ist der Anteil der Abfallstoffe am industriellen Abfallaufkommen, der nicht weiter verwendbar ist, nicht weiter reduziert worden. Das Gesundheitsministerium sieht das Wiederaufbereitungspotential inzwischen auf einem hohen Niveau als erschöpft an. Die Wiederverwertungsrate ist inzwischen bei einer Reihe von Stoffen wie Holzspänen, Papier und Textilresten wieder rückläufig. Schlämme und Altpapier können zwar aufbereitet werden, die Menge ist jedoch zu groß, um noch problemlos abgesetzt werden zu können. Die Weiterverwertbarkeit von Rest- und Abfallstoffen müßte jedoch beständig gesteigert werden, um die wachstumbedingten Zuwächse zu neutralisieren. Damit ist gegenwärtig nicht zu rechnen. Hinzu treten neue Probleme aus der Abfallbearbeitung. Hierzu gehören vor allem die toxischen Abwässer, die bei der Bearbeitung von Schlämmen anfallen. Erst jüngst erschienen Berichte, wonach festgestellt wurde, daß aus dem Altmetall von Autowracks und Kühlschränken beim Shreddern und Deponieren hohe Konzentrationen von Blei und Quecksilber austreten (Asahi shinbun vom 10.1.1994).

Hier bestätigt sich das auch in anderen Bereichen zu beobachtende Phänomen, daß es ständiger, erweiterter Anstrengungen bedarf, um die ursprünglichen Erfolge des Umweltschutzes auch im Wachstumsprozeß zumindest zu konservieren. Ob hier die novellierte Fassung des Gesetzes über die Behandlung von Abfallstoffen (*Saisei shigen no riyô no sokushin ni kansuru hôritsu*) von 1991 neue Impulse schaffen wird, ist zum gegenwärtigen Zeitpunkt noch nicht absehbar.

Das Gesetz legt die Grundlagen für ein System staatlicher Förderung von Rückwandlung, Vermeidung und Wiederverwendung industrieller Abfallstoffe und regelt nach dem Muster des ehemaligen Rahmengesetzes über Maßnahmen gegen Umweltzerstörung (*Kôgai taisaku kihon-hô*) Zuständigkeiten auf seiten der Zentralregierung, der Kommunen und der Industrie sowie konkrete Maßnahmen, die auf der Grundlage der Richtlinien für die Wiederverwendung von Altstoffen für Kommunen, Unternehmen und Verbraucher vorgesehen sind. Relativ konkret formuliert sind für die Industrie die Verfahren zur Abstimmung mit dem verantwortlichen Ministerium, zur Entwicklung von Wiederverwertungsplänen und zur Einführung entsprechender technischer Innovationen, und zwar jeweils differenziert nach Abfallkategorie (Kôsei-shô 1993, S.47).

Daneben hat die japanische Regierung 1991 erstmals als Teil der Abfallpolitik neben der Reduzierung des Aufkommens und Steigerung der Wiederverwertung ausdrücklich auch die Verlängerung von Produktzyklen sowie die Miniaturisierung des Volumens und des Gewichts von Produkten gefordert. Wie die OECD (1994, S.52f.) vermerkt, ist das Motiv allerdings weniger der Schutz natürlicher Ressourcen als vielmehr die besorgniserregende Knappheit an Deponieflächen in Japan, die eine radikale Reduzierung des Müllaufkommens erforderlich macht.

Intrasektoraler Wandel und Müllaufkommen

Setzt man das industrielle Abfallaufkommen der Branchen in Relation zu der Wertschöpfung, dann wird deutlich, daß sich unabhängig von, d.h. vor der Formulierung dieser vergleichsweise neuen staatlichen Initiativen zur Lösung des Abfallproblems das ursprünglich ungünstige Verhältnis von Wertschöpfung und Abfallaufkommen im Verarbeitenden Gewerbe verbessert hat. Besonders auffallend sind die Entkopplungsprozesse in der Eisen- und Stahlerzeugung und der Zementproduktion, die im Zuge der Hochkonjunktur Ende der achtziger Jahre wieder expandiert sind und dennoch einen absoluten Rückgang im Müllaufkommen verzeichnen konnten. Aber auch in anderen Industriezweigen ist die Materialausnutzung effektiver geworden, d.h. auch hier kann von einer Entkopplung gesprochen werden.

Dahinter verbergen sich Materialeinsparungen sowohl aufgrund von Prozeß- und Verfahrensinnovationen als auch aufgrund von Produktinnovationen. Materialeinsparungen, d.h. vor allem Energieeinsparungen durch Erhöhung der Nutzungsintensität, haben in der Eisen- und Stahlindustrie zu einem Rückgang in dem Aufkommen an Schlacken geführt. Besonders in der Elektroindustrie hat sich der Trend zu kleinen und leichten Geräten bemerkbar gemacht. Aufstellungen über die Produktentwicklung der Hardware von Computern seit 1966 zeigen, wie im Verlauf von mehr als 30 Jahren die Hardware immer leichter, immer intelligenter und immer billiger wurde (Tsûshô sangyô-shô 1994, S. 302).

Ähnliche Entwicklungen sind bei den Herstellern von Haushaltsgeräten festzustellen. Auch hier ist der Trend zu kleinen, intelligenten Geräten unübersehbar, obwohl in jüngster Zeit im Zuge der Erhöhung des individuellen Lebensstandards und der Verwestlichung der Lebensgewohnheiten bei der Erstanschaffung ein Trend zu großdimensionierten Luxusprodukten zu beobachten ist.

Abbildung 30: Entwicklung des Müllaufkommens und der industriellen Wertschöpfung 1975-1990 (1975 = 100)

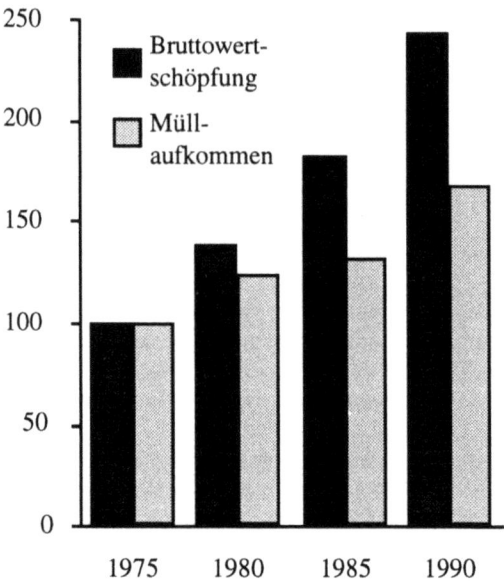

© Martin-Luther-Universität Halle/ Japanologie
Erstellt nach Angaben des Kôsei-shô 1993.

Die Initiativen des Verarbeitenden Gewerbes zur Bewältigung des Abfallproblems richten sich vor allem auf die Verbesserung der Wiederverwertbarkeit von Produkten und erst nachgeordnet auf die Reduzierung des Abfallaufkommens. Im einzelnen gehen die Bemühungen in Richtung auf:

— Erstellung von Produktinformationssystemen für die Recycling-Industrie in der Elektrotechnik.

— Berücksichtigung der Wiederaufbereitbarkeit bei der Produktentwicklung beispielsweise durch Vereinfachung der Zerlegbarkeit und Materialtrennbarkeit im Fahrzeugbau, bei Haushaltsgeräteherstellern und in der Mikroelektronik.

— Reduzierung der Anzahl der Komponenten im Fahrzeugbau, bei den Haushaltsgeräteherstellern und in der Mikroelektronik.

— Verlängerung der Laufzeiten der Modelle (Haushaltsgeräte, Fahrzeugbau).

— Materialsubstitution zur Verbesserung der Wiederverwertbarkeit bei der Herstellung von Zement, Haushaltsgeräten und Kraftfahrzeugen.

— Vereinheitlichung von Komponenten (Bürotechnik, Haushaltsgeräte, Mikroelektronik).

Ob diese Initiativen zu wirklichen Problemlösungen führen, muß im Einzelfall abgewartet werden. Der gesamten Entsorgungs- und Aufbereitungsindustrie werden zumindest hervorragende Zukunftsperspektiven prognostiziert.

Tabelle 26: Entwicklungsperspektiven der Entsorgungs- und Wiederaufbereitungsindustrie (in 100 Mio. Yen)

	1992	2000	2010
Marktanteile	109 3000	161 700	228 000
davon: Entsorgungsindustrie	38 300	52 600	72 600
Recycling	51 200	72 800	105 700
Gebrauchthandel, Reparatur	19 800	36 300	49 700

Anm.: Nicht berücksichtigt sind Entsorgungseinrichtungen, die direkt von den Kommunen betrieben werden.

Nach: Tsûshô sangyô-shô 1994, S.108.

Ob diese Prognosen für die neuen Zweige der Entsorgungsindustrie tatsächlich Realität werden, ist nicht eindeutig zu beantworten. So sind die sich bereits abzeichnenden Absatzschwierigkeiten bei wiederaufbereiteten Stoffen nicht berücksichtigt. Die ökologische Unbedenklichkeit von Materialsubstitutionen ist ebenfalls nicht garantiert. Ein Beispiel ist der Fahrzeugbau, in dem seit

1973 Substitutionsprozesse von Stahl durch Aluminium und Kunststoffe stattfinden.[22] Die Nachfrage nach Aluminium wird dadurch weiter steigen. Da jedoch die Produktion schon seit langem ins Ausland verlagert worden ist, wird steigende Nachfrage zu einem Anstieg des Stromverbrauchs und einem Anstieg im Belastungspotential in den Herstellerländern führen. Schließlich bedeuten die Akzeptanz von Gebrauchtwaren, der Verzicht auf Neuanschaffungen und der Einsatz von Recyclingprodukten auch einen umfassenden Wertewandel. Selbst wenn die Integration von Ressourcenschutz mehr als bisher Teil eines positiven Unternehmensimage wird – und der neueste Bericht des MITI deutet durchaus darauf hin –, ist vor allem in verbrauchernahen Bereichen die Durchsetzbarkeit von umweltverträglicheren Produkten stark von der Akzeptanz des Endverbrauchers abhängig. Wachsender Wohlstand und ein sich ändernder Lebensstil wirken jedoch bislang in die entgegengesetzte Richtung: seit den achtziger Jahren nimmt die Nachfrage nach großen, benzinfressenden Pkws wieder zu, dem Gebrauchtwarenhandel stehen kulturelle Vorbehalte entgegen, kulturelle und ästhetische Normen behindern die Durchsetzung eines umweltverträglichen Konsumverhaltens.

Zusammenfassend kann festgehalten werden, daß die Verbesserungen auf dem Gebiet des industriellen Müllaufkommens in der Vergangenheit vorrangig auf eine umweltverträgliche Entsorgung und Reduzierung durch Verbrennung abzielten. Zunehmend an Gewicht gewinnt die Förderung von Wiederverwendung und Weiterverwertung ebenfalls mit dem Ziel, die Grenzen der Endlagerung hinauszuschieben. Nach wie vor eine nachgeordnete Rolle bei diesen Bemühungen spielt der Aspekt, daß Material zum Zwecke des globalen Ressourcenschutzes gespart werden muß.

---

22 Der Anteil von Kunststoffen am Materialeinsatz in der Fahrzeugindustrie ist von 2,9% (1973) auf 7,3% 1992 angestiegen, der Anteil von Stahlblechen ist von 60,4% auf 54,9%, der von Spezialstählen von 17,5% auf 15,3% gesunken. Vgl. Tsûshô sangyô-shô 1994, S.243.

3.6. Zusammenfassung: Relative Entlastung durch Strukturwandel

Der Wendepunkt in der japanischen Entwicklung ist das Jahr 1986. Bis dahin hatte sich Japan wie kein anderes Land zu einem Musterbeispiel für eine erfolgreiche Entkopplung von Wirtschaftswachstum und Ressourcenverbrauch entwickelt. Allerdings kam es lediglich zu relativen Einsparungen von Ressourcen. Bei der annähernden Verdreifachung der industriellen Wertschöpfung im Zeitraum 1973-1986 konnten absolute Zuwächse im Verbrauch von Wasser, Strom und Flächen nicht verhindert werden. Nur beim Endenergieverbrauch ist es auch zu absoluten Reduzierungen gekommen, wenn auch nur bis 1983. Danach stieg auch hier der Verbrauch absolut wieder an. Er lag allerdings 1989 immer noch um 58,6% niedriger, als er es ohne brancheninternen Wandel gewesen wäre. Demgegenüber machte der industrielle Stromverbrauch 1989 34,6% weniger aus, als verbraucht worden wäre, wenn keine Modernisierungen innerhalb der Branchen stattgefunden hätten. Der absolute Verbrauch stieg aber zwischen 1970 und 1991 um mehr als 70% an. Beim Wasserverbrauch setzten brancheninterner und intersektoraler Strukturwandel erst in den achtziger Jahren ein. 29,5% wurden weniger verbraucht, als ohne intrasektoralen Wandel erforderlich gewesen wären. Aber auch hier gilt, daß größere Entlastungen als Folge von Schrumpfung wasserintensiver Branchen durch das überproportionale Wachstum insbesondere der Chemieindustrie verhindert wurden.

Die Entwicklungen hätten demnach zu absoluten ökologischen Entlastungen führen können, wenn der Produktionsanstieg die Entlastungseffekte nicht aufgewogen hätte. Ein ähnliches Ergebnis ist auch für den Flächenverbrauch und das Abfallaufkommen festzuhalten.

Nach 1986 wurden die Effekte aus dem konjunkturellen Hoch wirksam. Die positive Entwicklung scheint vorerst zu einem Ende gekommen zu sein. Eine wachstumsbedingte Neutralisierung der bisherigen Erfolge zeichnet sich ab. Die Entkopplung verlangsamte sich oder kam ganz zum Erliegen. So steigt der Benzinverbrauch pro gefahrenem Kilometer, der Endenergieverbrauch pro Wertschöpfungseinheit stagniert, die Nachfrage nach ökologisch problematischen Gütern wie Strom und Aluminium nimmt zu. Verkehrs- und Müllprobleme stellen drängende Probleme dar, für die keine klaren Lösungskonzepte vorliegen.

Und auch die intrastrukturellen Verschiebungen zwischen Grundstoffindustrien und den Branchen der Metallverarbeitung, wie der Chipproduktion, sind ökologisch nicht nur positiv zu bewerten. Zwar haben sie zu einer relativen Entlastung bei den traditionellen Indikatoren geführt. Neue Risiken aber sind entstanden: so verändert sich die Zusammensetzung von Industriemüll, durch den Einsatz von Chemikalien entstehen neue Formen der Luft- und Wasserbelastung, es besteht die Befürchtung, daß es durch den hohen Grundwassergebrauch zu neuen Bodenabsenkungen kommt (Kankyôchô 1987, S.66)

Die Entwicklung ändert nichts an Japans führender Position im Hinblick auf die Effizienz von Ressourcennutzung in den untersuchten Bereichen: wertschöpfungsrelativ kann Japan unter den OECD-Ländern noch immer eine Spitzenposition für sich in Anspruch nehmen. Der außerordentliche konjunkturelle Aufschwung zwischen 1987 und 1990 ist – darin sind sich Experten einig – auch für die japanische Wirtschaft nicht durchzuhalten. Die gegenwärtige Rezession ist insofern eine Rückanpassung an die Zeit vor 1987. Anvisiert wird jetzt eine Restabilisierung auf ein durchschnittliches Wachstum von etwa 3%.

4. Der Beitrag der Politik an ökologischer Modernisierung und qualitativem Wachstum

Die Ansätze im Verarbeitenden Gewerbe in Japan für ein umweltverträglicheres Strukturmuster, die so weitreichend nirgendwo realisiert worden sind, beantworten noch nicht die Frage nach den Antriebskräften für einen ökologischen Umbau der Industriegesellschaft. Ob diese Impulse zwangsläufig aus dem politisch-administrativen Bereich kommen müssen bzw. konkret gekommen sind, ist fraglich. Es liegen Untersuchungen vor, wonach sich die ökologischen Entlastungen durch strukturellen Wandel in vielen Industrieländern hinter dem Rücken der umwelt- und industriepolitischen Akteure und vermittelt über Veränderungen auf dem Weltmarkt durchsetzten (Jänicke u.a. 1992). Es wurde in diesem Zusammenhang daher auch von einem "autonomen" Strukturwandel gesprochen. Im Falle der Bundesrepublik Deutschland scheinen sich Umwelt- und Wirtschaftspolitik eher strukturkonservierend und innovationshemmend ausgewirkt zu haben, so daß gerade von wirtschaftswissenschaftlicher Seite Zweifel an der Bedeutung einer explizit ökologisch orientierten Strukturpolitik angemeldet werden (Halstrick-Schwenk 1994, S.49).

Im Falle von Japan stellt sich das Problem anders dar: wie in Kapitel 1 dargelegt, verfügt das politische System politikfeldübergreifend über Institutionen und Verfahren, die eine beträchtliche Steuerungskapazität erwarten lassen. Insofern ist die Frage naheliegend, ob die positiven ökologischen Effekte strukturellen Wandels nicht gerade deshalb in Japan ausgeprägter als anderswo waren, weil die Erfahrungen effizienter staatlicher Steuerung in der Umwelt- und Industriepolitik positiv zu Buche schlugen, Politik sich zumindest nicht als Störfaktor auswirkte. Es ist argumentiert worden, daß das politische System Japans im Hinblick auf seine Integrationsfähigkeit, seine Strategiefähigkeit und seine Innovationsfähigkeit über nahezu ideale Bedingungen für einen erfolgreichen ökologischen Umbau der Wirtschaft verfügt. Bei der Überprüfung dieser Annahmen geht es vor allem um drei Politikfelder, von denen ein positiver Einfluß auf eine ökologische Modernisierung industrieller Produktion zu erwarten wäre: die Industriepolitik, die Umweltpolitik und die Energiepolitik. Insbesondere die Industriepolitik des MITI ist im Falle Japans im Hinblick auf ihre Reichweite von zentraler Bedeutung: sie umfaßt die eigentliche Strukturpolitik, die Abfallpolitik, sofern sie sich auf den industriellen Müll bezieht, die Standortpolitik. Sie nimmt Einfluß auf die Struktur der industriellen Energienachfrage und den Verbrauch. Industriepolitisch läßt sich ein ökologischer Umbau der Industriegesellschaft auf vielfältige Weise abstützen. Denkbar sind u.a. die Förderung des Marktzugangs für umweltfreundliche Produkte, Förderung der Forschung und Entwicklung im Bereich von umweltverträglichen Fertigungsverfahren und Produkten nach den Kriterien von Ressourceneinsparung und Wiederverwertbarkeit und eine umfassende Förderung einer umweltverträglichen Produktions- und Verbrauchsstruktur, Standardisierung von Ökobilanzierungen und Umweltverträglichkeitsprüfungen etc..

Umweltpolitik kann durch strenge Schutzauflagen und einen effizienten Kontroll- und Überwachungsapparat die Entwicklung und den Einsatz von entsorgender Umweltschutztechnologie, über längere Zeiträume aber auch von strukturellen Umstellungen anregen. Umweltpolitik kann ökonomische Instrumente wie Abgaben oder Steuern einsetzen, um umweltbelastende Produktionsverfahren und Produkte unrentabel zu machen.

In der Energiepolitik wäre beispielsweise zu fragen, ob durch fiskalische Maßnahmen eine Umsteuerung der Nachfragestruktur unter ökologischem Gesichtspunkt beeinflußt wird und wie der energiepolitische Konsens im Hinblick auf die Deckung des zukünftigen Energiebedarfs aussieht.

In jedem Fall wird zu unterscheiden sein zwischen politischer Agenda und ihrer Umsetzung, d.h. zum einen muß es um die programmatische Seite und damit um die Frage gehen, ob eine systematische Integration des Umwelt- und Ressourcenschutzes in die genannten Politikfelder erfolgt ist. Die zweite Frage ist übergreifend: geklärt werden soll, ob die Argumente, die für eine aktive Rolle des Staates bei der Realisierung von Ansätzen eines qualitativen Wachstums in Japan sprechen, einer empirischen Überprüfung standhalten und die ökologischen Entlastungen erklären.

4.1. Strukturpolitischer Umweltschutz? Der Beitrag der Umweltpolitik

Wenn von Japans umweltpolitischen Erfolgen gesprochen wurde, werden damit in der Regel die Aktivitäten des Nationalen Umweltamts als oberster staatlicher Umweltschutzbehörde verbunden. Dies ist nur bedingt korrekt: als Querschnittsaufgabe ist Umweltpolitik Ergebnis von Aushandlungsprozessen einer ganzen Reihe von Ministerien, die für Teilbereiche der Umweltpolitik zuständig sind.

Tabelle 27: Institutionelle Ansatzpunkte für eine ökologische Industriepolitik

Ministerium/ Amt	Kompetenzen
MITI	unternehmensbezogene Wirtschafts- und Strukturplanung, Allokation von Ressourcen, unternehmensbezogener Umweltschutz
Amt für Rohstoffe und Energie	Umweltschutzplanung, Festlegen von Grenzwerten, Naturschutz, Kontrolle von Agrarchemikalien
Nationales Umweltamt	Förderung, Planung und Koordinierung der Im- und Exporte von Energie, Preisgestaltung, Sicherung der Energieversorgung
Transportministerium	Integrierte Verkehrsplanung
Bauministerium	Koordinierung der nationalen Flächennutzungsplanung, Koordinierung von umweltpolitischen Teilbereichen, Verkehrswegeplanung und -bau,
Gesundheitsministerium	Abfallwirtschaft, Lebensmittelprüfung, Aufsicht und Kontrolle der pharmazeutischen Industrie
Amt für Raumordnung	Formulierung und Umsetzung der nationalen Raumordnungspläne, Planung integrierter Transportkonzepte, Planung und Umsetzung der Sicherung der Wasserversorgung

Eine disponierte Stellung nimmt das Ministerium für Internationalen Handel und Industrie (MITI, *Tsûshô sangyô-shô*) ein, das u.a. für die zentralen Bereiche Energiepolitik, Abfallentsorgung, Standortgenehmigungen und industrielle Umweltbelastungen verantwortlich ist. Daneben sind in Teilbereichen, wie aus Tabelle 27 ersichtlich, auch das Bauministerium (*Kensetsu-shô*), das Amt für Raumordnung (*Kokudo-chô*), das Transportministerium (*Unyu-shô*) und das Gesundheitsministerium (*Kôsei-shô*) umweltpolitisch zuständig. Neben diesen großen, etablierten Ministerien nimmt sich das Nationale Umweltamt in Ausstattung und Befugnissen eher bescheiden aus: es ist das kleinste, das ärmste und das jüngste unter den genannten Ministerien, und es ist "nur" ein Amt. Daß dennoch Umweltpolitik mit der Politik des Amtes verbunden wird, liegt zweifellos an seiner umfangreichen Berichterstattung.

Mit der Verabschiedung des Rahmengesetzes über Maßnahmen gegen Umweltzerstörung (*Kôgai taisaku kihon-hô*) 1967 war gesetzlich festgeschrieben worden, daß es Aufgabe der Regierung sei, regelmäßig über den Stand der Umweltbelastung und Umweltpolitik in einem Umweltweißbuch zu berichten. Bis zur Gründung des Nationalen Umweltamtes 1971 hatten diese Aufgabe zwölf Ministerien unter der Federführung des Gesundheitsministeriums gemeinsam wahrgenommen und detailliert über das Schadensausmaß in den industriellen Ballungszentren berichtet. Nach der Etablierung des Nationalen Umweltamts schrieb dieses die Umweltberichterstattung fort, legte aber zusätzlich zu der Bestandsaufnahme von Beginn an auch Daten und Untersuchungsergebnisse über die strukturellen Ursachen der Umweltbelastung vor. So gab es 1973 erstmals einen Gesamtüberblick über die strukturellen Belastungsfaktoren in Japan im Vergleich zu anderen OECD-Ländern (Kankyô-chô 1973, S. 41-47). Darin wird unter der Kapitelüberschrift "Wirtschaftswachstum und Umweltbelastung" der Zusammenhang von Wirtschaftswachstum, SO_2-Emissionen und der quantitativen Entwicklung von Eingaben und Beschwerden im Umweltbereich dargestellt. Es wird darauf hingewiesen, daß die Produktions-, Export- und Nachfragestruktur im Vergleich zu anderen OECD-Ländern deutlich umweltbelastender sei. Das Fazit ist eindeutig: " Es ist notwendig, statt der ökologisch destruktiven Kräfte umweltschonende Mechanismen in den Wirtschaftsprozeß zu integrieren, um einerseits eine Umweltzerstörung wie bisher zu verhindern und andererseits den Anforderungen der Bevölkerung nach einer intakten Umwelt zu entsprechen". (Kankyô-chô 1973, S.46f.). Dies war 1973. Es folgte 1974 die Forderung, als Konsequenz der hohen strukturellen Belastung die japanische Wirtschaftsstruktur ressourcen- und energiesparend umzugestalten, d.h. bereits zu diesem frühen Zeitpunkt war in der Ministerialbürokratie der Gedanke an einen ökologischen Umbau der Industriegesellschaft nicht fremd (Kankyô-chô

1974, S.33). Das Amt berichtet seither kontinuierlich nicht nur über die Entwicklung der Umweltqualität und die umweltpolitischen Aktivitäten der Regierung, sondern auch über strukturell bedingte Umweltprobleme, insbesondere über den Zusammenhang von Energieverbrauch, industriellem Wachstum und Emissionsmengen.

Die umweltpolitische Agenda

Der Überblick über die Schwerpunktthemen in den vergangenen zwanzig Jahren läßt mindestens drei große Themenblöcke erkennen, die gleichzeitig die Problemwahrnehmungen und Verschiebungen in Bedeutungszuweisungen widerspiegeln. Im Mittelpunkt der Darstellungen stand bis Ende der siebziger Jahre die innerjapanische Belastungssituation im Zusammenhang mit industriellem Wachstum und Industriestruktur. In den frühen achtziger Jahren verlagerte sich das Interesse auf städtische Lebensqualität. Thematisiert wurden spezifische Belastungen, die aus Bevölkerungskonzentration, Gemengelagen, Defiziten an sozialer Infrastruktur und Übernutzung von Flächen resultierten. Damit war auch die Diskrepanz zwischen steigendem individuellem Lebensstandard und der im internationalen Vergleich geringen Qualität der gesamtgesellschaftlichen Umweltbedingungen angesprochen.

Nach dem Bericht der OECD über den Stand der japanischen Umwelt 1977 (OECD 1977), in dem die Umweltpolitik als erfolgreich gelobt worden war, hatte ein generelles Abflauen im umweltpolitischen Interesse eingesetzt. Die Gründe waren vielfältig. Die Qualität der Luft hatte sich verbessert, um die Bürgerinitiativen war es still geworden. Das verlangsamte Wirtschaftswachstum und die Destabilisierung der Arbeitsmarktsituation begünstigten ein neues Aufflammen materieller Werte. Mit der Regierungsübernahme durch Nakasone im November 1982 wendete sich das Interesse der Ankurbelung der Inlandsnachfrage und wirtschaftlicher Deregulierung zu. Umweltpolitik "wurde vergessen" (Harada 1993, S.41). Die Wegwerfgesellschaft japanischen Typs erlebte einen neuen Aufschwung.

Tabelle 28: Schwerpunktthemen der Nationalen Umweltweißbücher
1973-1994

Jahr	Kabinett	Themen
1975	Miki	Umweltpolitik der Dekade 1975 bis 1985: laßt uns eine intakte Umwelt schaffen, schützen und weitergeben!
1976	Fukuda	Eine Umweltpolitik des Ausprobierens und der Wahlmöglichkeiten
1977	Fukuda	Neue Initiativen im Umweltschutz
1978	Ohira	Herausforderung an Japan für eine der Nachhaltigkeit geschuldete globale Zukunft
1979	Ohira	Für mehr Fortschritte in der Umweltpolitik
1980	Suzuki	Rückblick auf die Umweltpolitik
1981	Suzuki	Auf dem Weg zu einem umfassenden Umweltschutz
1982	Suzuki	Für die Entwicklung einer weit gefächerten Umweltpolitik
1983	Nakasone	Für eine Zukunft mit einer vielfältigen, reichhaltigen Natur
1984	Nakasone	Neue Antworten auf Umweltprobleme in einer reifen Gesellschaft
1985	Nakasone	Umweltbelastung und Verstädterung
1986	Nakasone	Umweltschutz in einer hoch technisierten Gesellschaft
1987	Nakasone	Neue Wege der Landesflächennutzung und Umweltschutz
1988	Takeshita	Globale Umweltzerstörung und die wirtschaftlichen Aktivitäten Japans
1989	Uno	Ökosystem und städtische Umwelt
1990	Kaifu	Perspektiven für umweltfreundliches Handeln
1991	Miyazawa	Wende zu einer umweltverträglichen Wirtschaftsgesellschaft
1992	Miyazawa	Ist eine der Nachhaltigkeit verpflichtete Industriegesellschaft realisierbar oder nicht?
1993	Hosokawa	Neue Verantwortung und Kooperation für ein Leben mit der Umwelt
1994	Hata	Auf dem Weg zu wirtschaftlichen und sozialen Aktivitäten mit wenig Umweltverbrauch

Die Stagnation der Umweltpolitik war laut Harada (1993, S.41f.) allerdings nicht nur dem neuen Ökonomismus geschuldet. Er geht davon aus, daß die konventionelle Umweltpolitik nach dem Abschied von der tonnenlastigen Industriestruktur zugunsten des Aufstiegs der Hochtechnologien an ihre Grenzen gestoßen war. Konventionell bedeutet hier, daß mit regulativen Instrumenten auf ein gesetzlich definiertes Spektrum von Umweltbelastungen, d.h. Wasser- und Luftverschmutzung, Lärm- und Geruchsbelastungen sowie Bodenabsenkungen, -verunreinigungen und Vibration, reagiert wurde und das Instrumentarium auf räumlich, zeitlich und sachlich eng definierbare Probleme hin ausgestaltet war.

Industrieller Wandel, Veränderungen in Lebensstil und Konsumverhalten sowie Motorisierung förderten jedoch neue Formen von Umweltbelastung zutage. Umweltpolitik, die einst als eine der effizientesten von allen Industrieländern galt, verlor an Treffsicherheit, weil sie auf die zunehmende Globalisierung der Bedrohung natürlicher Lebensgrundlagen durch zeitliche und räumliche Problemverschiebungen und neue Risikopotentiale hin nicht formuliert war.

Das Wissen um den Zusammenhang von Wirtschaftsstruktur, wirtschaftlichem Wachstum, Ressourcenverbrauch und Umweltbelastung war demnach frühzeitig vorhanden, es wurde in Form der Umweltberichterstattung auch der Öffentlichkeit vorgestellt. Inwieweit fand es nun Eingang in die Umweltpolitik?

Umweltpolitische Steuerung und Stagnation

In der Umsetzung der umweltpolitischen Programmatik galten in der Frühphase die klassischen Muster reaktiver Umweltpolitik: vorherrschend war ein regulatives Instrumentarium, das das Ziel verfolgte, in den definierten Bereichen der Umweltpolitik das Belastungsniveau auf die gesetzlich festgelegten Normen zu reduzieren und das Ausmaß ökologischer Schäden auf ein sozialverträgliches Maß einzudämmen. Konkret heißt dies, daß sich staatliche Umweltpolitik seit der Verabschiedung des Rahmengesetzes über Maßnahmen gegen Umweltzerstörung auf zwei zentrale Aufgabenbereiche konzentrierte: zum einen auf die Formulierung von umweltpolitischen Rahmenkonzepten sowie deren Operationalisierung durch Festlegung quantitativer Zielwerte in

Form von Immissions- und Emissionsstandards, zum anderen auf qualitative Ziele. Die Regierung kam diesen Aufgabenzuweisungen durch die Verabschiedung einer Fülle von Spezialgesetzen, die Festlegung von regionalen Umweltschutzplänen und die Formulierung von Grenzwerten für alle bedeutenden Luftschadstoffe, für den biologischen und chemischen Sauerstoffbedarf von Flüssen, Seen und Meeresgewässern, Bodenverschmutzung durch Schwermetalle, Bodenerschütterung, Bodenabsenkung und für Lärm- und Geruchsbelastung nach. Das Gesetzeswerk wurde ergänzt durch Absprachen (*kôgai bôshi kyôtei*) zwischen Kommunalverwaltungen und ortsansässigen Industriebetrieben, mit denen das Ziel verfolgt wurde, problemangepaßte Zusatzmaßnahmen zur lokalen Entlastung der Umwelt zu vereinbaren.

Das Vorgehen war selektiv: Priorität galt der Luftreinhaltung, hier besteht bis heute die höchste Regelungsdichte. An diesem Beispiel lassen sich Bedingungen, unter denen effiziente Umweltpolitik zustande kommen kann, so überzeugend demonstrieren, daß Analysen der japanischen Umweltpolitik vor allem im Ausland sich zum großen Teil nur auf diesen Bereich bezogen haben. In der Luftreinhaltepolitik trafen ein hohes Schadensausmaß durch das Auftreten von chronischen Atemwegserkrankungen in der Bevölkerung, eine Rechtssprechung, die in Präzedenzurteilen die Positionen der betroffenen Bevölkerung gegenüber der Industrie stärkte, politischer Druck auf die damalige regierende Liberaldemokratische Partei (*Jiyû minshu-tô*), wirtschaftliche Prosperität und technische Lösbarkeit des Problems zusammen (Foljanty-Jost 1988). Unter diesen Bedingungen waren vergleichsweise strenge Emissionsnormen für die wichtigsten Luftschadstoffe durchsetzbar. Sie hätten grundsätzlich eine ursachenorientierte Reaktion auf seiten der Emittenten wie radikale Energieeinsparungen hervorrufen können. Dies war nicht der Fall. Die florierende wirtschaftliche Lage der industriellen Hauptverursacher und die geringe Arbeitslosenquote ermöglichten einen technischen Lösungsweg über die Entwicklung und Installation von Rauchgasentschwefelungs- und später von Entstickungsanlagen. Die Erfolge im Luftreinhaltebereich waren beachtlich. Dies zeigt sich bei SO_2 und Stickoxiden, den mengenmäßig neben CO_2 bedeutsamsten Schadgasen. Weitaus weniger spektakulär waren die Ergebnisse in den anderen Bereichen der Umweltpolitik. Keine Übereinstimmung mit den Grenzwerten liegt mit wenigen Ausnahmen bei Fluglärm im Bereich von Flughäfen vor. Ebenfalls durchgängig nicht erreicht werden die Grenzwerte für Lärmbelastung durch Hochgeschwindigkeitszüge. Die Gewässerqualität vor allem der Binnenseen ist noch immer unbefriedigend. Ungelöst sind auch Belastungen im Bereich von Bodenvibration, Gerüche und Boden. Und nicht einmal die bemerkenswerten Reduzierungen der Luftqualität in den Ballungsgebieten können allein den regulativen Vorgaben der Regierung zugeschrieben werden. Es herrscht heute Übereinstimmung, daß die

Ölpreisverteuerungen von 1974 ebenso ihren Anteil an der Verminderung der Luftbelastung gehabt haben, da sie Antriebskraft für einen rationelleren Energieeinsatz in der Industrie waren.

Das Nationale Umweltamt selbst stellte im Rückblick fest, daß es weitaus mehr als Politik der Preis war, der das Engagement der Großemittenten für Energieeinsparungen in Gang setzte. Trotz dieser Einsicht fanden ökonomische Instrumente keinen Eingang in die Umweltpolitik. Das Instrumentarium blieb regulativ und die Umsetzung auf technische Lösungen konzentriert. Auf weitreichendere Steuerungsinstrumente zur präventiven Umsteuerung der industriellen Produktion und des privaten Konsumverhaltens wurde verzichtet. Das betrifft nicht nur die Einführung von Umweltabgaben u.ä., das betrifft auch den Verzicht auf verbindliche präventive Kontroll- und Planungsinstrumente wie die Umweltverträglichkeitsprüfung. Der bislang einzige Ansatz einer Umweltabgabe war die Emissionsabgabe für Schwefeldioxid, die zwischen 1974 und 1988 erhoben wurde, um die staatlichen Kompensationszahlungen an Menschen zu decken, die als Folge von Luftverschmutzung an chronischen Atemwegserkrankungen litten. Die Abgabe war konzipiert worden ohne weitergehende umweltpolitische Steuerungsabsicht (Foljanty-Jost 1988). Ihr Zweck war von Beginn an klar und pragmatisch formuliert: als "vorübergehende Dringlichkeitsmaßnahme zur Lösung akuter Probleme" sollte sie ausschließlich den Finanzierungsfond für die sogenannte "Umweltrente" speisen. Ihr Potential als Instrument präventiver Umweltpolitik lag jedoch darin, daß die Zahlung nicht an die einzelbetriebliche Einhaltung der Emissionsstandards gebunden war. Selbst wenn ein Emittent die Grenzwerte einhielt oder gar unterschritt, blieb er doch im Umfang seiner Emissionen abgabepflichtig, solange es Luftverschmutzungskranke gab (Foljanty-Jost 1989). Ob die Abgabe allerdings tatsächlich aus diesem Grunde einen positiven Einfluß auf die Reduzierungen der SO_2-Emissionen gehabt hat, bleibt ungeklärt (OECD 1994b, S.58). Die Emissionsabgabe wurde 1988 abgeschafft, da die Industrie erfolgreich geltend machen konnte, daß durch die Reduzierungen in der SO_2- Belastung ein kausaler Zusammenhang zwischen den Erkrankungen und den Emissionsmengen nicht mehr als erwiesen anzusehen sei.[23] Eine Aufrechterhaltung oder Modifizierung des Instruments im Sinne einer Umweltabgabe oder Ökosteuer beispielsweise für Primärenergie, ist nicht in Erwägung gezogen worden. Auch auf andere Varianten ökonomischer Steuerung wurde verzichtet.

---

23 Sie ist durch eine Stiftung ersetzt worden, die Umweltschutzvorhaben fördern und Krankheitsfälle sozial abfedern soll.

Auf der Produktebene wird der Kauf von abgasarmen Kraftfahrzeugen steuerlich begünstigt. Darüber hinaus aber existieren keine Formen von Abgaben, Gebühren etc., die sich an Unternehmen des Verarbeitenden Gewerbes richten. Auch in die Preisgestaltung von Produkten des alltäglichen Bedarfs wird aus ökologischen Motiven heraus bislang nicht interveniert. In Japan existiert z.B. bislang kein Rückgabesystem für Pfandflaschen[24] und auch keine Abgaben auf Verpackungsmaterial. Gebühren für Haushaltsmüll und Entwässerung werden entweder gar nicht erhoben, sondern von den Kommunen übernommen, oder gelten als zu gering, um verhaltenssteuernd zu wirken. Angaben über die Entsorgungskosten für Gewerbetreibende liegen nicht vor. So bedauert auch die OECD in ihrem jüngsten Bericht über die Umweltpolitik der japanischen Regierung, daß die Chance, über Gebühren, Abgaben oder Steuern Einfluß auf den Ressourcenverbrauch sowohl der Industrie als auch der privaten Verbraucher zu nehmen, kaum genutzt wird (OECD 1994, S.190).

Umweltplanungen in Form der sogenannten Pläne zur Verhütung von Umweltzerstörung (*kôgai bôshi keikaku*) haben stets reaktiv eine planvolle Umsetzung von Umweltschutznormen und öffentlichen Umweltschutzmaßnahmen zum Ziel gehabt[25]. Sie waren weder mit anderen Planungen verzahnt, noch haben sie präventiv strukturpolitisch relevante Ansätze integriert.

Umweltpolitisch – das wäre das Zwischenfazit – war der industrielle Strukturwandel zwischen 1974 und 1985 durch ein differenziertes und strenges Grenzwertsystem flankiert. Darüber hinaus lag die Bedeutung der Umweltpolitik während der Jahre der auffallendsten Entkopplungen von Ressourcenverbrauch und industrieller Wertschöpfung vor allem in der Erschließung und Verarbeitung umweltrelevanter Daten und Entwicklungstendenzen. Das Nationale Umweltamt wirkte mit seiner Umweltberichterstattung als Trendsetter für umweltpolitische Themenkonjunkturen.

---

24 Eine Ausnahme bilden Bierflaschen und Reisschnapsflaschen.
25 Die Pläne werden seit Verabschiedung des Rahmengesetzes über Maßnahmen gegen Umweltzerstörung für besonders belastete Gebiete formuliert. Schwerpunkt ist die Planung und Mittelallokation für Maßnahmen in den Bereichen Abfallentsorgung, Lärmschutz und Abwässerreinigung. Bis heute bestehen Pläne für Gebiete, die zwar nur 9% der Landesfläche, aber 55% der Bevölkerung und 61% des industriellen Umsatzes repräsentieren. Vgl. Kankyô-chô 1994a, S. 20ff.

Die umweltpolitische Wiederbelebung nach 1988

Die Wende kam 1988. Nach Untersuchungen der Tôkai-Universität, die die Umweltberichterstattung in den drei größten Tageszeitungen in der Zeit von Juli 1987 bis Juni 1990 sowie in den Umweltweißbüchern zwischen 1972 und 1990 auswertete, fand im Jahr 1988 ein auffallender quantitativer Sprung nach oben statt. Das neue Thema hieß nun globale Umweltzerstörung und der Anteil der japanischen Wirtschaft an dieser Entwicklung. Das Parlament begann 1988 und 1989, Probleme wie die Zerstörung der Ozonschicht, Klimaveränderungen und sauren Regen zu diskutieren. Das Umweltweißbuch von 1990 trägt dem neuen Aufschwung und der Diversifizierung in der umweltpolitischen Diskussion auch optisch Rechnung: der Bericht erscheint seither zweibändig. In einem ersten Überblicksband (*sôsetsu* - Gesamtschau) werden die aktuellen Schwerpunktthemen vorgestellt und analysiert, im zweiten Band (*kakuron* - Einzeldarstellungen) werden jeweils Belastungsstand und Gegenmaßnahmen in den klassischen Belastungsbereichen fortgeschrieben. In der ersten, in dieser Form aufgewerteten Gesamtdarstellung wird 1990 der Zusammenhang zwischen der japanischen Import- und Konsumstruktur und dem rapiden Abbau der südostasiatischen Regenwälder dargestellt. Es werden Daten präsentiert, die Japan als einen der Hauptverantwortlichen für die weltweite Ausbeutung natürlicher Ressourcen durch die extensive Nachfrage nach Tropenhölzern, geschützten Tier- und Pflanzenarten, hochwertigen Fischen und Fischprodukten zeigen (Environment Agency 1990, S.33f.). Aus der Berichterstattung wird deutlich, daß es das absolute Verbrauchsniveau ist, was die ökologische Brisanz der japanischen Wirtschaft ausmacht. Japan nimmt nicht nur mit seiner Industrieproduktion, sondern auch mit seinem Verbrauch an fossilen Brennstoffen und umweltbelastenden Produktionen wie Papier, Rohstahl und Zement weltweit eine Spitzenposition ein. Es waren dies die Informationen, die erklären, warum das Engagement der Regierung deutlich zunahm, je mehr die Klimakonferenz von Rio näherrückte und bekannt wurde, daß Japan als zweitgrößte Wirtschaftsmacht der Welt gefordert sein würde, verbindliche Aussagen über seinen Anteil an der Reduzierung des weltweiten Energie- und Ressourcenverbrauchs und seine Initiativen zum globalen Umweltschutz zu machen.

Die Regierung betraute zunächst das Nationale Umweltamt damit, die Grundlagen der neuen japanischen Umweltpolitik vorzubereiten. Das Amt beauftragte im Dezember 1991 seine beiden Expertengremien, den Zentralrat für Umweltfragen (*Chûô kôgai taisaku shingi-kai*) sowie den Rat zum Schutz der natürlichen Umwelt (*Shizen kankyô hozen shingi-kai*), mit einem

Gutachten zur künftigen Umweltpolitik in der Ära der Globalisierung von Umweltproblemen. Beide Beratungsgremien gingen davon aus, daß das zentrale Ziel die Schaffung einer umweltverträglichen Gesellschaft sein müsse. Zu diesem Zweck forderten sie einen strukturellen Wandel der gegenwärtigen übersteigerten Konsumgesellschaft mit Hilfe einer ganzheitlichen und planvollen Umweltpolitik. Ihre erste Kernforderung lautete, daß eine Umweltverträglichkeitsprüfung bei privaten und öffentlichen Vorhaben generell verpflichtend gemacht werden müsse. Die zweite zielte auf die Einführung einer Umweltschutzabgabe, von der sie sich eine Steigerung der Motivation für Umweltschutz erwarteten. Das Gutachten stieß auf den Widerstand anderer Ministerien, die den Eingriff in ihre Kompetenzen kritisierten und entsprechend Vorschläge wie die Formulierung rechtsverbindlicher nationaler Umweltmanagementpläne scharf ablehnten.[26] Insbesondere die Empfehlung, ökonomische Steuerungsinstrumente in Zukunft in die Umweltpolitik aufzunehmen, um eine wirksame Lösung globaler Umweltprobleme zu unterstützen, rief einen Sturm der Empörung beim MITI und den Branchenverbänden hervor, die nach eigenen Worten eine "rechtsverbindliche Einführung beispielsweise einer Energiesteuer für völlig unangemessen" hielten (Takeuchi 1993, S.47). Vor diesem Hintergrund ist es nachvollziehbar, daß im Juni 1992 auch das MITI drei der gewichtigsten Beiräte, nämlich den Industriestrukturrat (*Sangyô kôzô shingi-kai*), den Energieuntersuchungsausschuß (*Sôgô enerugii chôsa-kai*) und den Rat für Industrie und Technik (*Sangyô gijutsu shingi-kai*) beauftragte, ein Konzept für die Energie- und Umweltpolitik zu erarbeiten, das Wirtschaftswachstum, Energieverbrauch und Umweltschutz miteinander harmonisieren sollte. Nach der Klimakonferenz von Rio spitzte sich die innerjapanische Diskussion verstärkt auf die Formulierung eines neuen Umweltrahmengesetzes hin zu. Gleichzeitig verschärfte sich im Verlauf der Auseinandersetzung der Konflikt zwischen den beteiligten Ministerien bzw. Ämtern deutlich. Im Mittelpunkt der Kontroverse standen die Forderungen des Nationalen Umweltamtes nach einer Verrechtlichung der Umweltverträglichkeitsprüfung sowie der Einführung von Umweltabgaben. Es unterfütterte seine Position mit Informationen in den Umweltweißbüchern, in denen zwischen 1991 und 1994 detailliert über den Anteil der japanischen Wirtschaft am globalen Ressourcenverbrauch berichtet wurde. Das Amt forderte ab 1991 angesichts des engen Zusammenhangs zwischen dem Produktions- und Konsumptionsverhalten in Japan und der globalen Umweltproblematik, in wirtschafts- und gesellschaftspolitische Entscheidungen die ökologische Dimension einzubeziehen. Unterstützt, aber auch in Konsequenz und Kompromißlosigkeit überholt, wurden die Positionen des Amtes vor allem

---

26 So vor allem das Wirtschaftsplanungsamt und das Amt für Raumordnung. Vgl. Takeuchi 1993, S.46.

von der kritischen Umweltforschung sowie Verbänden und Medien aus dem Umfeld der Sozialistischen und Kommunistischen Partei Japans.[27] Die Einführung ökonomischer Instrumente in die Umweltpolitik wurde von diesen Gruppen explizit als Weg zur politischen Durchsetzung einer umweltverträglichen Industrie- und Gesellschaftsstruktur gefordert. Ein zentrales Instrument zu ihrer Durchsetzung müßten Umweltabgaben sein (Amano 1993).

Demgegenüber legten die Beratungsgremien des MITI ein Gutachten vor, in dem empfohlen wird, auf die Einführung einer Umweltsteuer zu verzichten. Das MITI setzte sich, unterstützt vom Transport- und Bauministerium und den Unternehmerverbänden, durch. In der politischen Umbruchsituation des Jahres 1993 distanzierte sich sogar die Sozialistische Partei (*Shakai-tô*) von der Position des Nationalen Umweltamts. Die Partei hatte zwar noch im Januar 1993 überraschend beschlossen, einen eigenen Entwurf zum Rahmengesetz über den Umweltschutz und über die Umweltverträglichkeitsprüfung im Parlament einzubringen, um ihrer Kritik am Regierungsentwurf Ausdruck zu verleihen. Sie konnte sich jedoch, anders als die damaligen kleinen Oppositionsparteien *Nihon shintô* und *Shaminren*, nicht zu einer Befürwortung einer allgemeinen Umweltabgabe durchringen. Statt dessen forderte sie ergänzend zu dem Regierungsentwurf die Verankerung eines Grundrechts auf eine unversehrte Umwelt (*kankyô-ken*), ein Bekenntnis zu einem beschleunigten Ausstieg aus der Nutzung der Atomenergie sowie die Berücksichtigung von steuerlichen Begünstigungen für Umweltschutzinitiativen.[28]

Das neue Umweltrahmengesetz (*Kankyô kihon-hô*) wurde im November 1993 verabschiedet. Als Rahmengesetz ist es zwar formal Spezialgesetzen gleichgestellt, fungiert faktisch aber als Orientierungsrahmen für Einzelgesetze, so daß mit ihm die Grundlagen für Japans Umwelt- und Ressourcenpolitik im 21. Jahrhundert formuliert sind (Kobayakawa 1993, S.57). Die Zweckbestimmung weicht kaum von dem 1967er Gesetz ab: es ist Aufgabe des Gesetzes, zu einem kultivierten und gesunden Leben der Bevölkerung durch die Regelung eines umfassenden und planvollen Umweltschutzes beizutragen. Neu ist die Definition des Regelungsbereichs.

---

27 So widmete die renommierteste juristische Fachzeitschrift "Jurisuto" 1993 und 1994 der Umweltpolitik jeweils ein Schwerpunktheft, in dem sich führende Experten für die Einführung von Umweltverträglichkeitsprüfung und Umweltabgaben einsetzen. Vgl. Jurisuto vom 15.1.1993 (Nr.1015) und Jurisuto vom 15.3.1994 (Nr.1041).

28 Diese Forderungen sind seit dem Eintritt der Partei in die Regierungskoalition nach dem Regierungswechsel von 1993 faktisch obsolet geworden.

War der Gegenstand von Umweltpolitik bislang auf die Bekämpfung von Umweltbelastungen in den Bereichen Luft, Wasser, Boden und Bodenabsenkungen, Erschütterung, Lärm und Geruch beschränkt, so wird in dem neuen Gesetz explizit der Regelungsbereich auf die globale Umwelt ausgeweitet.

Der Artikel 3 basiert auf der Einschätzung, daß für ein gesundes und kultiviertes Leben eine vielfältige und intakte Umwelt unabdingbar sei. Die Lebensbedingungen beruhten auf einem sensiblen ökologischen Gleichgewicht, das einerseits Grundlage für die Existenz der Menschheit, andererseits aber durch konkurrierende Nutzungsanforderungen gefährdet sei. Die entscheidende Neuerung im Gesetz dürfte das Bekenntnis in Artikel 4 zu einer Gesellschaft, die dem Prinzip der Nachhaltigkeit verpflichtet ist, sein. Bei wirtschaftlichen, gesellschaftlichen und technologisch-wissenschaftlichen Aktivitäten sei die Umweltverträglichkeit und der Ressourcenschutz stets zu berücksichtigen. In Artikel 5 wird eine besondere Verantwortung Japans für den globalen Umweltschutz anerkannt, die aus der wirtschaftlichen Bedeutung des Landes und dem Niveau seiner industriellen Produktion erwächst. In diesen beiden Artikeln geht das neue Rahmengesetz zweifellos über das Gesetz von 1967 hinaus und spiegelt den umweltpolitischen Problem- und Diskussionsstand der späten achtziger Jahre wider. Unter Abschnitt 2 "Grundlegende Maßnahmen zum Umweltschutz" finden sich dagegen bereits vertraute Bestimmungen zum Immissionsschutz, zum Umweltmanagement und zur Kompetenzverteilung zwischen den verschiedenen Verwaltungsebenen. Danach bleibt es Aufgabe der zentralstaatlichen Ebene, grundlegende politische Maßnahmen zu formulieren und zu fördern und Umweltqualitätsnormen festzulegen. Das formulierte Umweltschutzpensum von Staat, Präfekturen und Kommunen ist beachtlich: eine vielfältige natürliche Umwelt soll durch den Schutz der Biosphäre und den Schutz von Pflanzen und Tierarten erhalten werden, zum globalen Umweltschutz soll u.a. durch Ausbildung und Entsendung von Experten und durch technische Zusammenarbeit beigetragen werden (Art.32), Umweltschutzaktivitäten der Bevölkerung sollen gefördert (Art.25), unternehmerische Umweltschutzinitiativen unterstützt werden (Art.26). Zur umstrittenen Umweltverträglichkeitsprüfung heißt es in Artikel 20, daß die Unternehmen bei Veränderungen der Flächennutzung, Neubauten u.ä. die Auswirkungen auf die Umwelt beachten und gegebenenfalls angemessene Maßnahmen ergreifen sollen. Die Frage der Umweltabgaben wird direkt nicht erwähnt. Es heißt lediglich, daß im Falle der Notwendigkeit von Maßnahmen zur Verhütung industrieller Umweltbelastungen die Auswirkungen auf die Wirtschaft geprüft werden müssen (Art. 22.2). Partizipationsrechte der Bürger sowie ein Recht auf (unversehrte) Umwelt (*kankyô-ken*) sind in dem Gesetz nicht enthalten. Die Veröffentlichung von Informationen sowie eine Erweiterung der umweltpolitischen Kompetenzen der Kommunen wurde vermieden. Es überwiegen Formulierungen wie "sich bemühen", "sich anstrengen" usw..

Das Gesetz ist damit ein Kompromiß: Umwelt- und Ressourcenschutz, das Hauptanliegen des Nationalen Umweltamtes, sind als Leitlinie für wirtschaftliches Handeln aufgenommen worden. In der Konkretisierung allerdings haben sich das MITI, das Transport- und das Bauministerium ebenso wie die Unternehmensverbände durchgesetzt. So beklagte eine der größten japanischen Tageszeitungen, die *Asahi shinbun*, in einem in der Ausgabe vom 14.11.1993 erschienenen Kommentar zu der Verabschiedung des Gesetzes auch, daß die Gunst der Stunde nach der Klimakonferenz von Rio nicht genutzt wurde.

Umweltpolitik hat mit diesem Gesetz dennoch einen entscheidenden Paradigmenwechsel erfahren: das Prinzip der Nachhaltigkeit ist explizit als Ziel politischen und wirtschaftlichen Handelns festgeschrieben worden. Die Rolle des Staates bei der Durchsetzung ist geprägt durch "weiche" Instrumente der Information, Empfehlung und Schaffung von Anreizen.

Abbildung 31: Struktur des Umweltrahmengesetzes von 1993

Ziele
Wahrung der heutigen und zukünftigen natürlichen und kulturellen Lebensbedingungen Beitrag zum Wohle der Menschheit

Grundideen		
Freude und Genuß an der Umwelt und ihr Erhalt	Schaffung einer Gesellschaft, die eine nachhaltige Entwicklung mit geringer Umweltbelastung ermöglicht	Globale Umweltschutzförderung durch internationale Kooperation

Handlungsrichtlinien		
-Die Wahrung einer vielfältigen intakten Umwelt als unabdingbare Voraussetzung für gesunde, kultivierte Lebensbedingungen - ökologisches Gleichgewicht, begrenzte natürliche Lebensgrundlagen zur Sicherung des Fortbestandes der Menschheit - Angst vor Lebensqualitätsverlust	- Schaffung einer dem Prinzip der Nachhaltigkeit verpflichteten Gesellschaft - freiwillige, aktive Maßnahmen bei gerechter Lastenverteilung zur Reduzierung der Umweltbelastung	- gemeinsame Aufgaben der Menschheit bei der Wahrung der zukünftigen Lebensgrundlagen - enge Verflechtung der japanischen Wirtschaft mit der Welt
- Bewahrung der Freude und des Genusses an der Umwelt für die Menschen heutiger und künftiger Generationen - Erhalt der natürlichen Existenzgrundlagen der Menschheit	- Wahrung einer intakten, vielfältigen Umwelt - wirtschaftliche Entwicklung mit geringer Umweltbelastung - präventiver Umweltschutz nach dem Stand der Wissenschaft	- Förderung internationaler Zusammenarbeit - Aktivierung japanischer Fähigkeiten

Aufgaben			
Aufgaben der Zentralregierung: Grundlegende, umfassende Maßnahmen	Aufgaben der Selbstverwaltungskörperschaften: den regionalen, natürlichen Bedingungen angepaßte Maßnahmen	Aufgaben der Unternehmer: Verhütung von industrieller Umweltbelastung und Umweltschutz	Aufgaben der Bevölkerung: Reduzierung der Umweltbelastung im Alltag

Grundlegende Maßnahmen		
Sicherung der organischen Verknüpfung aller Maßnahmen planvolles, vernetztes Vorgehen	Sicherung der Artenvielfalt Schutz der Teilbereiche der Natur	Sicherung eines vielfältigen Austauschs von Mensch und Natur

Politische Programmpunkte

Horizontale Maßnahmen	Umweltrahmenplan Umweltstandards	Pläne zur Verhütung von Umweltbelastung
Zentralstaatliche Ebene	- Umweltverträglichkeitsprüfung - Förderung unternehmerischer Eigeninitiativen - wirtschaftliche Maßnahmen - Förderung des Marktzugangs für umweltfreundliche Produkte - internationale Kooperation	- Information - Regelungen - Kontrolle - Konfliktlösung - Umwelterziehung
Selbstverwaltungskörperschaften	- Kooperation mit der Regierung und anderen Selbstverwaltungskörperschaften - Finanzhilfen	

© Martin-Luther-Universität Halle/ Japanologie

Nach Ishino 1994, S. 57

4.2. Industriepolitik als ökologische Strukturpolitik?

Weitaus mehr als mit der Umweltpolitik kann traditionell mit Hilfe der Industriepolitik wirtschaftliches Handeln beeinflußt werden, fallen doch alle entscheidenden industrie- und umweltpolitischen Kompetenzen für das Verarbeitende Gewerbe in die Zuständigkeit des Ministeriums für Internationalen Handel und Industrie, das als vermeintliche Schaltzentrale des japanischen Wirtschaftssystems seit langem Objekt wissenschaftlichen Interesses, aber auch von Mystifizierung und Legendenbildung ist (Johnson 1982; Okimoto 1989; Namiki 1989).

Die Politik des Ministeriums war nach der Phase unmittelbarer staatlicher Eingriffe in Preisgestaltung und Ressourcenallokation während der Rekonstruktion der japanischen Wirtschaft 1945 bis 1960 in den sechziger Jahren dem Ziel gefolgt, optimale Rahmenbedingungen für wirtschaftliches Wachstum, insbesondere in der Schwer- und Chemieindustrie, zu gewährleisten (Komiya, Okuno, Suzumura 1988, Teil 1). Das traditionelle Wachstumsmuster, das durch die staatliche Förderung der Grundstoffgüterindustrie einen erfolgreichen "Aufholkampf" gegen die anderen Industrieländer versprach, geriet allerdings bereits in den frühen sechziger Jahren in die Negativschlagzeilen, als erstmals im Umfeld von petrochemischen Komplexen bei der Bevölkerung Gesundheitsschäden auftraten, die Folge der Luftbelastung waren.

Die industriepolitische Agenda bis 1986

Eine Thematisierung des Zusammenhangs von Wirtschaftswachstum, Energieverbrauch und Umweltbelastung begann im industrie- und wirtschaftspolitischen Bereich etwa 1970. In diesem Jahr wurden im Parlament eine Reihe von umweltrelevanten Gesetzen verabschiedet, ein Jahr später war mit der Gründung des Nationalen Umweltamts die Institutionalisierung von Umweltpolitik als eigenständigem Politikfeld praktisch abgeschlossen. In dieser Phase, die von starken Protesten der Bevölkerung gegen die akuten

Umweltbelastungen begleitet war, griffen zahlreiche Ministerien in ihren Berichterstattungen die Umweltproblematik auf. So legte das federführende Wirtschaftsplanungsamt im Wirtschaftsweißbuch von 1970 Daten über das Verhältnis von Bruttowertschöpfung und Primärenergieverbrauch zwischen 1955 und 1968 vor (Keizai kikaku-chô 1970, S.205), im Weißbuch 1971 widmete das Wirtschaftsplanungsamt unter dem Titel "Verstädterung und industrieller Wandel" ein ganzes Kapitel den strukturellen Umweltbelastungen. Dargestellt ist der Einfluß von privatem Konsum, Investitionen und Export auf den Anstieg der SO_2- Emissionen zwischen 1965 und 1970 (Keizai kikaku-chô 1971, S.167).

Die Reichweite des damaligen Problembewußtseins demonstriert auch die strukturpolitische Perspektivkonzeption für die siebziger Jahre. Diese in der englischen Übersetzung als "visions" übersetzte Planung des MITI verließ weitaus stärker als die Wirtschaftsweißbücher das Terrain wirtschaftspolitischer Prognosen und Bestandsaufnahmen und stellte die industriepolitischen Zukunftsperspektiven der nächsten zehn Jahre in engem Zusammenhang mit der gesamtgesellschaftlichen Entwicklung dar. Unter dem Einfluß von dramatischen Umweltschäden, zunehmendem Standortmangel für das Verarbeitende Gewerbe sowie Agglomerationsproblemen, gab das MITI seinen Vorstellungen von den Grundlagen künftiger gesellschaftlicher Entwicklung einen Namen: Schaffung einer "wissensintensiven Industriestruktur" lautete das Ziel, auf das der Industriestrukturplan für die bevorstehenden zehn Jahre hin zugeschnitten war (Tsûshô sangyô-shô 1971). Damit lag erstmals ein politisches Konzept strukturellen Wandels vor, das eine Ablösung der rohstoff- und energieintensiven Wachstumsbranchen der sechziger Jahre durch sogenannte "wissensintensive" Industriezweige vorsah. Kernpunkte des Konzepts waren Förderung von energie- und rohstoffsparenden Verfahren und Technologien, Förderung von wissensintensiven statt materialintensiven Industriezweigen und Abbau der Inlandsproduktion von Grundstoffgütern durch Auslagerung bzw. verstärkten Import (Tsûshô sangyô-shô 1971).

Motivation für den industriepolitischen Paradigmenwechsel zu diesem frühen Zeitpunkt war die Einschätzung, daß das hohe Wachstum der sechziger Jahre ohne strukturelle Veränderungen nicht aufrechtzuerhalten sei. Die desolate Umweltsituation, wachsende Standortprobleme und die zunehmende Konfliktbereitschaft der Bevölkerung in Industriegebieten wurden explizit als Wachstumshemmnisse der Zukunft benannt.[29]

---

29 Zu dem damaligen Umweltkonflikt vgl. McKean 1981.

Der sogenannte Ölschock von 1973 beschleunigte die industriepolitische Umorientierung. Unter dem Eindruck der drastischen Verteuerung von Energie- und Rohstoffpreisen, hoher Inflation und Einführung flexibler Wechselkurse, überarbeitete der Industriestrukturrat im Auftrag des MITI sein Konzept und legte 1974 ein neues Gutachten vor, in dem er die Industriepolitik der sechziger Jahre als zu einseitig und unbefriedigend kritisierte und einen drastischen Abbau der alten Wachstumsbranchen vorschlug. Konkret forderte er sowohl einen Produktionsabbau in rohstoff- und energieintensiven Bereichen als auch eine staatliche Förderung von Prozeß- und Produktmodernisierungen in diesen Branchen mit dem Ziel der Ressourceneinsparungen (Tsûshô sangyô-shô 1974). Bis zum Langzeitkonzept des Industriestrukturrats 1976 wurden die Umweltbelastungssituation und sich daraus ergebende Wachstumsstörungen weiterhin als wichtige Bezugspunkte für Industriepolitik genannt. So hieß es in der industriepolitischen "Vision" des MITI von 1976: "Dieses Konzept bezieht sich auf die vor uns liegenden zehn Jahre. Es soll die Richtung der Industriepolitik und der industriellen Entwicklung angeben, damit eine harmonische Einbeziehung von Umwelt, Ressourcen- und Energieproblemen und Standortfragen ermöglicht wird und die Bedürfnisse der Bevölkerung befriedigt werden" (Tsûshô sangyô-shô 1974, Vorwort).

Unter der Kapitelüberschrift "Environmental Protection" wurden im Wirtschaftsplan für die zweite Hälfte der siebziger Jahre, der im gleichen Jahr vom Wirtschaftsplanungsamt herausgegeben wurde, gar Ziele formuliert, die sich wie ein Bekenntnis zu strukturpolitischem Umweltschutz lesen:

"Comprehensive execution of policies for the conservation of the environment requires not only the strengthening of measures for the control of pollutants, but also ... an evolution toward an industrial structure that economizes the use of resources and energy as well as other steps that are basically important." (Economic Planning Agency 1976, S.36).

Gleichzeitig war dieser Plan aber vorerst der letzte, der Ziele des Umweltschutzes noch explizit thematisiert. Bereits ab 1974 war die Umweltfrage zunehmend gegenüber dem Problem der Wachstumssicherung im Zeichen veränderter Weltmarktbedingungen in den Hintergrund geraten. Letzteres wurde zum herausragenden Motiv für staatlich geförderten industriellen Strukturwandel. In der "Vision" für die wirtschaftliche und gesellschaftliche Entwicklung aus dem Jahr 1978 wurden gesellschaftspolitische und ökologische Belange nur noch allgemein erwähnt. Ganz offensichtlich wird die Entthematisierung von Umweltschutz in den "industriepolitischen Perspektiven für die achtziger Jahre" (*80 nendai no tsûsan seisaku bijon*). Diese nehmen unter den verschiedenen mittelfristigen und langfristigen Planungen insofern eine herausgehobene Stellung ein, als daß sich hier erstmals das MITI unter dem Schlagwort "*sekai no ichiwari kokka no tanjô*" (Die Geburt einer Nation, die 10% der Weltwirtschaft repräsentiert) offiziell als Vertreter der neuen Wirtschaftsgroßmacht Japan vorstellt. Es erklärt die "Aufholphase" der japanischen Wirtschaft, die nach der Meiji-Restauration 1868 begonnen hatte, für beendet, in der die Unterordnung aller konkurrierender gesellschaftlicher Interessen mit dem ökonomischen Wachstumsziel legitimiert worden war (Tsûsan sangyô-shô 1980, S.3). Als zentrale Aufgaben Japans in seiner neuen Rolle formuliert das Ministerium die Sicherung der wirtschaftlichen Dynamik, die Lösung der Herausforderung, ein ressourcenarmes Land zu sein, sowie die Koexistenz von "Vitalität und Freiräumen" (*katsuryoku to yutori no ryôritsu*). Energieeinsparung und Diversifizierung der Energieträger werden als Strategien zur Sicherung der Rohstoffgrundlagen für die japanische Industrie zwar behandelt, eine Verknüpfung mit Umwelt- und Ressourcenschutz fehlt allerdings vollständig. Die "industriepolitischen Perspektiven für die achtziger Jahre" signalisieren das Einsetzen einer Entthematisierung von Umweltschutzaspekten in der industriepolitischen Programmatik.

In den Konzeptionen und Plänen für die industrielle Entwicklung tauchen seitdem "Ökologie" und "Umweltschutz" als eigenständige Themenblöcke nicht mehr auf. Selbst in dem dritten komplexen Szenario für die japanische Gesellschaft seit 1945[30], das das Wirtschaftsplanungsamt 1987 herausgab, wird der Beitrag der japanischen Wirtschaft zur internationalen Gemeinschaft bemerkenswerteweise ausschließlich ökonomisch wie im Hinblick auf den Abbau von Handelsfriktionen definiert. Der Gedanke einer ökologischen Verantwortung für wirtschaftliches Handeln fehlt zu diesem Zeitpunkt noch vollständig. Hier wie in allen vorherigen Plänen und Verlautbarungen bleibt der Energie- und Rohstoffsicherung zwar stets ein Passus vorbehalten. Einsparungen werden jedoch auf ihre Rolle bei der Beseitigung von (energie)preisbedingten Wachstumshemmnissen reduziert.[31] Und auch die regelmäßig erscheinenden Energiebedarfsprognosen und die Branchenanalysen während dieser Phase enthalten keine umweltpolitischen Bezüge.

---

30 Der erste Plan von 1959 gilt als konzeptionelle Grundlage des wirtschaftlichen Wiederaufstiegs Japan nach 1945. Ein schon legendärer Bestandteil war der sogenannte Einkommensverdopplungsplan, der die Hochwachstumsphase nach 1960 begleitete. Der zweite Plan von 1982 beinhaltete unter dem Titel " Japan im Jahr 2000" (*2000nen no Nihon*) einen "großen Entwurf" der japanischen Gesellschaft nach dem Ende der wirtschaftlichen Aufholphase unter Berücksichtigung von Überalterung, Internationalisierung und gesellschaftlichem Reifungsprozeß.
31 So zuletzt: Keizai kikaku-chô (Hrsg.) 1987, S.65 ff.

Die Umsetzung industriepolitischer "Visionen"

Die Strategien zur Umsetzung der wissensintensiven Industriestruktur wurden nach der ersten Ölpreiskrise in Fortschreibungen des Konzepts mit den Schlagworten "softwarization", "tertiarization" und "servicization" belegt (Economic Planing Agency 1983). Konkret ging es um:

1. die Ablösung der dominanten Rolle der kapitalintensiven Schwer- und Chemieindustrie als Wachstumsbranchen;

2. den Aufbau einer Produktionsstruktur, deren Schlüsselindustrien innovativ, wertschöpfungsintensiv und ressourcenschonend sind;

3. eine Erhöhung der staatlichen Förderung von Forschung und Entwicklung im Bereich der Hochtechnologien sowie

4. die Umwandlung von einer Waren exportierenden zu einer Know-How-exportierenden Industriegesellschaft (Tsûshô sangyô-shô 1976).

Nach Tsuruta (1989, S.98) waren die industriepolitischen Instrumente gegenüber der Industrie in dieser Phase primär nicht mehr durch Steuerung mit Hilfe von finanziellen Anreizsystemen geprägt, sondern durch "weichere" Einflußnahme, d.h. das MITI stützte sich vor allem auf die Sammlung, Verarbeitung und Bereitstellung von Informationen sowie auf sogenannte administrative Empfehlungen (*gyôsei shidô*), um einen beschäftigungspolitisch abgefederten Strukturwandel zu fördern. Hauptfeld direkter staatlicher Intervention wurde die Energiepolitik. Sie war an drei Zielen ausgerichtet, nämlich der Sicherung einer stabilen Energieversorgung, der Förderung von Energieeinsparung und dem forcierten Einsatz von Ölsubstituten. Diese Ziele wurden in konkrete Handlungsschritte umgesetzt. Dabei kamen die Strategien der fünfziger Jahre, als es um den Aufbau der Schwer- und Chemieindustrie gegangen war, zu neuen Ehren: wie schon damals wurden für die Ablösung der alten Wachstumsbranchen durch die neuen wissensintensiven Industriezweige im Bereich der Elektronik, des Maschinenbaus und des Fahrzeugbaus drei Strategien eingesetzt:

— Gezielte Förderung durch Steuer- und Abschreibungsvorteile

— Zusammenarbeit mit der Industrie in Forschung und Entwicklung neuer Technologien in Gemeinschaftprojekten

— Geordneter Rückzug der ausgedienten Wachstumsbranchen durch Kartellbildung, Produktions-, Preis- und Investitionsabsprachen sowie

— Anpassungshilfen für strukturschwache Branchen.

Grundlage waren das Gesetz über Sondermaßnahmen zur Stabilisierung strukturschwacher Industriezweige von 1978 sowie das gleichzeitig in Kraft getretene Gesetz über die Förderung der Maschinenbau- und Informationsindustrie, die dem Staat begrenzt auf einen Zeitraum von fünf Jahren weitreichende Steuerungskompetenzen übertrugen. Damit wurden die gesetzlichen Grundlagen geschaffen, um in bestimmten Krisenbranchen die Anpassungspläne, die das MITI vorgelegt hatte, umzusetzen. Zu den ausgewählten Branchen zählten die Bereiche Chemiefasern, Elektrostahl, Kunstdünger, Aluminium, Schiffbau, Petrochemie, Papier und Textil. Damit waren Industriezweige erfaßt, die durch steigende Energie- und Rohstoffpreise und/oder durch das Vordringen der NICs auf japanischen Exportmärkten ihre Konkurrenzfähigkeit verloren hatten. Betroffen waren damit gleichzeitig Branchen, die ausgeprägt energie- und rohstoffintensiv produzieren und als stark umweltbelastend gelten. Mit der Schaffung eines Spezialgesetzes für diese Branchen konnten interne Investitionsabsprachen und Produktionsquotenbeschränkungen von den Regelungen des Antimonopolgesetzes ausgenommen werden, gemeinsame Vertriebsgesellschaften wurden gefördert sowie steuerliche Vergünstigungen und zinsgünstige Kredite für Investitionen in Bereichen wie Energieeinsparung und Anlagenmodernisierungen eingeführt (Dore 1986). Bei Auslaufen des Gesetzes 1983 waren Überkapazitäten in den genannten Branchen bis zu 98% abgebaut. Besonders erfolgreich verlief der Anpassungsprozeß offensichtlich in der Schiffbau- und Aluminiumindustrie, wo trotz massiver Verlagerung durch gleichzeitige Produktdiversifizierung, Kapazitätenkürzung und brancheninternen Interessenausgleich auch sozialverträglich umstrukturiert werden konnte (Wirtschaftswoche vom 5.8.1983).

Parallel wurden mit den gleichen Mitteln staatlich gelenkter unternehmerischer Koordination und Kooperation in den neuen Wachstumsindustrien sowie durch gezielte staatliche Finanzierungsmaßnahmen und Beibehaltung nichttarifärer und tarifärer Handelsbarrieren günstige Entwicklungsbedingungen vor allem für die Bereiche Elektrotechnik und Maschinenbau geschaffen.

Das strukturpolitische Konzept der siebziger Jahre von der wissensintensiven Industriestruktur ist insofern erreicht worden, als daß heute mehr als 50% der industriellen Wertschöpfung in der metallverarbeitenden Industrie, insbesondere der Elektrotechnik, dem Maschinenbau und dem Fahrzeugbau, erwirtschaftet werden. Die ehemaligen Wachstumsträger wie die Stahl- und Eisenindustrie haben ihre Umstrukturierungen bewältigt, ohne Einbrüche auf dem Arbeitsmarkt hervorzubringen. Die Analyse der Ressourcenverbräuche im Verarbeitenden Gewerbe hat uns gezeigt, daß diese Entwicklung die Entkopplung von Verbräuchen und Wertschöpfung begünstigt hat. Ökologische Motive haben allerdings nach 1976 in der Industriepolitik keine Rolle mehr gespielt.

Die Wende zum Konzept der nachhaltigen Entwicklung

Eine Wende in der industriepolitischen Agenda zeichnet sich wie in der Umweltpolitik mit der Globalisierung der Umweltdebatte Ende der achtziger Jahre ab.[32] Mit der Klimaproblematik rückte die Bedeutung der japanischen Ökonomie für den weltweiten Ressourcenverbrauch und die sich daraus ergebende spezielle Verantwortung des Landes in den Mittelpunkt der öffentlichen Diskussion. Das Schlagwort von der Nachhaltigkeit wirtschaftlichen Handelns fand Eingang auch in die Industrie- und Wirtschaftspolitik. Die Stoßrichtung war allerdings von Beginn an eindeutig: der Weg zu ihrer Realisierung könne nur über eine gleichgewichtige und harmonische Entwicklung von Wirtschaft und Umweltschutz verlaufen.

Die ersten umfassenden industriepolitischen Entwicklungsperspektiven, die den Ressourcenschutz explizit integrieren, legte das MITI 1990 mit den industriepolitischen Visionen für die neunziger Jahre vor (Tsûshô sangyô-shô 1990). Sie sind programmatisch " Für die Schaffung eines humanen globalen Zeitalters" überschrieben. Darin wird ein internationaler Konsens im Hinblick auf die Durchsetzung von ressourcen- und energiesparsamem globalen Wirtschaften gefordert. Hierfür sei ein komplexes Umdenken im Hinblick auf Lebensstil, Konsumverhalten und Industriestruktur erforderlich. Als konkrete Schritte werden für die Jahre 1990 bis 2000 der Ausbau der stofflichen Wiederverwertung, die Erhöhung der Energieeffizienz und die Substitution

---

32 Legt man die Veröffentlichungen des Ministeriums und seiner Beratungsgremien zu neuen politischen Aufgaben und Themen zugrunde, so läßt sich eine erneute Integration von ökologischen Fragestellungen in die Industriepolitik ab 1989 feststellen.Vgl.: Seisaku jôhô shiryô sentaa (Hrsg.), laufende Jahrgänge.

von fossilen Brennstoffen durch alternative Energieträger, vor allem durch Atomenergie, vorgesehen. Die zeitliche Umsetzung dieser Ziele wird konkretisiert in Form von:

— 1990-2000 Aufbau eines internationalen Meßnetzes für die Ozonbelastung.

— 1990-2000 Förderung von Energieeinsparung im globalen Maßstab durch Produktinnovationen (energiesparsame Elektrogeräte, brennstoffarme Autos) und Prozeßinnovationen.

— 1990-2010 Einsatz alternativer bzw. regenerierbarer Energieträger.

— 1990-2020 Entwicklung umweltverträglicher Produkte und Verfahren wie kompostierbare Kunststoffe und Bindung von CO_2.

— 1990-2030 Ausweitung der Absorptionsmedien für CO_2 wie systematische Wiederaufforstung, Begrünung der Wüsten etc. (Tsûshô sangyô-shô 1990, S.86-89).

Die grundlegenden Forderungen wurden 1992 von dem Unterausschuß "2010" im Wirtschaftsrat (*Keizai shingi-kai*) in seinem Gutachten "Optionen für das Jahr 2010" (*2010nen e no sentaku*) übernommen (Keizai kikaku-chô 1992, S.45). Als notwendige Schritte fordert auch diese Expertenkommission die Verwirklichung einer "Wiederverwertungsgesellschaft", Verbesserung der Energieausnutzung, die Förderung alternativer Energiequellen, insbesondere der Atomenergie sowie die Ausnutzung von Abwärme, um mögliche negative Effekte wirtschaftlichen Wachstums zu vermeiden (Keizai kikaku-chô 1992, S.175).

Gemeinsam ist beiden Planungen, daß sie explizit von einer grundsätzlichen Harmonisierbarkeit von Ökologie und Ökonomie ausgehen.

In die gleiche Kerbe schlägt der "Fünfjahresplan zur Schaffung einer Wohlstandsgroßmacht" (*Seikatsu taikoku gokanen keikaku*), der im Juni 1992 verabschiedet wurde und schon im Vorgriff auf die Ergebnisse der Klimakonferenz von Rio im gleichen Monat den Gedanken der nachhaltigen wirtschaftlichen Entwicklung aufgriff: "Durch die Ausweitung von umweltverträglichen unternehmerischen Aktivitäten zielen wir auf die Schaffung einer Wirtschaftsgesellschaft ab, die umweltverträglich ist." (Keizai kikaku-chô 1992b). Es wurde die Notwendigkeit betont, daß man auf eine Gesellschaft abzielen müsse, die in Koexistenz mit der Weltgemeinschaft bestehe. Ziel müsse ein japanischer "Wohlfahrtssuperstaat" sein, der

Konsumption und Produktion von Gütern in Abstimmung mit den endlichen Ressourcen dieser Welt realisiere. Weitaus konkreter wird das MITI in seinen Vorstellungen für das 21. Jahrhundert, die am 24.5.1993 veröffentlicht wurden. Darin empfiehlt das Ministerium der Industrie, einen grundlegenden Umbau der Unternehmensstrukturen vorzunehmen. Es rät zu Investitionen in Umwelt und medizinische Versorgung, weil hier im Zuge der Überalterung der Gesellschaft und der zunehmenden internationalen Forderung nach Beteiligung an globalen Umweltschutzmaßnahmen eine steigende Nachfrage zu erwarten sei. Große Bedeutung für die Gesellschaft und Industrie sollen nach Vorstellung des Ministeriums die Gentechnologie, künstliche Intelligenz und Supraleiter bekommen. Das 21. Jahrhundert in Japan soll geprägt sein durch den Übergang zu Elektroautos und Sonnenenergienutzung, der Mangel an Bauland soll durch neue Typen von Superwolkenkratzern gelöst werden.

Nachdem 1993 das neue Umweltrahmengesetz verabschiedet worden war, beauftragte das Ministerium im April 1994 den Industriestrukturrat mit einer umfassenden Bestandsaufnahme der Umweltbelastung durch die 15 wichtigsten Industriebranchen. Es bezog sich dabei explizit auf den Leitgedanken des Umweltrahmengesetzes, in dem als Zielvorstellung die Schaffung einer Gesellschaft genannt ist, die auf eine der Nachhaltigkeit verpflichtete wirtschaftliche Entwicklung abzielt. Das MITI greift in diesem Zusammenhang auch den Artikel 8 des Gesetzes auf, in dem darauf hingewiesen wird, daß es nicht allein darum gehe, im herkömmlichen Sinne Umwelt- und Naturschutz zu betreiben, sondern daß Ziel sein müsse, den Umwelt- und Ressourcenschutz in die Entwicklung, die Produktion, den Transport, den Verbrauch und die Entsorgung von Produkten zu integrieren.

Der Rat legte in einer ungewöhnlich kurzen Zeit von nur drei Monaten 1994 einen umfassenden Bericht vor, wie es ihn bis dahin noch nicht gegeben hatte. Für jede Branche werden nach dem gleichen Muster Informationen über den gesamten Lebenszyklus der wichtigsten Produkte, von der Rohstoffaufbereitung über den Verarbeitungsprozeß, den Distributionsprozeß mit den damit verbundenen Transportdaten, den Ge- und Verbrauch bis hin zur Entsorgungsphase, gegeben. Daneben enthält jede Branchenübersicht Auskünfte über die aktuellen umweltschutzrelevanten Initiativen bzw. Innovationen. Die Grundlagen für eine Produktlinienanalyse im Verarbeitenden Gewerbe werden damit erstmalig in umfassender Form öffentlich vorgestellt. Der genaue Blick auf die Studie ergibt, daß sie durchaus beeindruckende Informationen über den Stand von Wiederverwertung, Energieeinsparung und Verfahrensumstellungen in den Branchen enthält, daß die eigentlich interessanten Daten, nämlich die Umweltbelastungen, die in den Lebensphasen des Produkts entstehen, mit

Ausnahme des Abfallaufkommens jedoch nicht quantifiziert werden. Eine zentrale Funktion des Konzepts der Ökobilanz ist damit nicht erfüllt. Dennoch bietet die Studie Ansätze für weiterreichende Stoffstromanalysen. Das MITI ergänzt die Branchendarstellungen durch detaillierte Empfehlungen für eine weitergehende Integration von Ressourcenschutz in die Industrieproduktion. So soll im Produktionsprozeß in Zukunft verstärkt durch Anlagenmodernisierung sowie Verkürzungen und Rationalisierungen im Produktionsprozeß Energie und Material eingespart werden. Die Energiegroßverbraucher Chemie, Stahl und Aluminium sollen Technologien zur Rückgewinnung von Niedrigtemperaturenergie entwickeln. Im Fahrzeugbau sollen Wärmepumpen bzw. Kraft-Wärme-Kopplung verstärkt eingesetzt werden. Von Innovationen im Produktionsprozeß werden gleichzeitig positive Effekte für das industrielle Müllaufkommen erwartet, da sie zu einer rationelleren Ausnutzung der eingesetzten Rohstoffe führen werden. Hinzu kommen in allen Branchen Anstrengungen zur Reduzierung des Einsatzes von Primärrohstoffen durch die Erhöhung von Rückgewinnung bzw. Wiederverwertung von Rohstoffen und Produkten. Schwerpunkte liegen hier gegenwärtig auf der Weiterverwertung von Altöl und Kunststoffen und der Rückgewinnung von Schwermetallen aus Schlämmen. Für die Distributionsphase hatte das Ministerium bereits mehrmals Empfehlungen ausgesprochen, die darauf hinauslaufen, daß umweltverträgliches Verpackungsmaterial eingesetzt wird und durch Standardisierung von Verpackungsgrößen Einsparungen von Material erreicht werden (Tsûshô sangyô-shô 1994, S.78f.).

Sofern diese Empfehlungen umgesetzt werden, ist nach den Prognosen des MITI mit einem ungewöhnlichen Aufschwung der Umweltschutzindustrie zu rechnen. Profitieren wird die Maschinenbaubranche, die die Märkte für Medizintechnik, Energietechnik und Umweltschutztechnik bedient und dadurch zum Wachstumsführer der Zukunft wird. Dabei wird ausdrücklich darauf hingewiesen, daß es anders als Anfang der siebziger Jahre nicht mehr nur um die Einführung von schlichter Abgas- und Abwässerreinigungstechnologie geht, sondern um ein hoch ausdifferenziertes System von Entsorgung, Wiederverwertung und Produktinnovationen mit neuen Exportmärkten weltweit. Das MITI geht davon aus, daß sich das Marktvolumen der Umweltschutzindustrie von 1994 bis zum Jahr 2010 mehr als verdoppeln wird. Wichtigster Zweig der Umweltschutzindustrie wird die Wiederaufbereitung bleiben. Nach Berechnungen des Nationalen Umweltamtes von 1994 ist in allen umweltrelevanten Geschäftsbereichen bis zum Jahr 2010 mit einem durchschnittlichen jährlichen Wachstum von 8% zu rechnen. Das Amt geht davon aus, daß durch steigende Umweltschutzinvestitionen positive Effekte auch für die Beschäftigung und die gesamte Industrieproduktion zu erwarten sind (Kankyô-chô 1994, S.158-

162). Umweltschutz wird damit umfassend in die Wachstumsstrategie integriert. In diesem Sinne kann man von einem "modernisierten" Wachstumskonzept sprechen, das am weitgehendsten der Doppelrolle der Politik als Hüterin von Wachstum und Umweltschutz entspricht.

Das MITI selbst definiert seine Rolle in diesem Zusammenhang als Koordinator von industrieller Selbststeuerung. Es wirkt unterstützend, indem es die Rahmenbedingungen für unternehmerische Initiativen schafft. Hierzu sind nach den neuesten Planungen die Förderung des Marktzugangs von umweltverträglichen Produkten durch die staatliche Beschaffungspolitik, Ausbau staatlicher Infrastrukturmaßnahmen und Forschungskooperation von staatlichen und privaten Forschungseinrichtungen zur Entwicklung von umweltgerechten Fertigungs- und Wiederverwertungsverfahren und Produkten zu rechnen. Daneben ist es Sache des Staates, gleiche Entwicklungsbedingungen für alle unternehmerischen Aktivitäten zu schaffen, indem aus einer übergeordneten Perspektive heraus generelle Kriterien für die Konzipierung und Beurteilung unternehmerischer Umweltinitiativen formuliert werden. Konkret sieht das Ministerium folgende Schwerpunktbereiche für politisches Handeln:

1. Schaffung eines für die gesamte Industrie verbindlichen Kriterienkatalogs zur Bewertung umweltrelevanter Initiativen, Umweltmanagement und Kontrolle sowie die aktive Beteiligung an der Konzipierung international einheitlicher und verbindlicher Standards.

2. Schaffung eines Rahmens für die Entwicklung und den Vertrieb von umweltfreundlichen Produkten.

Hierzu rechnet das Ministerium vor allem drei Bereiche:

1. Zum einen geht es um die Entwicklung von Produkten, die im Gebrauch umweltfreundlich sind. Hierbei ist zu denken an Produkte mit einem geringen Energieverbrauch oder auch Produkte, die in ihrer Entsorgung unproblematisch sind.

2. Zum zweiten geht es um die Entwicklung von Produkten, die in der Entsorgungsphase weniger umweltbelastend als bisher sind, d.h. Produkte, die sich wiederverwerten lassen bzw. wenig abfallintensiv sind.

3. Schließlich geht es um die Entwicklung von Produkten mit einem hohen Anteil an wiederaufbereiteten Rohstoffen, die entsprechend in der Herstellungsphase wenig Primärressourcen beanspruchen.

Um diese notwendigen Entwicklungen in der Industrie politisch effektiv zu gestalten und zu lenken, plant das Ministerium, ein standardisiertes ökologisches Bewertungsmodell für die Umweltverträglichkeit von Produkten zu entwickeln. Damit knüpft das Ministerium an das Gesetz zur Förderung des Gebrauchs von wiederverwendeten Rohstoffen (*Risaikuru-hô*) an, in dem zur Förderung der Wiederverwertung bei Produkten der Kategorie 1 (Kraftfahrzeuge, stromintensive Haushaltsgeräte) eine ökologische Vorabprüfung der Produkte im Hinblick auf Materialeinsatz und Konstruktion gefordert wird. Ein weiterer Schwerpunkt gilt der Standardisierung von umweltverträglichen Produkten. Hier geht es insbesondere darum, international verbindliche Standards für die Klassifizierung von Produkten nach Umweltverträglichkeit zu entwickeln, damit es nicht zu internationalen Wettbewerbsnachteilen kommt. Im internationalen Bereich soll daher zunächst auf eine sprachliche Vereinheitlichung von Begriffen wie "wiederverwertbar", "umweltverträglich" etc. sowie auf eine internationale Festlegung von Kontroll- und Meßmethoden hingewirkt werden.

Aus der programmatischen Parallelisierung von Wachstumszielen und Umwelt- und Ressourcenschutz ergibt sich die Doppelrolle des MITI: es ist Koordinator und Initiator von Wachstum und Ressourcenschutz gleichermaßen.

Das gesamte Wirtschaftswachstum soll unter der Voraussetzung, daß mit Hilfe einer aktiven Industriestrukturpolitik Unternehmensreformen und Korrekturen des makroökonomischen Rahmens realisiert werden, jährlich durchschnittlich real 3% ausmachen, danach bis zum Jahre 2010 rund 2,5%. Das Konjunkturbelebungsprogamm der ersten Regierung der Post-LDP-Ära sah 1993 die Ankurbelung der Inlandsnachfrage durch Senkung der Einkommens- und Gemeindesteuer als Anreiz zu vermehrtem Konsum vor. Öffentliche Investitionen sollen vor allem in die Infrastruktur, den Ausbau von Schulen und Wohlfahrtseinrichtungen, die Förderung des Wohnungsbaus sowie die Unterstützung für mittelständische Betriebe fließen (Asahi shinbun vom 9.2.1994). Die Vereinbarkeit dieses Programms mit den Erfordernissen eines integrierten Umwelt- und Ressourcenschutzes bleibt offen. Es besteht die Erwartung, daß durch die großangelegte Steuersenkung der individuelle Konsum tatsächlich wieder eine Aufwärtstendenz erkennen läßt und es zu einem deutlichen konjunkturellen Aufschwung kommen wird.

Der Staat übernimmt mit diesem Programm wieder die Rolle des Wachstumsmotors.

Wenngleich die vergangenen vier Konjunkturbelebungsprogramme wenig Wirkung gezeigt haben, bleibt doch die Frage, in welchem Verhältnis sie zu der angestrebten Harmonisierung von Wirtschaftswachstum und Umwelt- und Ressourcenschutz stehen. Wird das Konjunkturbelebungsprogramm so wie geplant realisiert, werden Defizite in der Versorgung mit öffentlicher Kanalisation und Kläranlagen reduziert, die Müllentsorgung verbessert und mehr Park- und Grünflächen angelegt. Im Zuge der Konjunkturpolitik ist es aber auch gerade Anfang der neunziger Jahre zu einer Neuauflage der staatlichen Infrastrukturprogramme zur Ankurbelung der Wirtschaft gekommen. Hier geht es um die Reduzierung des Nachholbedarfs an überregionalen Schnellstraßen und Autobahnen und die Bereitstellung von Infrastruktur für neue Industriestandorte. Schon heute aber ist der Bausektor mit dem Straßen- und öffentlichen Wohnungsbau der größte Abfallproduzent und der größte Nachfrager nach umweltbelastenden Produkten wie Zement und Stahl. Eine Ausweitung des privaten Konsums, der durch zunehmende Freizeit und Verwestlichung im Lebensstil bereits jetzt der Bereich ist, der neben dem Dienstleistungsbereich (Büros, Verwaltung) die höchsten Zuwachsraten im Stromverbrauch hat und starken Einfluß auf das Müllaufkommen nimmt, ist in ihren ökologischen Folgen ebenfalls mit Sorge zu betrachten. Konkrete Daten liegen hierüber, wie in anderen Ländern auch, bislang nicht vor. Das Konzept der Umweltverträglichkeitsprüfung ist bislang nur für öffentliche Großprojekte wie den Brücken- und Tunnelbau eingeführt worden, eine Ausweitung auf eine ökologische Bewertung öffentlicher Planungen und Programme ist nicht in Sicht.

Deutlich wird bei diesem Maßnahmenkatalog, daß das Ministerium sich als Koordinator und als "Spielleiter" versteht. Umwelt- und Ressourcenschutz werden ausdrücklich der Eigeninitiative der Unternehmen überlassen. Es wird an die "selbstbestimmte, aktive" Initiative der Industrie appelliert.

Umweltpolitisch steht Japans Industriepolitik wieder dort, wo sie 1962 begonnen hat. Damals wurde erstmals anläßlich der Verabschiedung des "Gesetzes über die Regelung von Abgasen" (*Baien no haishutsu no kisei nado ni kansuru hôritsu*) eine harmonische Entwicklung von Wirtschaft und Umwelt propagiert. Der Gedanke wurde 1967 im Rahmengesetz über Maßnahmen gegen Umweltzerstörung in Form der sogenannten "Harmonieklausel" festgeschrieben. In der damaligen Phase ökologischer Krise war das Bekenntnis zu Umweltschutz unter der Maßgabe der ökonomischen Unbedenklichkeit jedoch nicht längerfristig konsensfähig. Der Passus wurde 1970 anläßlich der ersten Novellierung des Gesetzes gestrichen. Nun taucht er zwanzig Jahre später als Antwort auf die sich anbahnende globale Umweltkatastrophe wieder auf, ohne daß es zu öffentlicher Kritik kommt.

Die Rolle des MITI ist damit ambivalent:

Aus heutiger Sicht erscheint sein Konzept der wissensintensiven Industriestruktur aus dem Jahre 1971 als Einstieg in ein qualitatives Wachstumsmodell. Ein politisch bewußter Abschied von umweltbelastenden Industriezweigen wurde in Japan schon vor mehr als 20 Jahre angedacht, bei uns wird er noch immer als politisch und wirtschaftlich nicht akzeptabel abgelehnt (Der Tagesspiegel vom 31.8.1994). Gleichzeitig war die Politik des Ministeriums stets am Ziel wirtschaftlicher Wachstumssicherung orientiert. Daß sie ökologisch positive Effekte im Hinblick auf den industriellen Ressourcenverbrauch hatte, ist dem Umstand zu verdanken, daß in den siebziger Jahren Ressourceneinsparung als Mittel der Wachstumspolitik mit einem hohen umweltpolitischen Problemdruck zusammentraf. Eine Berücksichtigung umweltpolitischer Aspekte in der damaligen Strukturplanung war durchaus mit der Grundausrichtung des Ministeriums konform. Die Branchen, die nach 1973 einen Rückzug antreten mußten, waren solche, die als ressourcenintensiv und umweltbelastend gelten. Das MITI unterstützte den Umstrukturierungsprozeß aktiv, das Motiv war ein strukturpolitisches, die Ergebnisse waren ökologisch und ökonomisch positiv. Insbesondere die Förderung von Investitionen in die Energieeinsparung bewirkte insgesamt eine frühzeitige Modernisierung von Anlagen und Fertigungsprozessen und führte so zu Kosteneinsparungen, die insgesamt der Konkurrenzfähigkeit der japanischen Wirtschaft zugute kamen (Hashimoto 1994, S.224).

Während der Entthematisierung des Zusammenhangs von Ökologie und Ökonomie in den achtziger Jahren hat sich die Rolle des MITI geändert. Seit der Wiederbelebung der Diskussion um einen ökologischen Umbau der Industrie hat das MITI vor allem die Rolle gespielt, Themen und Richtung vorzugeben. Es hat eine Modernisierung der Industriestrukturplanung initiiert, so daß heute der Gedanke des umweltverträglichen Wirtschaftens und des Ressourcenschutzes zumindest auf der programmatischen Ebene Eingang in die Industriepolitik gefunden hat. Es hat damit Anteil an dem seit einigen Jahren anhaltenden Boom von Konzepten zur Nachhaltigkeit wirtschaftlichen Handelns in der japanischen Gesellschaft. Indem es den Diskussionprozeß strukturiert, von allen betroffenen Unternehmen und Branchen detaillierte Informationen einholt und sie in den Prozeß integriert, steuert es einen umfassenden Meinungsbildungsprozeß zwischen den Industriezweigen, den man als Prozeß der eingeschränkten und selektiven Konsensbildung bezeichnen könnte.

Die Initiierung dieses Prozesses dürfte heute vor allem der politische Anteil des MITI sein.

4.3. Die Rolle der Energiepolitik

Energie ist der "Reis" für Japans Wirtschaft, und sie muß billig sein. Es ist Aufgabe der Politik, die Versorgung der Industrie mit billiger Energie zu sichern.[33] Dieses Credo der japanischen Energiepolitik galt uneingeschränkt bis zur ersten Ölpreiskrise. Die Vervierfachung des Rohölpreises, die den "Ölschock" ausmachte, bestätigte dieses politische Selbstverständnis in gewisser Weise, wenn auch unter neuen Vorzeichen. War der Schwenk von Kohle auf Öl in den sechziger Jahren vor allem durch den niedrigen Ölpreis motiviert gewesen, so war nun umgekehrt die Forderung nach einer Abkehr vom Öl eine Reaktion auf die Preiserhöhungen. Ökologische Fragen spielten keine Rolle. Energiepolitik war von nun an zweierlei: Politik zur Förderung einer rationellen Energieausnutzung und Wachstumssicherung.

Die energiepolitische Programmatik bis 1986

Die neuen energiepolitischen Ziele beinhalteten neben der Reduzierung der Abhängigkeit vom Öl durch Diversifizierung der Energieträger auch die Reduzierung des absoluten und spezifischen Endenergieverbrauchs sowie den Abbau der Abhängigkeit von den OPEC durch größere Streuung der Importländer (Tsûshô sangyô-shô 1976, S.187f.).

Nach den Vorstellungen des Industriestrukturrats sollten dazu zwei Strategien verfolgt werden: Die wirtschaftliche Bedeutung von energieintensiven Zweigen der Grundstoffgüterindustrie sollte zugunsten energiesparender Branchen sinken. Die Möglichkeit der Verlagerung von stark energieabhängigen Industriezweigen in energieproduzierende Länder wurde als denkbare Strategie ausdrücklich nicht ausgeschlossen. Innerhalb der

---

33 So der Wirtschaftswissenschaftler Arizawa (1963, S.227-228), der als einer der führenden Energieexperten die japanische Energiepolitik bis in die späten siebziger Jahre geprägt hat und über Jahre als Vorsitzender des Energiebeirats unmittelbar an der Formulierung von Politik beteiligt war.

Industriebranchen sollten technologische Innovationen im Produktionsprozeß oder Produktumstellungen sicherstellen, daß weniger Energie pro Wertschöpfungseinheit verbraucht wird (Tsûshô sangyô-shô 1976, S.188). Der Zusammenhang von Industriestruktur und Energieverbrauch wurde also nicht nur deutlich gesehen, die Forderungen liefen faktisch auf einen energieschonenden Strukturwandel hinaus. Wie die Entwicklung des Endenergieverbrauchs zeigt, sind diese Ziele tatsächlich erreicht worden: der spezifische Endenergieverbrauch der japanischen Industrie wurde in zwanzig Jahren um mehr als 65% reduziert. Dies ist nirgendwo sonst in diesem Umfang erreicht worden.

Was hat die Energiepolitik zu diesem Ergebnis beigetragen?

Mit der Institutionalisierung der Energiepolitik innerhalb des MITI wurden frühzeitig Strukturen geschaffen, die ein koordiniertes Vorgehen von Staat und Industrie begünstigen und einen ständigen Informationsfluß zwischen beiden Bereichen sicherstellen sollten. Maßgebliche Scharnierfunktion zwischen öffentlichem und privaten Bereich haben auch hier die administrativen Beratungsausschüsse, die dem MITI in der Energiepolitik zuarbeiten. Seit Beginn der sechziger Jahre hatte die Regierung bereits derartige Beiräte eingerichtet, die die Regierung in der Konzipierung der Energiepolitik vor dem Hintergrund von Prognosen zu Angebot und Nachfrage beraten sollten. Eine herausgehobene Stellung nimmt der Energieuntersuchungsausschuß (*Sôgô enerugii chôsa-kai*) ein, der 1965 als Beratungsausschuß für das MITI eingerichtet wurde. Als Expertenausschuß, der vor allem mit der Beratung von energiepolitischen Perspektivplanungen befaßt ist, spielt er aufgrund des Renommees seiner Mitglieder in der Öffentlichkeit eine gewichtige Rolle. Bei der Mehrzahl der maximal 20 Mitglieder handelt es sich um Spitzenvertreter der japanischen Energiewirtschaft und der wichtigsten Kreditanstalten, die zum großen Teil gleichzeitig auch Mitglieder in den Spezialausschüssen für die Kohle-, Mineralöl-, Atomenergie- und Erdgaspolitik sind.[34] Daneben werden in der Regel zusätzlich ein Vertreter der Öffentlichkeit und die Vorsitzende eines Frauenverbands als Mitglieder ernannt (Sômu-chô 1992, S.357f.). Der Ausschuß ist Bestandteil des Netzwerks von privaten und staatlichen Koordinierungs-, Beratungs- und Expertengremien, die von der Vorbereitung und Formulierung bis zur Implementation eine hohe Abstimmungsdichte ermöglichen und dem MITI bzw. seinem Amt für Rohstoffe und Energie (*Shigen enerugii-chô*)

---

34 Neben dem Hauptausschuß bestehen eine Reihe von Unterausschüssen, die sich mit Teilaspekten von Energienutzung, -einsparung und den Perspektiven von Angebot und Nachfrage bei den einzelnen Energieträgern befassen.

zuarbeiten. Regierungsintern dient der Kabinettsausschuß zur Förderung einer umfassenden Energiepolitik (*Sôgô enerugii taisaku kakuryô kaigi*), der 1977 auf Grundlage eines Kabinettsbeschlusses eingesetzt wurde, der Abstimmung zwischen den beteiligten Ministerien. Auf Staatssekretärsebene nimmt eine vergleichbare Funktion die Kommission zur Förderung einer Energie- und Ressourcenpolitik (*Shô-enerugii. shô-shigen taisaku suishin kaigi*) wahr, die die Energiepolitik vor allem von MITI und Wirtschaftsplanungsamt koordinieren soll. Diese Kommission gilt als die Keimzelle einer integrierten Energie- und Ressourcenpolitik.[35] Die Struktur wiederholt sich auf kommunaler Ebene mit Vertretern der jeweils regionalen bzw. lokalen Repräsentanten der Industrie und Energiewirtschaft.

Wachstum und Sicherung der Energieversorgung zu möglichst günstigen Bedingungen bilden den programmatischen Rahmen, und wie in anderen Politikfeldern auch, ist unternehmerisches Handeln seit der ersten Ölpreiskrise von staatlichen Energiebedarfsanalysen und Rahmenperspektivplanungen begleitet gewesen. Die inhaltliche Grundlage für die energiepolitischen Detailplanungen, mit denen auf die Erfahrungen der ersten Ölpreiskrise reagiert wurde, bildeten zwei Rahmenprogramme, das sogenannte Mondschein- sowie das Sonnenscheinprogramm. Der "Sonnenscheinplan" (*Sanshain keikaku*) war erstmals 1974 vom MITI formuliert worden. Er sollte die Entwicklung von alternativen Energien fördern. Der konzeptionelle Schwerpunkt lag auf Verfahren zur Verflüssigung von Kohle sowie zur Nutzung von Sonne, Erdwärme und Wasser als Energieträger. Der Plan war auf eine Steuerung außerordentlich langfristiger technologischer Entwicklungen abgestellt. Entsprechend gering war seine finanzielle Unterfütterung. Bis 1979 lagen die Ausgaben für seine Umsetzung bei lediglich 3% des Etats für Energiepolitik. Sein Einfluß auf Nachfrage und Verbrauch von Energie blieb marginal.

Der Plan wurde 1978 durch den Mondscheinplan (*Mûnshain keikaku*) ergänzt, der die Grundlinien für die Konzipierung von Energieeinsparmaßnahmen der Industrie enthielt und die Grundlage der staatlichen Förderung von Kooperationsprojekten zwischen Privatunternehmen und staatlichen Forschungseinrichtungen bildete.[36]. Auch aus der Finanzierung dieses Programms spricht eine gewisse Halbherzigkeit: der Plan hatte bei weitem nicht das Gewicht des Sonnenscheinplans; der Etat für die Umsetzung der

---

35 Vorsitzender ist der stellvertretende Leiter der Kabinettskanzlei, seine Stellvertreter sind die Staatssekretäre im Wirtschaftsplanungsamt und im MITI.
36 Eine umfassende Aufschlüsselung des Inhalts gibt: Shô-enerugii sentaa 1987, S.108 f.

Maßnahmen machte lediglich ein Viertel des Etats für den Sonnenscheinplan aus. Mit dem Geld sollten vor allem Projekte zur Wärmegewinnung aus Müllverbrennung sowie der Einsatz von MHD-Generatoren und Gasturbinen gefördert werden. Für die Entwicklung der Nachfragestruktur und des Verbrauchs von Energie sowie für die festgestellten Entkopplungen bis Mitte der achtziger Jahre dürften beide Pläne aufgrund ihrer Langzeitorientierung und ihrer finanziellen Ausstattung keine Auswirkungen gehabt haben.

Die Ziele dieser beiden staatlichen Rahmenpläne sind aber bis heute Bestandteil der Energiepolitik geblieben. Sie werden ergänzt durch Prognosen zur Angebots- und Nachfragestruktur im Energiesektor, die vom Energieuntersuchungsausschuß (*Sôgô enerugii chôsa-kai*) erarbeitet werden und als Grundlage für politische Empfehlungen dienen. Obwohl die Prognosen auf die konkreten Entwicklungsperspektiven der Industriebranchen eingehen und auf detaillierten Status-Quo-Analysen des MITI beruhen, ist ihre Treffsicherheit begrenzt. Der Vergleich der nahezu alle zwei Jahre überarbeiteten Prognosen zeigt, daß sie bis 1982 regelmäßig weit über dem tatsächlichen Verbrauch lagen. So ging der Ausschuß in seiner Prognose von 1977 bezüglich der benötigten Atomstromproduktion im Zieljahr 1990 von einem Umfang von 60.000 MW aus, tatsächlich lag die Menge nur bei 31.645 MW. Auch der Anstieg des Stromverbrauchs wurde überschätzt. Statt der vorhergesagten 945 Bill. kWh wurden nur 757 Bill. kWh verbraucht. Für diese ökologisch positive Entwicklung des Endenergieverbrauchs waren, wie wir gesehen haben, neben einem Bedeutungsrückgang der energieintensiven Grundstoffgüterindustrie vor allem Modernisierungsprozesse innerhalb der Industriebranchen, also intrasektoraler Wandel, verantwortlich. Die Einsparpotentiale durch diesen Wandel sind politisch jedoch offenbar nicht exakt eingeschätzt worden. Nach 1982 tendieren die Energiebedarfsprognosen in die andere Richtung. Verstärkt ab Mitte der achtziger Jahre liegen die Prognosen nun unter dem tatsächlichen Verbrauch. Die Prognosen von 1987 mußten verfrüht 1990 überarbeitet werden, weil die Zuwachsraten im Verbrauch über den Annahmen lagen. Der gesamtgesellschaftliche Primärenergieverbrauch 1990 wurde mit 427 Mtoe errechnet. Er lag tatsächlich bei 466 Mtoe. Und auch die revidierte Fassung vom Oktober 1990 hat sich in ihrem Szenario, das von einem jährlichen Zuwachs des Energieverbrauchs von 1,4% in den Jahren zwischen 1989 bis 2000 ausgeht, als unrealistisch erwiesen. Die Zuwachsrate lag zwischen 1986 und 1992 durchschnittlich bei 3,5% jährlich (Shô-enerugii sentaa 1994, S.50f.).

Deutlich wird, daß die Dynamik des strukturellen Wandels über die gesamte
Zeitspanne kaum richtig eingeschätzt wurde. Die Bedeutung der staatlichen
Prognosen für die Verbrauchsentwicklung sollte daher nicht zu hoch bewertet
werden. Sie hinkten hinter den tatsächlichen Entwicklungen hinterher und
mußten der Realität immer wieder angepaßt werden.

Die Umsetzung energiepolitischer Ziele

Zusätzlich zu der informationellen Funktion der staatlichen Energiepolitik ist
in den vergangenen Jahren ein komplexes Regelungs- und Förderungssystem
geschaffen worden, mit dem eine koordinierte und wachstumsverträgliche
Energienutzung abgestützt werden soll. Hierzu zählen der gesetzliche
Rahmen, aber auch die Formulierung von Förderplänen zur Lenkung der
Energienachfrage in die gewünschte Richtung. Nach Darstellung des MITI
signalisierte die Einrichtung des Kabinettsausschusses für Energie 1975 den
Beginn einer integrierten Energiepolitik (Sangyô gijutsu kaigi 1993, S.185).
Im Zuge der Umsetzung der energiepolitischen Ziele wurden 1979 mit dem
Gesetz über die Rationalisierung des Energieverbrauchs (*Enerugii no shiyô no
gôrika ni kansuru hôritsu*) die rechtlichen Grundlagen für die staatliche
Förderung von Energieeinsparmaßnahmen gelegt. In dem Gesetz sind
erstmals die Aufgaben von Staat, Unternehmen und Bürgern im Bereich der
Energieeinsparungen formuliert (Abbildung 32).

Abbildung 32: Gesetzlicher Rahmen für die Rationalisierung der Energienutzung (in der novellierten Fassung vom 31.3.1993)

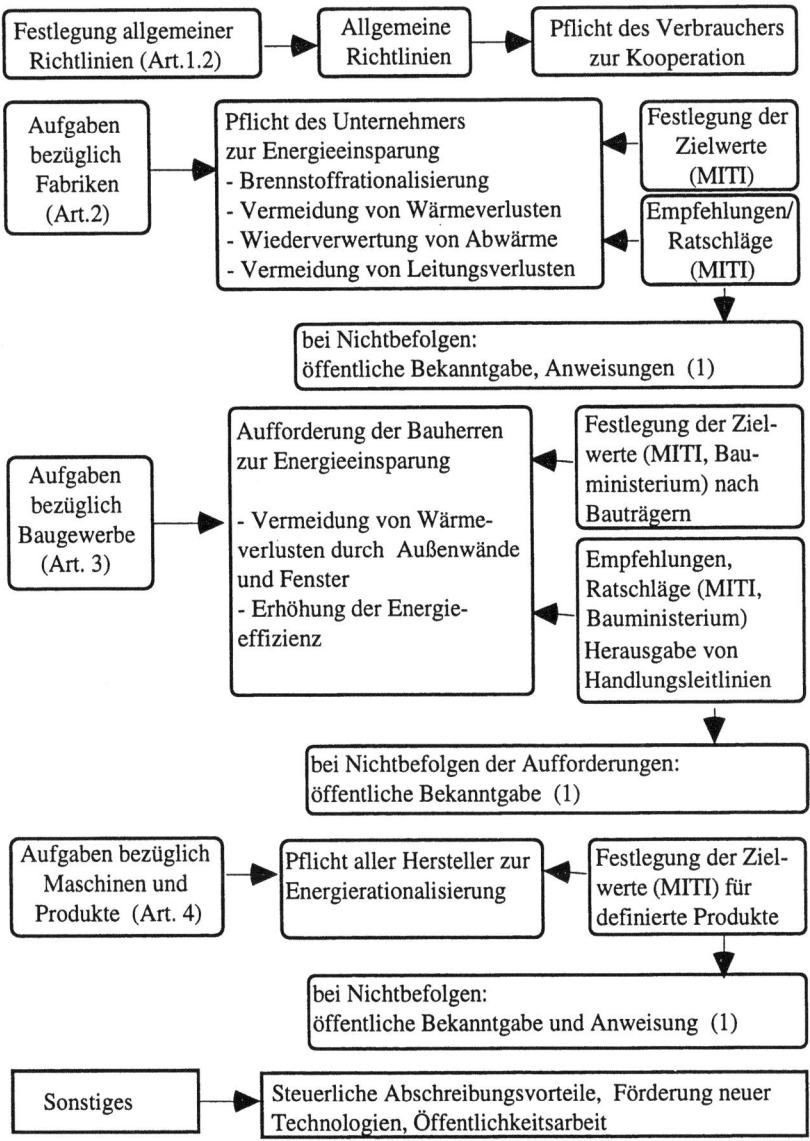

(1) betrifft nur gesetzlich definierte Betriebe bzw. Gebäude
© Martin-Luther-Universität Halle/ Japanologie
Quelle: Shô-enerugii sentaa 1994, S. 78.

Die Aufgaben der öffentlichen Verwaltung liegen demnach in zwei Bereichen. Zum einen definiert sie die Richtwerte für Ziele der Energieeinsparungen für das Verarbeitende Gewerbe, den Dienstleistungssektor und den Verkehrsbereich. Da es sich der Form nach vor allem um Empfehlungen handelt, entfallen Kontrollaufgaben mit eindeutigen Sanktionsmöglichkeiten. Allerdings ist die Möglichkeit vorgesehen, daß das MITI über das Instrument der administrativen Empfehlungen (*gyôsei shidô*) Einfluß nimmt (Shôenerugii sentaa 1987, S.57). Für die Industrie werden eine Reihe von Auflagen verbindlich gemacht. Hierzu zählen die Einstellung eines Energiebeauftragten in Betrieben ab einer bestimmten Größe, die sich einer staatlichen Prüfung unterziehen müssen, bevor sie eingestellt werden können[37]. Sie sind verantwortlich für die Abfassung eines betrieblichen Energieeinsparplans, der exakt Aussagen über die Art und Weise der geplanten Einsparung sowie über den zeitlichen Realisierungsrahmen enthalten muß. Über den Stand der Umsetzung der Planziele muß jährlich ein Bericht vorgelegt werden. Der Staat stellt zinsgünstige Kredite zur Verfügung und gewährt steuerliche Vorteile, d.h. ökonomische Instrumente in der Energiepolitik finden nur als Anreize Anwendung. Ein Abgabenmodell ist bis heute nicht entwickelt worden, allerdings wird es seit den frühen neunziger Jahren verstärkt diskutiert.

Das Gesetz über die Rationalisierung des Energieverbrauchs wurde 1980 durch das Gesetz über die Substitution von Öl als primären Energieträger für die Stromerzeugung (*Sekiyû daisan enerugii no kaihatsu oyobi dônyû no sokushin ni kansuru hôritsu*) ergänzt, mit dem flankierend die gezielte Förderung der Atomenergie und alternativer Energien eingeleitet wurde.

---

37 Energiebeauftragte sind in Betrieben ab einem jährlichen Energieverbrauch von mindestens 3000 kl Rohöläquivalente bzw. 12 Mio kWh Stromverbrauch einzusetzen. Energiebeauftragte können Beschäftigte mit mindestens drei Jahren Beschäftigungsdauer in dem Unternehmen werden, wenn sie eine entsprechende Fortbildung mit einer Abschlußprüfung im MITI absolviert haben.

Die Wende in der Energiepolitik

Anders als die Umwelt- und Industriepolitik hat die Energiepolitik weniger unter dem Einfluß der Entthematisierung von Umweltschutz in den achtziger Jahren gestanden, da die Begrenztheit der natürlichen Ressourcen als Wachstumhemmnis stets präsent war und die Einsparung von Energie und Rohstoffen unter diesem Aspekt auch in den achtziger Jahren – wenn auch ohne umweltpolitische Bezüge – ihren Stellenwert behielt. Die Wende nach 1987 in der umweltpolitischen Problemwahrnehmung wurde allerdings auch in der Energie- und Rohstoffpolitik durch einen neuen Aktivitätsschub sichtbar. Auch hier erweiterte sich die Agenda auf Energieeinsparungen und Ressourcenschutz als Erfordernis einer nachhaltigen Entwicklung und eines weltweiten Klimaschutzes. Die Diskussionen mündeten in den Aktionsplan zur Bekämpfung der Erdaufwärmung (*Chikyû ondan-ka bôshi kôdô keikaku*), den die Regierung im Oktober 1990 verabschiedete. Der Plan ist zugeschnitten auf die zentrale Zielvorgabe: Japan verpflichtet sich, als Beitrag zum globalen Klimaschutz seine CO_2- Emissionen pro Kopf bis zum Jahr 2000 auf dem Niveau von 1990 einzufrieren. Die Durchsetzung dieses Ziels basiert auf drei grundlegenden Positionen. Wie bereits angesprochen, bekennt sich die Regierung wieder explizit zu der "Harmonieklausel" als Leitprinzip der Umweltpolitik: wirtschaftliches Wachstum und globaler Umweltschutz müssen miteinander harmonisierbar sein. Die zweite Grundaussage betrifft die präferierten Lösungsstrategien: Problemlösungen sind danach vor allem durch technologischen Fortschritt zu erzielen. Verwiesen wird auf die positiven Erfahrungen mit der Bekämpfung konventioneller industrieller Umweltbelastungen in den siebziger Jahren, als die enge Kooperation von Staat und Industrie in relativ kurzer Zeit die Entwicklung und Einführung von Umweltschutztechnologien ermöglichte. Schließlich geht es der japanischen Regierung als drittem Pfeiler ihrer globalen Umweltpolitik um die internationale Kooperation und den ökologischen Technologietransfer in die Länder der Dritten Welt sowie um Absprachen und Zusammenarbeit unter den Industrieländern. Mit der Konkretisierung und Umsetzung des Plans wurde das MITI beauftragt. Das Ministerium legte für die Haushaltsverhandlungen für 1992 einen umfassenden Plan zur Integration von Umwelt- und Ressourcenschutz in die Entwicklungspolitik vor.

Energiepolitik wird spätestens von diesem Zeitpunkt an explizit als Instrument der Umweltpolitik gesehen. Die Ziele unterscheiden sich wenig von früheren: im Mittelpunkt stehen die Sicherung des Energieangebots sowie die Einsparung von Primärenergie. Neu ist allerdings, daß zwar wieder darauf verwiesen wird, daß die japanische Industrie seit den siebziger Jahren den spezifischen Energieverbrauch weltweit am stärksten gesenkt hat, nun aber erstmals auch dem Problem Rechnung getragen wird, daß der absolute Verbrauch auf hohem Niveau weiter steigt. Einsparungen sollen – so die Schlußfolgerung – als zentraler Bestandteil einer integrierten Energiepolitik in Zukunft in gleichem Umfang auch absolut erfolgen[38].

Diese politischen Ansätze für eine neue integrierte Energiepolitik mündeten in eine Welle politischer Initiativen. Sie können auch als Antwort auf den wachsenden internationalen Druck auf Japan gesehen werden, sich aktiver für eine Reduzierung der CO_2-Emissionen einzusetzen. Im Anschluß an die Klimakonferenz von Rio wurde zunächst das Gesetz über die Rationalisierung des Energieverbrauchs (*Enerugii no shiyô no gôrika ni kansuru hôritsu*) novelliert, das als wichtigste Neuerung auf eine Erhöhung der Verbindlichkeit von Einsparpflichten für die Industrie abzielt. Wie auch in Umweltgesetzen üblich, wird als verschärfte Sanktionsform bei Nichtbeachten der Einsparrichtlinien erstmals auch die öffentliche Bekanntgabe eingeführt und damit das Bedürfnis nach Imagepflege der Unternehmen als Kontrollinstrument funktionalisiert. Industrielle Großverbraucher von Energie unterliegen fortan einer umfassenderen Berichtspflicht (Shô-enerugii sentaa 1994, S.78). Das Gesetz wurde 1993 um ein weiteres Gesetz über außerordentliche Maßnahmen zur Förderung der Rationalisierung des industriellen Energieverbrauchs sowie des Gebrauchs von wiederverwerteten Rohstoffen (*Enerugii nado no shiyô no gôrika oyobi sai-shigen no riyô ni kansuru jigyô katsudô no sokushin ni kansuru rinji sochi-hô*) ergänzt. Als dritter energiepolitisch relevanter Pfeiler wurden ebenfalls 1993 der Mondschein- und der Sonnenscheinplan zu dem sogenannten "neuen Sonnenscheinplan" in überarbeiteter Form zusammengefaßt. Dieser macht konkrete Aussagen über den zeitlichen Ablauf von technologischen Innovationen zur Energieeinsparung im Zeitraum bis 2001 (Shô-enerugii sentaa 1994, S.140-143).

---

38 Schwerpunktmäßig sollten staatliche Finanzmittel in die Förderung energieschonenden Bauens, Förderung von Kraft-Wärme-Kopplung, Abwärmenutzung aus der Müllverbrennung, Erhöhung der Brennstoffeffizienz bei Fahrzeugen, Verstetigung und Verkürzung von Produktionsprozessen und Förderung der Atomenergie fließen. Vgl. Sangyô gijutsu kaigi 1993, S.187f.

Abbildung 33: Das Konzept der integrierten Energiepolitik im Überblick

| Umweltschutz | stabile Energieversorgung | Wirtschaftswachstum |

1. Notwendigkeit umfassender, langfristiger Problemlösungen
2. Notwendigkeit von Betroffenenreaktionen
3. Technologische Durchbrüche
4. Notwendigkeit internationaler Zusammenarbeit
5. Notwendigkeit, Umwelt, Wirtschaft und Energie zu harmonisieren

Verbesserung der Energie-angebotsstruktur	Konzipierung umweltverträglicher Gesellschaftsstrukturen	Wiederbelebung des Globus	Beitrag zur Schaffung eines internationalen Aktionsrahmens
1. Förderung effizienter Energienutzung 2. Konzipierung von effizienten regionalen Energieversorgungsnetzen 3. Förderung nicht-fossiler Energieträger	4. Förderung umweltverträglicher Unternehmensführung 5. Förderung eines umweltverträglichen Konsumverhaltens 6. Staatliche und kommunale Maßnahmen 7. Förderung von Wiederverwertung 8. Konkrete Aufgaben wie Verlängerung der Lebensdauer von Produkten, schadgasarme Autos etc.	9. Technische Innovationen zum globalen Umweltschutz -Förderung von technologischen Innovationen in den Bereichen Energie/Umwelt - Förderung von Forschung und Entwicklung umweltverträglicher Produktionstechnologien 10. Internationale Kooperation: wirtschaftliche Zusammenarbeit, Aufforstungsprogramme etc.	11. Schaffung eines internationalen Aktionsraumes 12. Harmonisierung von Handels- und Umweltpolitik 13. Formulierung eines Plans zur Rettung der Erde 14. Förderung von bilateraler und regionaler Kooperation

rechtlich — Novellierung des Energiespargesetzes, gesetzliche Rahmenbedingungen zur Förderung umweltverträglichen Wirtschaftens

institutionell — Ausweitung der Funktionen der Organisation für die Entwicklung neuer Energiequellen (NEDO)

finanziell — Förderung alternativer Energiequellen, Ausweitung der Investitionsmittel für Energie- und Umweltpolitik

steuerlich — Steuerlichen Anreize für Energieeinsparung, Recycling etc.

© Martin-Luther-Universität Halle/ Japanologie
Quelle: Shô-enerugii sentaa 1994, S.65.

Der Plan sowie die beiden Gesetze bilden den Rahmen für die neue Energiepolitik in der zweiten Hälfte der neunziger Jahre. Sie spiegeln den Balanceakt zwischen Wirtschaftswachstum und Energieeinsparungen wider: der Staat formuliert Richtwerte für Einsparziele, er stellt Fördermittel zur Verfügung und organisiert durch die Pflicht zu Beschäftigung von Energiebeauftragten und die unternehmerische Berichtspflicht die Kommunikation zwischen Verwaltung und Unternehmen. Er verzichtet aber gleichzeitig auf eine Einflußnahme auf den Energiepreis und riskiert damit, daß staatliche Energieeinsparprojekte durch Wachstumseffekte konterkariert werden. Er setzt auf Kooperation.

Die Strategien zur Vereinbarung von Wirtschaftswachstum, Vermeidung eines weiteren Anstiegs von CO_2-Emissionen und Erhalt des Lebensstandards sind vertraut und durchziehen die Energiepolitik seit den siebziger Jahren: zum einen wird auf eine Umstrukturierung der Energieträger gesetzt (Tabelle 29), zum anderen sollen konsequenter als bisher Einsparpotentiale erschlossen und genutzt werden.

Bereits seit der ersten Ölpreiskrise gab es Bemühungen, den überdurchschnittlich hohen Anteil von Öl an der Primärenergie zu verringern, damals allerdings primär motiviert durch die erfahrene problematische Abhängigkeit von den Exportländern. Im Zusammenhang mit der CO_2-Diskussion ist die Notwendigkeit einer Reduzierung des Verbrauchs von fossilen Energieträgern neu und nun explizit ökologisch akzentuiert worden. So hat der Energiebeirat des MITI in seinem Gutachten über die langfristige Entwicklung der Nachfrage nach Energie 1992 einerseits die Notwendigkeit einer Fortsetzung der Energieeinsparpolitik bekräftigt und gleichzeitig empfohlen, den zu erwartenden Anstieg in der Nachfrage durch nicht-fossile Energieträger zu decken. Nach Aussagen des Beirats ist von folgender Entwicklung auszugehen:

Tabelle 29: Energieangebotsstruktur nach Energieträgern in %

	1986	1990	2000	2010
Primärenergie	100	100	100	100
nicht-fossile Brennstoffe	15,0	15,1	20,2	26,8
davon: Wasser	4,2	4,6	3,7	3,7
Atom	9,5	9,1	13,3	16,9
neue Energien	1,3	1,4	3,0	5,3
Kohle	18,3	16,6	17,5	15,7
Öl	56,8	58,3	51,3	45,3
Erdgas	9,9	10,1	10,9	12,2

Quelle: Shô-enerugii sentaa 1987, S.42 und Shô-enerugii sentaa 1994, S.50f.

Die Prognose zeigt, daß die Reduzierung der fossilen Brennstoffe vor allem mit Hilfe eines weiteren Ausbaus der Atomenergienutzung vorangetrieben werden soll. Bis zum Jahr 2000 soll der Anteil der Atomenergie am Endenergieverbrauch auf knapp 17% gesteigert werden. Diese Option ist zwar nicht neu, sie hat aber durch die internationale Diskussion um die Reduzierung der CO_2-Emissionen eine neue Legitimation erfahren. Japan gehört damit zu den letzten Industrieländern, die nach Tschernobyl ungebrochen auf einen weiteren Ausbau der Atomenergienutzung zur Sicherung ihres Energiebedarfs setzen. Abzuwarten bleiben die Auswirkungen dieser neuen Begründung auf die mittelfristige Realisierbarkeit von neuen Kraftwerksbauten und die Aufrechterhaltung des Widerstands gegen den Ausbau der Atomenergienutzung in der Bevölkerung. Die Sicherung von neuen Standorten wird zumindest gegenwärtig auch im politisch-administrativen Bereich als problematisch angesehen (Sangyô kôzô shingi-kai, sôgô enerugii chôsa-kai, sangyô gijutsu shingi-kai, enerugii kankyô tokubetsu bukai 1992, S.316). Dennoch wird an den Zielen, Energieeinsparungen zu fördern und Stromerzeugung durch Atomenergie zu steigern, festgehalten[39].

---

39 Wegen der Standortprobleme soll geprüft werden, ob man Atomkraftwerke in Zukunft unter der Erde bzw. im Meer bauen kann, vgl. Asahi shinbun vom 3.12.1992.

Die neuere Entwicklung weckt jedoch auch Zweifel innerhalb der zuständigen Verwaltungen, ob die Umstrukturierung der Nachfragestruktur im erforderlichen Umfang, d.h. wachstumsangepaßt möglich sein wird. Nach dem neuen Wirtschaftsplan von 1992 wird in den nächsten Jahren von einem durchschnittlichen Wirtschaftswachstum von 3,5% jährlich ausgegangen. Damit einhergehend wird ein Endenergiebedarf prognostiziert, der die energiepolitischen Richtwerte deutlich überschreitet. In einer neueren Prognose des Amtes für Rohstoffe und Energie vom Juni 1994 geht dieses davon aus, daß es bei einer Fortschreibung des aktuellen Energieverbrauchs im Jahre 2010 zu Deckungsproblemen auf der Angebotsseite kommen wird. Aufgrund der geringen Akzeptanz eines weiteren Ausbaus der Atomenergie in der Bevölkerung von Standortgemeinden wird der zusätzliche Bedarf, der für das projektierte Wirtschaftswachstum bis zum Jahre 2000 erforderlich wird, zu hoch sein, um durch Atomenergie kompensiert werden zu können. Eine Rückkehr zu Kohle, Öl und Erdgas wird unvermeidlich sein. Das Amt hält daher radikale Energieeinsparungen von etwa 6% der gegenwärtigen Verbrauchsmenge für erforderlich (Asahi Shimbun Dahlemer Ausgabe Nr.50, 15.6.1994, S.20).

Vor diesem Hintergrund gewinnt die zweite Option, nämlich die Rückkehr zu energiesparenden technischen Innovationen, neue Aktualität.[40] Die Prioritätensetzung spiegelt sich im Etat für Energieeinsparung wider.

---

40 Das Amt für Rohstoffe und Energie schlägt konkret die Verbreitung von Fernsehgeräten mit Flüssigkristallbildschirmen und Fahrzeugen mit Hybridmotoren vor. Hier wird in der Beschleunigungsphase Benzin, danach ausschließlich Strom eingesetzt, vgl. Asahi Shimbun Dahlemer Ausgabe Nr.50, 15.6.1994, S.20.

Tabelle 30: Etat für Energieeinsparprogramme 1993 (in Mio.Yen)

Programm	Etat	Schwerpunkte
Implementation der Energiespargesetze	68 (56)	Verwaltungskosten
Förderung zinsgünstiger Energiesparinvestitionen	2850 (0)	Subventionierung, Kredite, Übernahme von Bürgschaften
Förderung regionaler Energiesparsysteme	8176 (2254)	Bezuschussung von Investitionen zur Erhöhung der Effizienz regionaler Energieerzeugungssysteme
Sonnenscheinplan Mondscheinplan	12994 (11923)	Integration von Forschungsvorhaben Förderung von Gemeinschaftsprojekten von Staat, Industrie und Wissenschaft
Forschung und Entwicklung	32589 (23712)	Forschungsförderung
Öffentlichkeitsarbeit	3397 (1364)	Aufklärung für Klein- und Mittelbetriebe
Internationale Zusammenarbeit	4222 (324)	Kooperation mit dem Pazifischen Raum, Bereitstellung von Daten, Erstellung von Einsparszenarien

Quelle: Shô-enerugii sentaa 1994, S.100 (in Klammern der Etat von 1992).

Offen sind die Effekte der Förderprogramme in zweierlei Hinsicht: zum einen bestätigte der Energieunterausschuß im Industriestrukturrat 1992 in seinem Gutachten eine in der politikwissenschaftlichen Umweltforschung alte Erkenntnis, daß zur Erreichung der Zielwerte für CO_2 im Wachstumsverlauf der kommenden Jahre immer mehr Investitionen notwendig sein werden, die jedoch immer weniger Effekte bringen werden. Aus diesem Grund werden die Chancen für einen weiteren Ausbau von Einsparkapazitäten im industriellen Sektor skeptisch eingeschätzt. Als flankierende Maßnahme wird daher auf steuerliche Anreize für Investitionen in Energieeinsparung gesetzt und daneben eine stärkere Mobilisierung für eine rationellere Energienutzung in den privaten Haushalten und im Verkehrsbereich angestrebt. Zum anderen droht eine Entmotivation bei der Industrie auch aus anderer Richtung: schon jetzt zeichnet sich ab, daß die japanische Industrie in Zukunft ihren Energiebedarf mit Hilfe von gemeinschaftlichen Erdölexplorationsvorhaben zu günstigem Preis auch in Rußland, China und Vietnam decken können wird. Die

Bereitschaft zur Reduzierung des Anteils fossiler Brennstoffe wird dadurch zusätzlich erschwert werden (Asahi Shimbun Dahlemer Ausgabe, Nr. 50, 15.6.1994).

Rückblickend ist mit den Worten des Nationalen Umweltamtes zusammenzufassen, daß die Erfolge in der Reduzierung des spezifischen Energieverbrauchs in der japanischen Industrie kaum der staatlichen Energiepolitik zuzuschreiben waren. Die Politik hat eher versäumt, das ihrige zu einem noch besseren Ergebnis beizutragen. Die Grenzen der Energieeinsparpolitik lassen sich aus dem gegenwärtigen Stand des Energieverbrauchs ablesen: Seitdem der Ölpreis für Japans Industrie sinkt, stagniert der spezifische Energieverbrauch, der Anteil von Öl an den Energieträgern steigt wieder an.

Die Zuwachsraten des Energieverbrauchs des Transportsektors werden bei einem jährlichen geschätzten Wachstum von 4% in den nächsten Jahren bei 2,6% pro Jahr liegen (OECD 1994, S.115). Der Straßenverkehr ist bereits jetzt ein wichtiger Luftverschmutzer. Er war 1990 für 40,4% der NO_x-Emissionen, 22,7% der SO_2- und 17,7% der CO_2-Emissionen verantwortlich. Ursache ist vor allem der Gütertransport und hier insbesondere das just-in-time-Prinzip, also die Lagerhaltung auf Rädern.

Im September 1994 hat die Regierung erklärt, daß die in Rio angekündigte Stabilisierung der CO_2-Emissionen auf dem Niveau von 1990 bis zum Jahr 2000 nicht realisiert werden kann. Gerechnet wird mit einem Anstieg von 3%. Damit ist das Ziel des "Aktionsplans zur Vermeidung der Erdaufwärmung" vom Oktober 1990 obsolet geworden.

Der politische Anteil an dieser Rückentwicklung liegt in der Ambivalenz der energiepolitischen Zielsetzung begründet. Mit der Integration der Energiepolitik in das MITI war zwar seinerseits eine zügige Abstimmung mit der Industrie möglich. Gleichzeitig aber ist damit die Gesamtstrategie des Ministeriums, nämlich einen ökologischen Umbau der Industriestruktur mit Wirtschaftswachstum zu harmonisieren, auch in die Grundausrichtung der Energiepolitik eingegangen. Die Entwicklung des Energieverbrauchs zwischen 1986 und 1990 zeigt, wie problematisch diese Strategie ist. Wenn es in der Vergangenheit zu Zielkonflikten zwischen Wirtschaftswachstum und Umweltschutz kam, fehlte es an klarer Intervention zugunsten der Umwelt. So hat das MITI zwar einen Verzicht auf das just-in-time-Prinzip angemahnt, seine "Empfehlungen" an die Großindustrie, insbesondere den Fahrzeugbau, von der Lagerhaltung auf Rädern Abschied zu nehmen, wurden jedoch nicht aufgenommen. Im Gegenteil: durch die sinkenden Treibstoffpreise und die staatliche Konjunkturpolitik, die den Ausbau des öffentlichen Straßennetzes als Teil der Ankurbelung der Inlandsnachfrage seit den Jahren der

"Seifenblasenkonjunktur" vorrangig betreibt, wird der Gütertransport auf der Straße faktisch begünstigt. Eine Integration der Verkehrspolitik in die Energiepolitik unter ökologischen Aspekten ist nicht in Sicht.

Das MITI hat sich daneben stets als energischer Gegner jeder Form von Energiesteuern oder anderer Umweltabgaben profiliert. Sowohl im Vorfeld der Formulierung des neuen Umweltrahmengesetzes von 1993 als auch bei der Formulierung der neuen Energieeinspargesetze hat es sich einer ökologisch motivierten Energiebesteuerung stets erfolgreich deshalb widersetzt, weil sie auf eine Kontingentierung des industriellen Energieverbrauchs und damit auf eine drastische staatliche Intervention in den Markt hinauslaufen würde (Sangyô kôzô shingi-kai, sôgô enerugii chôsa-kai, sangyô gijutsu shingi-kai, enerugii kankyô tokubetsu bukai 1992, S.318). Demgegenüber hat das Nationale Umweltamt über informationelle und koordinierende Funktionen hinausgehend seit langem die Ergänzung positiver Finanzanreize zur Energieeinsparung durch andere ökonomische Instrumente gefordert und in diesem Zusammenhang erst jüngst erklärt, die Reduzierung der CO_2-Emissionen bis 2000 auf das Niveau von 1990 sei nur dann noch zu realisieren, wenn eine Abgabe auf Energieverbräuche eingeführt werde.

Es bleibt bei der etwas resignativen Feststellung des Nationalen Umweltamtes (Kankyô-chô 1990, S.133-134), daß für die Erfolge in der Reduzierung des spezifischen Energieverbrauchs das hohe Qualifikationsniveau des technischen Personals in den Industriebetrieben sowie die kooperative, kollektive Forschung von Industrie, staatlichen Forschungsinstitutionen und Universitäten verantwortlich waren. Das dahinterliegende Interesse an technologischen Innovationen im Bereich der rationellen Energienutzung folgte, so die frühe Einschätzung des Ministeriums, einzig betriebswirtschaftlicher Rationalität und war weder umweltpolitisch noch energiepolitisch motiviert.

5. Innovativ, strategisch und integrativ: Die Rolle der Politik - ein Mythos?

Die Rolle der Politik bei dem relativ ressourcenschonenden Strukturwandel der vergangenen zwanzig Jahre bietet kein geschlossenes Bild. Der Zeitraum zerfällt vielmehr im Hinblick auf staatliche Intervention in den industriellen Strukturwandel in drei Phasen. Phase 1 lag zwischen den beiden Ölpreiskrisen, begann also 1974 und endete Ende der siebziger Jahre. Phase 2 umfaßt die Dekade etwa zwischen 1978 und 1987. Phase 3 schließlich setzte danach ein und reicht bis heute.

1974 -1979: Staatlich geförderte Initialzündung

Das Konzept der wissensintensiven und rohstoffschonenden Industriestruktur war die politische Antwort auf zwei Schockerfahrungen, nämlich die der Umweltkrise und der Ölpreiskrise. Als politisches Programm mit konkreten Förderungsmaßnahmen zur Umsetzung war es zu jener Zeit schon fast "avantgardistisch". Das "Normale" war in anderen Industrieländer zu jener Zeit eher, daß sich die ökologischen Effekte des strukturellen Wandels gewissermaßen als Gratiseffekte durchsetzten, ohne daß explizit ökologische Komponenten in die Wirtschafts- und Strukturpolitik integriert wurden (Jänicke u.a. 1992, S.152). Der Staat stieß mit diesem Konzept auf Zustimmung bei der Industrie, weil durch das Zusammentreffen zweier Krisen eine Parallelisierung der Ziele von regulativer Umweltpolitik, struktureller Anpassung und Wachstumssicherung möglich war. Es ging um technologischen Wandel und Modernisierung der Industrieproduktion. Begünstigt durch das industrielle Eigeninteresse an Kosteneinsparungen sowohl bei Rohstoffen als auch bei Kompensationszahlungen für Umweltschäden, initiierte die Politik einen industriellen Modernisierungsprozeß durch Orientierungshilfen und Förderprogramme und stützte sie durch regulative Umweltschutzauflagen ab. Der Staat "schob" den industriellen Strukturwandel in eine rohstoffschonende Richtung an.

1978-1987: Die Verselbständigung des Strukturwandels von der Politik

Die innerbetrieblichen Innovationen und die Reduzierung der spezifischen Verbräuche von Wasser, Energie und Boden gewannen seit dem Ende der siebziger Jahre an Geschwindigkeit. Begünstigt durch umweltpolitische Erfolgsmeldungen und eine Stabilisierung des wirtschaftlichen Wachstums zog der Staat sich zurück: umweltpolitisch griff Stagnation um sich, Energiepolitik wurde auf die Funktion als Wachstumsstütze zugeschnitten. Eine Integration der ursprünglichen Idee von einer umweltschonenden Wirtschaftsstruktur in die Industrie- und Strukturpolitik fand in der Dekade von 1978 bis 1987 nicht mehr statt. Der nichtsdestoweniger positive Entkopplungsprozeß von Wirtschaftswachstum und Ressourcenverbrauch wurde dadurch offensichtlich nicht belastet. Er setzte sich unabhängig von politischen Themenkonjunkturen in der Umwelt- und Industriepolitik weiter fort. Der Strukturwandel verlief weitgehend autonom. Es war die konjunkturelle Entwicklung und nicht die Politik, die Tempo und Verlauf der Entkopplung maßgeblich prägte. Politik verhinderte aber auch nicht das Ende des relativ umweltentlastenden strukturellen Wandels.

1988-1994: Konzertierter Aufbruch zu globalem Umwelt- und Ressourcenschutz

Mit der Globalisierung der Umweltdiskussion erhält die industriepolitische Konzeption der siebziger Jahre neue Aktualität. Unter dem neuen Schlagwort der nachhaltigen wirtschaftlichen Entwicklung kommt es vergleichbar der Phase 1 zu einem parallelen Aufschwung von politischen Initiativen in Politik, Wirtschaft und Gesellschaft. Neu ist das offensive Bekenntnis zu einer Gleichgewichtigkeit von Wirtschaftswachstum und Umwelt- und Ressourcenschutz. Gleichzeitig verabschiedet sich der Staat von einer aktiven lenkenden Rolle. Er bekennt sich nun offen zu seiner Funktion als Koordinator gesellschaftlichen Handelns.

Sofern die eingangs formulierten Argumente für eine aktive Rolle des japanischen Staates bei der Integration ökologischer Kriterien in den industriellen Strukturwandel nicht völlig an den Haaren herbeigezogen waren, stellt sich hier die Frage, warum in der Dekade zwischen 1978 und 1987 die Möglichkeiten für eine aktive staatliche Steuerung nicht mehr genutzt wurden. Zwei Aspekte sind zu berücksichtigen: der des politischen Könnens und der des Wollens. Denkbar wäre, daß die Institutionen selbst in ihrer konkreten Ausprägung in den hier relevanten Politikfeldern weniger problemangemessen sind als vermutet. Denkbar wäre aber auch, daß sie nicht in der erwarteten Form genutzt wurden.

Beschränkungen in der Strategie- und Steuerungsfähigkeit

Die Erwartung lautete, daß das politische System strategisch langfristig handeln kann, weil es in allen Politikfeldern über die Tradition der indikativen Rahmenplanung verfügt, die es zuläßt, im Planungsprozeß die mittel- und langfristigen Handlungsperspektiven der jeweiligen gesellschaftlichen Akteure zur Kenntnis zu nehmen und zu integrieren, aber auch politische Ziele zu formulieren und zur Diskussion zu stellen. Dieses Argument ist zutreffend, wenn es um einen isolierten Planungsvorgang geht. Im Falle der Integration von Ressourcenschutz in die Wirtschaftspolitik geht es jedoch um ein politikfeldübergreifendes Ziel. An der Umsetzung sind eine Reihe von Ministerien mit teilweise außerordentlicher Planungsintensität beteiligt, so das Nationale Umweltamt mit den Plänen zur Verhütung von Umweltzerstörung (*kôgai bôshi keikaku*) und den mittelfristigen Umweltschutzplänen (*kankyô hozen keikaku*), das Amt für Raumordnung (*Kokudo-chô*) mit den Landesentwicklungsplänen (*kokudo kaihatsu keikaku*), das Ministerium für Internationalen Handel und Industrie mit den diversen Industriestrukturplanungen und das Amt für Wirtschaftsplanung (*Keizai kikaku-chô*) mit den eigentlichen Wirtschaftsplänen (*keizai keikaku*). Eine Vernetzung der Planungen ist zwar institutionell durch die ministeriellen und parlamentarischen Koordinierungsgremien möglich. Maßgeblich für die Formulierung ist jedoch das federführende Ministerium. Wenn man die einschlägigen Pläne jeweils einer Phase vergleichend betrachtet, ist zweierlei erkennbar:

Themenkonjunkturen werden ressortübergreifend sichtbar: Bekämpfung der industriellen Umweltbelastung, Sicherung der Energieversorgung und Globalisierung der Umweltpolitik waren solche Themen, die in allen Fachplanungen in bestimmten Phasen parallel aufgegriffen wurden. Dies bestätigt zumindest auf der programmatischen Ebene die Annahme, daß das politische System zur politikfeldübergreifenden Konsensbildung über politische Ziele fähig ist. Gleichzeitig wird aber auch deutlich, wie stark in der konkreten Planformulierung die ressortspezifische Problemsicht die Inhalte prägt. So zeigt die Bearbeitung des Themas Energieversorgung und Energieverbrauch, das in allen Planungen der späten siebziger Jahre aufgegriffen wurde[41], im Landesentwicklungsplan, daß hier der Energieverbrauch vor allem ein Problem der Sicherung von notwendigen Kraftwerkstandorten und damit auch der Sicherstellung des steigenden Stromverbrauchs in allen Teilen des Landes war. Im Wirtschaftsplan dagegen wurde eine energiesparende Wirtschaftsstruktur als Bestandteil einer langfristigen Umweltschutzpolitik erwähnt, wenngleich im Mittelpunkt des Interesses die Einsparung von Rohstoffen als Erfordernis eines stabilen Wirtschaftswachstums stand. In den industriepolitischen Visionen des Ministeriums für Internationalen Handel und Industrie schließlich ging es um die Einsparung von Energie im Zeichen steigender Preise und hoher Importabhängigkeit als zentrale Voraussetzung für die Sicherstellung des wirtschaftlichen Wachstums. Für das Nationale Umweltamt stand der grundlegende Umbau der industriellen Produktion sowie Veränderungen im privaten Konsumverhalten im Zentrum der Energieeinsparpolitik.

Die unterschiedliche Akzentuierung hatte eine Fragmentierung von politischen Schwerpunktsetzungen zur Folge. So ist das Kernproblem für das Amt für Raumordnung die Vertrauensbildung bei Bürgern, die sich dem Bau neuer Kraftwerke widersetzen. Das Wirtschaftsplanungsamt sieht Schwerpunkte in der Sicherung der Versorgung durch Förderung von Atomenergie und der Durchführung von Explorationsprojekten für Öl und Kohle im Ausland, das MITI setzte auf staatliche Förderung der Hochtechnologien und Zukunftsindustrien in der Metallverarbeitung. Das Nationale Umweltamt schließlich forderte die Verrechtlichung der Umweltverträglichkeitsprüfung, um bereits im Planungsprozeß von umweltrelevanten industriellen Bauvorhaben steuernd eingreifen zu können. Die Ansätze hätten im Sinne

---

41 Verglichen wurden der Dritte Landesentwicklungsplan (*Dai san-ji zenkoku sôgô kaihatsu keikaku*) von 1977, die "langfristigen Perspektiven für die Industriestrukur" (*Sangyô kôzô no chôki bijon*) des Ministeriums für Internationalen Handel und Industrie von 1976 und der Wirtschaftsplan für die zweite Hälfte der siebziger Jahre (*Shôwa nendai zenki keizai keikaku*) des Wirtschaftsplanungsamtes von 1975.

eines ökologischen Strukturwandels miteinander verknüpft werden können. Daß sie dennoch an der Frage der Prioritätensetzung von Wachstum und Umweltschutz auseinanderbrachen und in Konkurrenz zueinander gerieten, weist auf ein grundlegendes Problem der japanischen Bürokratie hin. Die Ressorts sind geprägt von einem Platzhirschverhalten und einem institutionellen Autismus, der in Japan üblicherweise mit dem Begriff der "vertikalen Verwaltung " (*tatewari gyôsei*) umschrieben wird (Muramatsu 1988, Koh 1989). Ressortegoismus und Fraktionierung der Ministerien stehen einer horizontalen Vernetzung entgegen und begünstigen ein Neben- und Gegeneinander. Nachdem die kurze Phase kollektiven Krisenbewußtseins überwunden war, traten diese Strukturen wieder deutlicher zutage. Die diversen Planungen waren nicht integriert, sondern führten isolierte Einzelleben[42].

Die eingangs formulierte Annahme, daß die Tradition der Perspektivplanungen eine spezifische langfristige Strategiefähigkeit politischen Handelns in Japan begünstigt, muß modifiziert werden: auf der programmatischen Ebene belegt die Parallelisierung von Themen in unterschiedlichen Ressorts die Fähigkeit zur Formulierung übergreifender Handlungsziele, allerdings unter den Bedingungen von äußerem Handlungsdruck. Als dieser wegfiel, fand die institutionell gegebene Strategie- und Steuerungsfähigkeit ihre Grenzen in der Ressortborniertheit. Während in der Umweltpolitik seit der Novellierung des Rahmengesetzes über Maßnahmen gegen Umweltzerstörung (*Kôgai taisaku kihon-hô*) 1970 Umweltschutz nicht mehr an die Vereinbarkeit mit wirtschaftlichem Wachstum gebunden ist, war in der Industriepolitik Umweltschutz stets eine Funktion von Wachstumspolitik. Politik zwischen Umweltschutz und industriellem Strukturwandel blieb so inkrementalistischer als erwartet (Yamamura 1993, S.131).

Allein das Vorhandensein von Planungsinstrumenten garantiert demnach keine weitreichende Strategie- und Steuerungsfähigkeit.

---

42 Die Kritik an diesem Zustand hat seit den späten achtziger Jahren zu der Forderung nach der Einführung eines integrierten, ganzheitlichen Umweltmanagementplans (*kankyô kanri keikaku*) geführt (Yamamura 1993, S.131; OECD 1994, S.113). Die Pflicht der Verwaltung zur Aufstellung eines derartigen Plans wurde 1993 in das neue Umweltrahmengesetz aufgenommen. Vgl. Ôtsuka 1994.

Die Grenzen der Integrationsfähigkeit

Hier ist argumentiert worden, daß das japanische System über Verfahren und Institutionen verfügt, die eine inter- und intraministerielle Konsensbildung ermöglichen und die Abstimmungsprozesse zwischen administrativem und öffentlichem Bereich so gestalten, daß eine Integration von Konfliktparteien sichergestellt wird. Solange es um die Bekämpfung der innerjapanischen Umweltbelastungen ging, waren die Konfliktparteien relativ klar zu benennen: auf der einen Seite standen die Vertreter eines ungehemmten Wirtschaftswachstums, also die Industrie, die Ministerien der Wirtschafts- und Industriepolitik und die wirtschaftsnahe Lobby innerhalb der Regierungspartei. Ihnen gegenüber standen erkrankte Bürger, Kommunen mit einem hohen Belastungsniveau, die linken Oppositionsparteien sowie die sie unterstützenden Verbände. Die dezentrale Integration von Bürgern und Gewerkschaften in den politischen Abstimmungsprozeß vor Ort mag für den umweltpolitischen Erfolg Anfang der siebziger Jahre erklärungsadäquat gewesen sein, als es um konkrete Schadensregulierung ging. Beim ökologischen Umbau der industriellen Produktion handelt es sich indessen um ein anders strukturiertes Problem: es gibt keine "Opfermentalität". Ein Engagement für einen umweltverträglichen Strukturwandel ist damit nicht durch persönliche Betroffenheit motiviert, sondern eher durch professionelles Interesse oder ökologische Rationalität. Direkte Betroffenheit besteht nur auf seiten der Industrie in dem Sinne, daß von ihr eine Integration von ökologischen Kriterien in ihre Produktion erwartet wird.

Die klassischen Konfliktlinien verliefen daher ab der zweiten Hälfte der siebziger Jahre naheliegenderweise zwischen den organisierten bzw. professionellen Umwelt- und Wirtschaftsinteressen. Umweltinteressen repräsentiert innerhalb der Ministerialbürokratie das Nationale Umweltamt. Die linken Oppositionsparteien und ihnen nahestehende Verbände hatten zwar die Umweltopfer immer engagiert unterstützt, auf die Diskussion über den ökologischen Umbau der Industriestruktur hatten sie indessen kaum Einfluß genommen. Die Gewerkschaften haben sich im Hinblick auf einen umweltverträglichen Strukturwandel nicht disponiert, obwohl sie aufgrund der stabilen Wirtschaftslage und der niedrigen Arbeitslosenquote gerade in den Branchen der Grundstoffgüterindustrie durchaus Handlungsspielräume hatten. Überregionale Umweltschutzverbände, die als Vertreter eines übergeordneten Umweltschutzinteresses als Lobby hätten wirken können, sind erst seit Ende der achtziger Jahre stärker in Erscheinung getreten, sie sind jedoch bis heute im Vergleich zu den westlichen Industrieländern in ihrer personellen und finanziellen Ausstattung sowie in ihrem Aktionsradius außerordentlich beschränkt (Koike 1991, S.159f.).[43] Die Interessen der Wirtschaft werden innerhalb der Regierung vom MITI, aber auch vom Bau- und Transportministerium vertreten, die zu Zeiten der LDP-Regierungen, d.h. bis 1993, von den Wirtschaftsexperten innnerhalb der Regierungspartei unterstützt wurden. Beide Kreise sind strukturell eng mit den Industrie- und Branchenverbänden vernetzt.

Die Konfliktlinien zwischen Umwelt- und Wirtschaftsinteressen verlaufen entsprechend auf zwei Ebenen: innerhalb der Ministerialbürokratie prallen die wirtschaftsnahen Ministerien mit dem Nationalen Umweltamt in allen konkreten Entscheidungen nicht selten aufeinander. Zwischen administrativem Bereich und Gesellschaft besteht bei der ökologischen Steuerung von strukturellem Wandel die Konfliktlinie vorrangig zwischen Staat und Industrie und erst nachgeordnet zwischen Umweltschutzgruppen, Staat und Industrie.

In der Phase zwischen 1978 und 1987 setzten sich in interministeriellen Konflikten die wirtschaftsnahen Ministerien durch. 1978 schwächte die Regierung die Grenzwerte für NO_x ab, was in der Öffentlichkeit als Zugeständnis des MITI an die Automobilhersteller gewertet wurde. 1988 wurde die Aufhebung der Emissionsabgabe für SO_2 gegen den Protest der Kranken und der betroffenen Kommunen und entsprechend den Forderungen der Industrieverbände von den industrienahen Ministerien durchgesetzt. Die rechtliche Festschreibung der Umweltverträglichkeitsprüfung wird seit mehr als 15 Jahren vom Nationalen Umweltamt eingefordert. Ein entsprechender Gesetzesentwurf des Amtes scheiterte aufgrund des scharfen Widerstands des Bauministeriums und des MITI, das bei einer Einführung die Durchsetzbarkeit der Bauplanungen für Kraftwerke als gefährdet ansah, 1984 endgültig.[44] Während das Amt als Antwort auf das Konzept der wissensintensiven Industriestruktur seit einigen Jahren regelmäßig über die steigende ökologische Bedenklichkeit von Hochtechnologieproduktion berichtet, hat das MITI dieses Konzept als Rezept für eine zukunftsweisende Verbindung von hohem Wachstum und geringer Umweltbelastung propagiert. Erst jüngst hat es aus 20 Jahren wirtschaftlicher Entwicklung das Fazit gezogen, Japan habe bewiesen, daß wirtschaftliches Wachstum und Umweltschutz vereinbar seien. Das Nationale Umweltamt wies demgegenüber in seinem Umweltweißbuch

---

43 Eine Ausnahme bildet der nationale japanische Ableger von "Freunde der Erde" (*Chikyû no tomo Nihon*), der bereits 1979 in Japan als Regionalgruppe gegründet wurde. Aber auch er trat erst Ende der achtziger Jahre durch öffentliche Veranstaltungen und andere Aktivitäten an die Öffentlichkeit.

44 Die Auseinandersetzung um die Verrechtlichung der Umweltverträglichkeitsprüfung reicht bis in das Jahr 1972 zurück, als sich das Kabinett erstmals für eine Umweltverträglichkeitsprüfung für öffentliche Bauvorhaben aussprach.

von 1992 warnend darauf hin, daß die Umweltbelastungen der letzten Jahre durch die wirtschaftliche Entwicklung in Japan deutlich verstärkt worden sind (Miyazawa 1993, S.102). Während das MITI 1989 erklärte, angesichts der Vorreiterposition Japans bei der Reduzierung der spezifischen CO_2-Emissionen seien weitere Verbesserungen kaum noch möglich und ein Anstieg um 16% bis zum Jahr 2000 unvermeidlich, hielt das Nationale Umweltamt das Einfrieren der Emissionen bis 2000 auf dem Niveau von 1990 für machbar (Utsunomiya 1991, S.135). Die konträre Problemsicht beider Ministerien hat sich bis heute gehalten und in klassischer Weise während der Beratungen über das neue Umweltrahmengesetz manifestiert: im Auftrag des Nationalen Umweltamts hatten der Zentralrat für Umweltfragen und der Rat für Naturschutz die konzeptionellen Grundlagen des neuen Umweltrahmengesetzes entwickelt, wobei beide Beratungsgremien davon ausgegangen waren, daß das zentrale Ziel des Gesetzes die Schaffung einer umweltverträglichen Gesellschaft sein müsse. Zu diesem Zweck forderten sie einen strukturellen Wandel der gegenwärtigen übersteigerten Konsumgesellschaft mit Hilfe einer ganzheitlichen und planvollen Umweltpolitik. Ihre erste Kernforderung lautete, daß eine Umweltverträglichkeitsprüfung bei privaten und öffentlichen Vorhaben generell verpflichtend gemacht werden müsse. Die zweite richtete sich auf die Einführung einer Umweltschutzabgabe, von der sie sich eine Steigerung der Motivation für Umweltschutz erwarteten. Gegen beide Forderungen lief vor allem das MITI Sturm. Es befragte seine eigenen Beratungsgremien und erhielt im Gegensatz zum Nationalen Umweltamt, das sich auf die genannten eigenen Beratungsausschüsse stützte, die Empfehlung, auf die Einführung einer Umweltsteuer zu verzichten. Das MITI setzte sich, unterstützt vom Bauministerium und den Unternehmerverbänden, durch.

Diese Beispiele zeigen folgendes: eine Integration von konträren Interessenlagen hat zwar stattgefunden. Es ist in allen genannten Konflikten zu Kompromissen gekommen. So wird die Umweltverträglichkeitsprüfung für bestimmte öffentliche Bauvorhaben auf der Grundlage eines Kabinettbeschlusses faktisch praktiziert. Die Finanzierung der bis 1988 anerkannten Umweltverschmutzungsopfer erfolgt seither durch einen Finanzierungsfond, der auch aus Industriebeiträgen gespeist wird. Die Selbstverpflichtung Japans, die CO_2-Emissionen nach 2000 auf dem Niveau von 1990 einzufrieren, wurde bei der Klimakonferenz von Rio öffentlich dokumentiert. Strukturpolitisch waren diese Kompromisse jedoch "faul". Die vom Nationalen Umweltamt geforderten rechtsverbindlichen Eingriffe hätten eine umweltverträgliche Umorientierung der industriellen Produktion politisch fördern können. An Institutionen und Verfahren des Interessenausgleichs hat es tatsächlich nicht gemangelt. Die Qualität der zustande gekommenen Kompromisse zeugt jedoch von der Durchsetzungsschwäche des Nationalen

Umweltamts. Sie ist chronisch und strukturell bedingt. Bereits in den Ausgangsbedingungen für politisches Handeln besteht zwischen den Protagonisten von Ökologie und Ökonomie, dem Nationalen Umweltamt und dem Ministerium für Internationalen Handel und Industrie, eine weite Kluft. Das Nationale Umweltamt ist 1971 gegründet worden und damit "jung". Als relativer "Newcomer" und als "nur" Amt neben den Ministerien ist es in Prestige, Ausstattung und Kompetenzen den großen Ministerien unterlegen. Auch im internationalen Vergleich ist seine personelle und finanzielle Ausstattung bescheiden. In seiner Entstehungsgeschichte (Fujikura/ Gresser/ Morishima 1981, S.26f.) liegt es begründet, daß das Amt keinerlei Kompetenzen in den Bereichen der Raumordnung, des unternehmensbezogenen Umweltschutzes, der Standortplanung und -genehmigung sowie der Energie- und Ressourcenpolitik hat. Es ist damit in allen Fragen des industriellen Umweltschutzes von der Abstimmung mit dem MITI, dem Transport- und dem Bauministerium abhängig, die neben dem Finanzministerium zu den Machtzentren der japanischen Bürokratie zählen und traditionell Protagonisten einer Hochwachstumspolitik gewesen sind. Nachdem die Wirtschaftsinteressen nach 1974 vorübergehend in der Defensive gewesen waren, machte sich danach die mangelnde Konkurrenzfähigkeit des Nationalen Umweltamts in personeller und finanzieller Ausstattung wieder negativ bemerkbar. Das Amt verfügt über lediglich einen Bruchteil des Umweltetats, ihm ist der ungefilterte Zugang zu unternehmensbezogenen Umweltdaten verwehrt, die vom MITI verwaltet werden[45].

Die Realisierbarkeit von ökologischer Strukturpolitik ist unter diesen Bedingungen in Japan wie anderswo auch eine Frage der Macht. Wie eingangs argumentiert, bietet das System institutionell die Möglichkeit, die interministerielle Schwäche von ökologischen Interessen durch öffentlichen Handlungsdruck oder durch eine Funktionalisierung des Beiratssystems zu kompensieren. Öffentlicher Druck hat Anfang der siebziger Jahr zu institutionellen Innovationen geführt, die eine Integration der Umweltschutzinitiativen in den politischen Prozeß ermöglicht haben. Bedeutsam war in diesem Zusammenhang die Einführung von Umweltschutzabsprachen zwischen Kommunen und Industrie unter Beteiligung von Bürgern. Die Institution besteht bis heute.

---

45 Hashimoto (1994, S.215) führt das Informationsmonopol des MITI als Beleg für die Kooperationsunwilligkeit oder auch -unfähigkeit des Ressorts an, durch die eine Koordinierung und eine Bündelung der Daten der verschiedenen beteiligten Ministerien in der Hand des Umweltamtes bislang gescheitert sind.

Tabelle 31: Bürgerbeteiligung an Umweltschutzabkommen 1975/1993

	1975	1993
Gesamt	8923	42 000
neu gegenüber Vorjahr	1827	2200
davon		
mit gleichberechtigter Beteiligung von Bürgern	76	127
mit Bürgern als Beisitzer ohne Stimmrecht	337	85
Abkommen zwischen Unternehmen und Bürgern	1394	287

Nach: Kankyô-chô, laufende Jahrgänge.

Aus Tabelle 31 ist ersichtlich, daß eine Institutionalisierung von trilateralen Abkommen zugenommen hat, allerdings ist der Anteil an der Gesamtanzahl der Abkommen gering. Aus den Inhalten der Absprachen geht hervor, daß sie für eine Umstrukturierung der Industrieproduktion keine Rolle gespielt haben. Sie sind geblieben, was sie immer gewesen sind: lokale, problemgebundene Einzelfallabsprachen über betriebliche Umweltschutzmaßnahmen. Eine wesentlichere Funktion wäre daher von den Beiräten zu erwarten gewesen, die, wie gezeigt, dem Anspruch nach gesellschaftliche Interessenvermittlung durch die pluralistische Bündelung von Expertenwissen ermöglichen und mit ihren Empfehlungen administratives Handeln durch einen breiten Konsens absichern sollen. Der Vergleich der einschlägigen Beiräte von MITI und Nationalem Umweltamt ergibt folgendes Bild:

Tabelle 32: Zusammensetzung einschlägiger Beiräte

	Wirtschaftsbeirat[1]	Zentralrat für Umweltfragen[2]	Industriestrukturrat[3]
Wissenschaftler	5/ 5	6/34	4/ 10
Unternehmen und Branchenverbände	13/ 14	3/ 14	12 / 21
sonstige Verbände	4 / 3	2/ 18	- / 5
Gewerkschaften	3/ 2	-/ 4	1/ 2
Medien	1/ 1	2/ 2	4/ 2
andere	0/1	2/ 6	2/ 2

Anm.: Es handelt sich um 1) *Keizai shingi-kai*, in der Zusammensetzung von 1986 und 1992, 2) um den Planungsausschuß *(kikaku bukai)* des Zentralrats für Umweltfragen *(Chûô kôgai taisaku shingi-kai)* auf dem Stand von 1986 sowie des Hauptausschusses *(sôgô bukai)* auf dem Stand von 1992 sowie 3) um den Planungsausschuß *(sôgô bukai kikaku shô-iinkai)* im Hauptausschuß des Industriestrukturrats *(Sangyô kôzô shingi-kai)* in der Zusammensetzung von 1987 und dem Hauptausschuß *(sôgô bukai)* in der Zusammensetzung von 1992. Da die Beiräte nicht parallel strukturiert sind, wurden annähernde funktionale Entsprechungen gewählt.

Der Vergleich der Beiräte läßt folgende Aussagen zu: der Zentralrat für Umweltfragen ist pluralistischer besetzt als der Wirtschaftsbeirat und der Industriestrukturrat. Im Industriestrukturrat, der über die vergangenen zwanzig Jahre die einschlägigen Perspektivplanungen beraten hat, sind die Vertreter der einflußreichen Industriezweige auch in den Unterausschüssen für Umweltfragen mit Abstand in der Mehrzahl. Die Struktur hat sich auch seit der neuen Welle global orientierter Wirtschafts- und Umweltpolitik in Japan nicht geändert. Generell handelt es sich bei der Mehrheit der Mitglieder um hochrangige Vertreter von Kreditanstalten, Industriebranchen bzw. Unternehmensgruppen (Tsûshô sangyô-shô 1994, S.130f.).

Dies hat zwei Konsequenzen: zum einen ist in den Beiräten des MITI und des Wirtschaftsplanungsamtes der Informationsfluß zwischen Industrie und Ministerium kurzgeschlossen. Zum anderen verbirgt sich hinter der Struktur weniger Expertise, aber mehr Verhandlungsmacht, da es sich bis Ende der achtziger Jahre bei den Industrievertretern überwiegend um prominente Repräsentanten der Unternehmensspitzen gehandelt hat. Vertreter der Gewerkschaften, der Verbände und der übrigen Öffentlichkeit bilden eine verschwindende Minderheit. Unter dem Aspekt der Integration von Kritikern und Stärkung der schwachen interministeriellen Position des Nationalen

Umweltamts ist interessant, daß nicht nur die wirtschaftsnahen Ministerien, sondern auch das Amt eine Berufung von dezidierten Vertretern von Umweltschutzinteressen vermeidet: bei dem in der Regel einzigen Vertreter von Verbänden handelt es sich meist um eine Sprecherin des Hausfrauen- oder Verbraucherschutzbundes. In der Gruppe der Wissenschaftler fehlen in den Beiräten sowohl des Amtes als auch des MITI kritische Umweltwissenschaftler vollständig. Zwar ist eingangs argumentiert worden, daß überregionale einflußreiche Umweltschutzverbände bis Ende der achtziger Jahre nicht in der Situation gewesen sind, einen Platz in den Beiräten zu beanspruchen und eine Integration von Umweltschutzinteressen dadurch auf der zentralen Ebene nicht erfolgt ist. Solange die Probleme lokal, personell und zeitlich begrenzt waren, konnte die dezentrale Integration von Konfliktpartnern positiv als Indiz für Integrationsfähigkeit gewertet werden. In der Frage der Umsetzung einer umweltfreundlicheren Industriestruktur haben wir es jedoch mit einem allgemein politischen Problem ohne eine klar definierbare Betroffenengruppe und um eine "Aufgabe in Permanenz" zu tun (Jänicke). Problembewußtsein und Interesse in der Öffentlichkeit waren seit Mitte der siebziger Jahre wenig ausgeprägt. Die Gewerkschaften waren auf betrieblicher Ebene integriert und verfolgten in den Umstrukturierungen einen weitgehend kooperativen Kurs. Kritiker der Industrie und der staatlichen Umweltpolitik waren vor allem in der Wissenschaft und in den linken Oppositionsparteien zu finden. Unter diesen gab und gibt es Gruppen und Verbände, die sich mit großem Expertenwissen aktiv in die Umweltpolitik eingemischt haben. Zu den renommiertesten gehört die Japanische Rechtsanwaltsvereinigung (*Nihon bengo-shi rengô-kai*), die u.a. eigene Gesetzesentwürfe zur Einführung der Umweltverträglichkeitsprüfung und zuletzt zum neuen Umweltrahmengesetz vorgelegt hat (Awaji 1993, S.30). Die Vereinigung lag mit ihren Forderungen nach Verrechtlichung der Umweltverträglichkeitsprüfung und der Einführung erweiterter Partizipationsrechte für Bürger nicht im Widerspruch zu den Positionen des Nationalen Umweltamtes. Daß das Amt eine Berufung von Vertretern der Vereinigung dennoch stets vermieden hat, mag in der Nähe der Vereinigung zu den linken Oppositionsparteien begründet sein. Konsequenz ist jedoch, daß kritisches Expertenwissen ungehört bleibt und eben gerade nicht integriert wird. Die Kritik, die Beiräte hätten eine Alibifunktion, indem sie einen pluralistischen Anstrich wahren, faktisch aber wirkliche Opponenten der geplanten Politik erst gar nicht zulassen (Harari 1986), ist vor diesem Hintergrund nicht von der Hand zu weisen. Eine andere Konsequenz ist, daß die vermeintliche Konsensbildung in den Beiräten hinter verschlossenen Türen stattfindet und die kritischen Umweltexperten keinen Zugriff auf die dort vorliegenden Informationen haben.

Dies spricht für das alte Argument, daß die Berufungen der Beiräte im administrativen Alltagsgeschäft nicht auf einen wirklichen Interessenausgleich abzielen, sondern die Mitglieder so ausgewählt werden, daß die Kontrolle der Ministerien über die Arbeit der Beiräte erhalten bleibt und grundlegende politische Konflikte erst gar nicht auftreten können. Shindo (1983) und andere haben in diesem Zusammenhang die Institution der administrativen Beratungsgremien als "Deckmäntelchen" (*kakuremino*) bürokratischer Machtausübung bezeichnet. An den Fällen, in denen das MITI und das Nationale Umweltamt ihre Ausschüsse zu demselben Problem befragten, wie jüngst zu der Frage nach der Neuorientierung der japanischen Umweltpolitik im Zeitalter der Globalisierung von Umweltproblemen, werden die Folgen sichtbar: die Beiräte dienen nicht der Integration unterschiedlicher Positionen, und zwar weder innerhalb der jeweiligen Ressortsgrenzen noch zwischen den Ressorts. Im Gegenteil: obwohl eine ressortübergreifende Zusammenarbeit institutionell möglich ist, gibt es keine personellen Überschneidungen in den Beiräten des Nationalen Umweltamts und des MITI, obwohl innerhalb eines Ressorts Doppelzugehörigkeiten von Beiratsmitgliedern durchaus gängig sind. Eine Zusammenarbeit findet nicht statt. Die Beiräte agieren entlang der Organisationsstrukturen und Positionen der Ministerien, denen sie zugeordnet sind. Die Konflikte zwischen dem Nationalen Umweltamt und den großen Ministerien setzen sich in den Positionen ihrer Beiräte fort. Diese integrieren damit in doppelter Hinsicht nicht, sondern reproduzieren die Sicht "ihres" Ministeriums und damit auch die Konflikte der sie einsetzenden Bürokratien.

Aufgrund der Eigendynamik des strukturellen Wandels in den achtziger Jahren und der geringen gesamtgesellschaftlichen Konfliktbereitschaft hat die selektive Nutzung der Institutionen der Konsensbildung durch die Ministerien den ressourcenschonenden technischen Wandel jedoch nicht behindert. Eine koordinierende Bedeutung nahmen sie jedoch nur innerhalb eines Politikfelds und für die dort eingebundenen Gruppen wahr, die ohnehin schon durch einen Grundkonsens verbunden waren.

Innovationsfähigkeit: Schaffung latenter Kapazitäten

Innovationsfähigkeit als Voraussetzung für eine erfolgreiche ökologische Strukturpolitik beinhaltet die Fähigkeit des politischen Systems, sich auf neue Probleme und Anforderungen durch institutionelle Innovationen einzustellen.

Umstrukturierungen und Reformen in der öffentlichen Verwaltung als institutionelle Antwort auf neue politische Probleme setzten frühzeitig vor allem als Reaktion auf die hohe umweltpolitische Konfliktbereitschaft der Bevölkerung während der Umweltkrise ein und richteten sich auf den Aufbau von Umweltschutzverwaltungen und die Einführung von Schlichtungs- und Verhandlungsverfahren für die Lösung von Umweltkonflikten.

Strukturpolitisch relevant war vor allem der Boom von energiepolitischen Institutionen, der nach der Ölpreiskrise zur Förderung einer sicheren Energieversorgung und Energieeinsparung einsetzte. Ein weiterer institutioneller Innovationsschub folgte nach 1988. Er führte als Antwort auf die Globalisierung der Umweltdebatte zu einer Verselbständigung globaler Umweltpolitik als eigenständigem Arbeitsgebiet in den zentralstaatlichen und präfekturalen Verwaltungen.

Tabelle 33: Institutionen für Energiesparung und Rohstoffsicherung [1]

Staat	1973	Amt für Rohstoffe und Energie (*Shigen enerugii-chô*) mit regionalen Dependencen
	1977	Kommission zur Förderung einer Energie- und Ressourcenpolitik (*Shô-enerugii.shô-shigen taisaku suishin kaigi*)
	1977	Kabinettsausschuß zur Förderung einer umfassenden Energiepolitik (*Sôgô enerugii taisaku kakuryô kaigi*)
	1980	New Energy Development Organization (NEDO) (MITI)
Industrie	1978	kommunale und private Energieberater
	1979	Betriebliche Energiebeauftragte
Private Träger	1978	Zentrum für Energieeinsparungen (Stiftung)
	1979	Japanische Gesellschaft zur Entwicklung und Beratung eines komplexen Energiemanagements für Gebäude
		Clean Japan Center (Stiftung)

Anm. (1) Es handelt sich hier um Beispiele, zur Vertiefung vgl. Shô-enerugii sentaa 1994, S. 210-216.

Die institutionelle Verarbeitung neuer Themen ist gleichzeitig auch außerhalb der staatlichen Einrichtungen anzutreffen und demonstriert die Fähigkeit von Staat und Industrie, einen gesellschaftlichen Konsens über längerfristige politische Schwerpunktsetzungen zu erzielen. Auslöser war die Ölpreiskrise. In dem Rahmengesetz über Maßnahmen gegen Umweltzerstörung, dem neuen Umweltrahmengesetz und dem Gesetz über die Rationalisierung des Energieverbrauchs waren Impulse für die institutionellen Neuerungen enthalten, indem nach übereinstimmendem Muster für Staat, Kommunen, Industrie und Bevölkerung umwelt- oder energiepolitische Aufgaben formuliert werden.

Neue Institutionen ziehen Umverteilungen in den Haushalten nach sich. Sie bewirken vor allem, daß einem neuen Problemfeld auch dann noch institutionelle Aufmerksamkeit zukommt, wenn das Interesse der Öffentlichkeit nachläßt (Calder 1988, S.461). Diese allgemein gültige Beobachtung bestätigte sich, als der Staat sich aus der aktiven Förderung eines ressourcenschonenden Strukturwandels zurückzog. Energieeinsparung blieb in den achtziger Jahren auch deshalb ein Thema, weil es nun Institutionen gab, die sich ausschließlich mit Energieeinsparung befassen und ihre Existenzberechtigung aus der Förderung des Energiespargedankens beziehen. Feststellbar war ein deutlicher Anstieg an Publikationen, Kampagnen und Informationen zum Thema.

Inwieweit die institutionellen Innovationen darüber hinaus die Reduzierungen des spezifischen Endenergieverbrauchs in der Industrie beeinflußt haben, ist in allgemeiner Form nicht zu beantworten. Da die institutionellen Ausdifferenzierungen innerhalb der Ministerien stattfanden, blieb ihre konkrete Politik stark an die Agenda des Ministeriums gebunden. Am Beispiel des Amts für Rohstoffe und Energie wird deutlich, daß es im Hinblick auf die Einordnung der Energiepolitik in die Konjunkturpolitik keine eigenständige Position innerhalb des MITI vertritt. Hinsichtlich der Durchsetzungsstärke innerhalb des Ministeriums sind insbesondere die neuen Institutionen der Energiepolitik wiederum mit dem Problem konfrontiert, jung, klein und arm zu sein. Dies schränkt in Zeiten geringen politischen Handlungsdrucks die Reichweite dieser neuen Institutionen ein. Als jedoch Ende der achtziger Jahre Energiepolitik als zentraler dritter Pfeiler des Problemfelds Wachstum und Umweltschutz neue Bedeutung erhielt, waren es diese neuen Institutionen aus den siebziger Jahren, die den zweiten Schub institutioneller Innovationen begünstigten, da sie als professionelle Keimzelle wirkten, die den Gedanken der rohstoffschonenden Industriestruktur als Beitrag zum globalen Klimaschutz institutionell beförderten.

Seither hat ein wahrer Boom zur Institutionalisierung des globalen Umwelt- und Ressourcenschutzes eingesetzt, an dem nun auch die Präfekturen und Kommunen aktiv beteiligt sind. Auf zentralstaatlicher Ebene sind neben einem Kabinettsausschuß für globale Umweltpolitik 1989 inzwischen auch in den umweltpolitisch relevanten Ministerien und im Nationalen Umweltamt Referate (*ka*) für globalen Umweltschutz eingerichtet worden. Dem MITI arbeitet in dieser Frage ein ebenfalls neu gegründeter Unterausschuß für globale Umweltpolitik im Industriestrukturrat zu. Ähnlich ist die Entwicklung in den Selbstverwaltungskörperschaften verlaufen. Nachdem von hier in den achtziger Jahren kaum noch umweltpolitische Initiativen ausgegangen waren, ist es seit 1989 zu einer Flut von neuen Umweltschutzsatzungen, Gründungen von Beiräten und Koordinierungsausschüssen zur Harmonisierung von Umweltschutz und Ressourcenverbrauch gekommen (Yamamura 1993). Bei den Aktivitäten der Präfekturen und Kommunen ist gegenwärtig unklar, wie politikrelevant die neuen Institutionen werden, da nach wie vor in vielen Fällen die Umweltschutzabteilungen gegenüber den Wirtschaftsinteressen als außerordentlich durchsetzungsschwach gelten (Yamamura 1993, S.130). Hinzu kommt, daß anders als in den frühen siebziger Jahren die Institutionalisierungen nicht von einer konfliktfähigen Bürgerinitiativbewegung getragen werden. Gleichzeitig zeigt aber gerade die Tatsache, daß institutionelle Innovationen ohne öffentlichen Druck politisch durchgesetzt wurden, daß es keine rein symbolischen Handlungen sind. Vielmehr werden prophylaktisch Institutionen geschaffen, auf die beim Auftreten von aktuellem sozialen, politischen oder ökonomischen Handlungsdruck zurückgegriffen werden kann. Es werden so "latente Kapazitäten" aufgebaut. Sie werden durch entsprechende parallele Innovationen in den Industrieverbänden und Großunternehmen ergänzt. In der Industrie werden seit den späten achtziger Jahren Abteilungen für globalen Umwelt- und Ressourcenschutz aufgebaut. Die Zusammenarbeit von Staat und Industrie verändert sich dadurch. Feststellbar ist die Tendenz, daß Unternehmen beispielsweise in den Unterschußausschuß für globalen Umweltschutz im Industriestrukturrat die Leiter dieser Abteilungen entsenden. Damit treffen erstmals in einem Beirat auch aus der Industrie immer weniger Allround-Spitzenmanager der Unternehmen bzw. der Verbände und Branchen auf die Vertreter das MITI, sondern Experten. Zu erwarten ist einerseits eine Professionalisierung der Beiräte mit einem steigenden Gewicht der Industrievertreter, die sich nun nicht mehr allein durch ökonomische Macht, sondern auch durch ökologische Expertise durchsetzen können. Andererseits ist als Folge eine zunehmende Autonomie der Beiräte vom MITI zu vermuten, da sie nicht mehr von der informationellen Zuarbeit des MITI abhängig sind. Der Einfluß des Ministeriums sinkt mit der umweltpolitischen Profilierung der Industrie.

Die Industrie baut intern Strukturen auf, die bislang eine Domäne der Politik waren. Da eine seit langem in der Öffentlichkeit geforderte Aufwertung des Nationalen Umweltamts durch Ausbau zu einem Ministerium aufgrund von interministeriellen Widerständen nicht konsensfähig ist, ist für den politischen Steuerungsverlust institutionell keine Kompensation in Sicht.

Grenzen politischen Könnens: die Machtfrage

Die Rolle der Politik für die Förderung eines umweltschonenden industriellen Wandels ist überschätzt worden. Die Institutionen, die als Voraussetzung für politische Effizienz gelten, bestehen, aber ihre Existenz allein ist nicht ausreichend, um zum gewünschten Ergebnis zu kommen. Sie wirkten in einer kurzen Phase akuten Problemdrucks positiv auf die strukturelle Umorientierung der Wirtschaft. Staat und Industrie waren zu jener Zeit gefangen in dem Mechanismus von "crisis and compensation" (Calder 1988). Das Zusammenfallen von Umwelt- und Ölpreiskrise begünstigte Innovationsbereitschaft bei Bürokratie und Industrie. Interministerielle Konflikte traten kurzfristig unter dem äußeren Handlungsdruck zurück. Unter den Bedingungen nachlassender öffentlicher Aufmerksamkeit, Eindämmung der ökologischen Krise und Stabilisierung der wirtschaftlichen Entwicklung in den achtziger Jahren veränderten sich die Bedingungen für die Durchsetzbarkeit eines strukturpolitischen Umweltschutzes, und die alltäglichen internen Machtstrukturen bürokratischen Handelns kamen wieder zum Tragen. Innerhalb des Staatsapparats behindert generell das Ressortdenken eine horizontale Integration des Umwelt- und Ressourcenschutzes in die Strukturpolitik. Ökologie und Ökonomie standen und stehen sich in Gestalt des Nationalen Umweltamts und des MITI konträr gegenüber. Über die größere Durchsetzungsstärke verfügt das MITI und setzt diese in Interessenkonflikten entsprechend seinem Selbstverständnis zugunsten von Industrie- bzw. Wachstumsinteressen ein. Das Ministerium hat nach Ende der wirtschaftlichen Aufholphase keinen grundlegenden Paradigmenwechsel vorgenommen, d.h. es bleibt dem Wachstum verpflichtet. Es hat sich strukturpolitisch und ökologisch sinnvoll verhalten, solange faktisch Wachstums- und Umweltinteressen deckungsgleich waren. Sein Programm von der wissensintensiven Industriestruktur war so betrachtet nicht reine Symbolik.

In der Umsetzung war es jedoch nicht nur von Abstimmungsprozessen mit den benachbarten Ressorts abhängig, die es in der Regel für sich entscheiden konnte, sondern auch und vor allem von solchen mit der beteiligten Industrie. Zum Zeitpunkt der Konzipierung des Konzepts von der wissensintensiven Industriestruktur waren Eingriffe des MITI gegenüber der Industrie noch akzeptiert, weil dadurch ein ausbalancierter und koordinierter Anpassungsprozeß im Verarbeitenden Gewerbe erleichtert wurde. Die Industrie befand sich unmittelbar nach der ersten Ölpreiskrise ökonomisch und ökologisch in der Defensive und war angesichts der hohen Rohstoffpreise und einer drohenden Verrechtlichung umweltpolitischer Auflagen kooperationswillig. Dies änderte sich nach der zweiten Ölpreiskrise. Die umweltpolitische Entwarnung in der Öffentlichkeit und ein nachweisbar hohes Niveau an technischem Umweltschutz in Kombination mit einer stabilen konjunkturellen Lage erhöhten die unternehmerischen Handlungsspielräume und die Autonomie gegenüber dem MITI. Insbesondere die energieintensiven Industriezweige hatten ihr umweltpolitisches Soll erfüllt, ihre ökonomische Stärke war schon längst nicht mehr dem Protektionismus des MITI geschuldet. Entwicklungskonzepte des MITI für die Unterhaltungselektronik, für den Maschinenbau, den Energiesektor und die Computerindustrie wurden von den betreffenden Branchen abgelehnt (McKean 1993, S.84). Mit seiner Empfehlung an das Verarbeitende Gewerbe, das just-in-time-Prinzip aus ökologischen Gründen aufzugeben, hat sich das MITI nicht durchsetzen können.

Industriepolitik verlor ihre Lenkungsfunktion. Damit büßten die vertikalen, branchenbezogenen Büros des Ministeriums an Bedeutung ein. Ihr direkter Einfluß auf die Industriebranchen schwächte sich ab. Mit dem expliziten Neo-Liberalismus der Ära Nakasone Anfang der achtziger Jahre wurde der Rückzug des Staates zur politischen Programmatik erhoben. Das Interventionsmuster des MITI wurde stärker marktkonform. Das Ministerium delegierte industriepolitische Lenkungsaufgaben zunehmend an außerstaatliche Akteure wie an die Industrie- und Handelskammern und Branchenverbände. Statt direkter Intervention gewannen Informationsleistungen des Ministeriums an Bedeutung (Eads/Yamamura 1987, S.450). Dieser Wandel war verbunden mit einer Verlagerung des Gewichts der vertikalen Abteilungen auf die horizontalen Abteilungen mit Querschnittsfunktionen. Es liegt in der Natur dieser Büros, daß sie vor allem koordinierende Aufgaben erfüllen. Ihnen fehlt die enge Verflechtung mit einzelnen Industriezweigen, ihnen fehlt darüber hinaus auch die Verhandlungsmacht, Kooperation im Zweifelsfall zu erzwingen. Die Möglichkeit, das Kräfteverhältnis zwischen Staat und Industrie im Interesse eines rohstoffschonenden Wachstums durch die Verrechtlichung der Umweltverträglichkeitsprüfung für private Bauvorhaben sowie von Ökosteuern zugunsten des Staates zu beeinflussen, hat das MITI nicht genutzt. McKean (1993, S.103) faßt die Rolle des Staates seit den achtziger Jahren treffend mit den Worten zusammen: "...the state follows when it can, coordinate when it must, and deregulates when it cannot coordinate". Sie beschreibt damit exakt auch die Situation seit der umweltpolitischen Renaissance Ende der achtziger Jahre. Das MITI hat sein Wachstumskonzept modernisiert, indem es nun wirtschaftliches Wachstum explizit umweltverträglich gestalten will. Es vermeidet aber konsequent den Eindruck, es ginge ihm noch um eine politische Umsteuerung der Industriegesellschaft. Vielmehr betont es die Notwendigkeit, daß die Unternehmen in freiem und eigenständigem Antrieb eine umweltverträgliche Industriestruktur verwirklichen.

Die neuen ökologischen Initiativen der Industrie

Die Initiative und Umsetzung liegt seither bei der Industrie. Diese hat über den gesamten Zeitraum eine beträchtliche Anpassungsfähigkeit an neue Problemstellungen gezeigt. Generell ist der ökologischen Umsteuerung das hohe technische Niveau der japanischen F&E zugute gekommen.

Die japanische Industrie nimmt seit den siebziger Jahren unter den Industrieländern eine Vorreiterrolle in der Entwicklung und Einführung von Umweltschutztechnologien ein. Auch hier ist also die Frage weniger, ob eine ökologische Umsteuerung der industriellen Produktion möglich ist, als vielmehr, ob sie gewollt ist. Die Entwicklung seit den achtziger Jahren, als sich der Staat zurückgezogen hatte, macht deutlich, daß es die konjunkturelle Situation ist, die den Ressourcenverbrauch, das Verbrauchsverhalten und die Investitionsentscheidungen bestimmt, und nicht ökologische Weitsicht. Den Zusammenhang zwischen Wachstum und Stagnation bzw. Zunahme im Rohstoffverbrauch absolut wie auch in Relation zur Wertschöpfung haben die Stromerzeuger stellvertretend für die Energiegroßverbraucher Anfang der neunziger Jahre akzentuiert, als sie erklärten, daß sie ohne jegliche Zusatzanstrengungen die gewünschte Reduzierung der CO_2-Emissionen bis zum Jahr 2000 schaffen würden, sofern die Rezession anhielte.

Es wäre eine Illusion zu erwarten, der Zusammenhang von konjunktureller Lage und unternehmerischen Handlungsrationalitäten könnte grundsätzlich durch eine umweltpolitische Selbststeuerung der Industrie aufgelöst werden.

Umwelt- und Ressourcenschutz müssen mit den Wachstumsinteressen der Wirtschaft kompatibel sein, um konsensfähig zu sein. Die Modernisierungen von Verfahren und Produkten, die die guten Ergebnisse im Rohstoffverbrauch gebracht haben, waren insofern kompatibel, als daß sie unter den gegebenen Bedingungen einer insgesamt stabilen wirtschaftlichen Lage neben Kosteneinspareffekten einen Technologievorsprung der japanischen Industrie begünstigten, der im Zuge der Internationalisierung von Umweltschutz insgesamt die japanische Wettbewerbsfähigkeit gestärkt hat. Neue Märkte wurden erschlossen. Die Vereinbarkeit von Ressourceneinsparung mit Wachstumszielen ist die Prämisse, unter der die Industrie seit 1990 einen auffallenden Innovationsschub im Hinblick auf eine eigenständige industrielle Umweltpolitik eingeleitet hat. Insbesondere die notorischen Großverbraucher von Energie gehen hier voran. Im April 1991 verabschiedete der wichtigste Unternehmensverband *Keidanren* seine Umweltcharta, in der sich der Verband zu dem Prinzip der nachhaltigen Entwicklung bekennt, die Realisierung aber ausschließlich mit Hilfe einer Harmonisierung von Wachstum und Umweltschutz verstanden wissen will.

Und nur dies scheint realistisch zu sein. Der beste Gefährte der Umwelt ist das wirtschaftliche Interesse: im Vorfeld der Klimakonferenz von Rio richtete ein Unternehmen nach dem anderen firmeninterne Arbeitsgruppen ein, die sich mit globalen Umweltproblemen befaßen. Die Anzahl beläuft sich bereits auf mehr als 400 (Asahi shinbun vom 6.8.1994). Die Anzahl der Beschäftigten, die für Umweltfragen innerhalb der Unternehmen zuständig sind, ist verdoppelt worden. Diese neue Institutionalisierung von betrieblichem Umweltschutz war auch der Einstieg in einen Aktivitätsaufschwung der japanischen Industrie zur Einführung eines Ökocontrollings sowie einer Standardisierung von Umweltschutzkriterien. Neben *Keidanren* und dem MITI, die ebenfalls an einem Katalog für eine Ökobilanzierung in der Industrie arbeiten, bestehen in einer Reihe von Industriezweigen Ansätze für die Erstellung ökologischer Lebenslaufanalysen von Produkten (Tsûshô sangyô-shô 1994).

Die Initiativen sind unmittelbar weder durch politischen noch durch gesellschaftlichen Druck ausgelöst worden, sondern schlicht durch Anpassungszwänge an Entwicklungen im Ausland, insbesondere durch die Angst vor dem Verlust der Konkurrenzfähigkeit auf dem europäischen Markt. Befürchtet wird, daß die Exporte schwierig werden, wenn die japanische Industrie sich nicht den Entwicklungen in der EU anpaßt und international kompatible Umweltstandards und -kontrollen einführt. (Asahi shinbun vom

6.8.1994).[46] So reagiert die Industrie ähnlich wie der Staat auf neue Probleme institutionell prophylaktisch. Sie baut jetzt Strukturen auf, die in der Zukunft dann zum Tragen kommen werden, wenn die Umweltverträglichkeit von Waren über den Absatz auf dem Weltmarkt entscheidet. Industrie und Staat bereiten sich vor.

---

46 Die Elektroindustrie gründete aus diesem Motiv heraus im Oktober 1994 eine "Organisation zur Überwachung der Umwelt" (JACO), die ein Umweltüberwachungssystem zur Reduzierung der industriellen Umweltbelastung für den Industriezweig entwickeln soll. Zehn Giganten der Elektrobranche wie Hitachi, Toshiba, NEC und Matsushita wollen Kapital und zunächst rund 340 Beschäftigte für JACO bereitstellen. Das industrielle Öko-Controlling-System sieht als Ziele vor, daß die Unternehmen Richtlinien zum Umweltschutz entwickeln. Sie sollen ferner die mit den unternehmerischen Aktivitäten einhergehenden Umweltbelastungen untersuchen, wiederverwendbare Materialien entwickeln und die industriellen Abfallmengen in Zukunft drastisch reduzieren. Diese Ziele sollen auf der Grundlage eines einheitlichen detaillierten Handbuchs umgesetzt werden. Ferner werden die Unternehmen regelmäßig einen Umweltbericht über den Inhalt der Umweltüberwachung und künftige Aktionen herausgeben und unternehmensinterne Kontrollen vornehmen. JACO prüft bei den beteiligten rund 770 Unternehmen der Elektrobranche, ob der Umweltbericht der Unternehmen internationalen Standards entspricht, und führt von außen Kontrollen durch. Die Prüfung der Berichte soll jährlich, die direkte Kontrolle vor Ort alle drei Jahre einmal erfolgen. Ferner sollen die Unternehmen in Umweltschutzfragen beraten und die innerbetrieblichen Umweltschutzbeauftragten geschult werden. Das Öko-Controlling-System der Industrie ist nach der Rechtslage nicht verpflichtend, es wird aber nach allgemeiner Einschätzung zu einem Aushängeschild für umweltfreundliche Unternehmen werden.

6. Ausblick

Ökologische Strukturpolitik – Verpaßte Chance oder: Geht es auch ohne den Staat?

Die Ergebnisse der Analyse des industriellen Strukturwandels in Japan seit 1974 können uns Ermutigung und Warnung zugleich sein: ermutigend ist das Beispiel Japan deshalb, weil es deutlich macht, daß eine Entkopplung von Wirtschaftswachstum und Rohstoffverbrauch möglich ist, ohne daß es deshalb zu wirtschaftlichen Einbußen kommen muß. In der Zeitspanne von 1974 bis 1986 gelang es, den Verbrauchsanstieg von Primärenergie, Strom, Wasser und Boden so weit zu senken, daß er hinter dem Wirtschaftswachstum zurückblieb. Ursache für diese Entwicklung war weniger der intersektorale Wandel als vielmehr der intrasektorale Wandel, sprich die ökologisch wirksamen Modernisierungen innerhalb einzelner Industriezweige. Auf den krisenhaften Niedergang belastungsintensiver Branchen zu warten, reicht also nicht aus. Gefordert ist das technologische Innovationspotential der Industrie.

Eine Warnung ist der Fall Japan, weil er zeigt, was passiert, wenn das Wirtschaftswachstum hoch ist und eine politische Gegensteuerung ausbleibt: der im Industrieländervergleich weitgehendste Fall eines relativ qualitativen Wachstums fand sein Ende in dem konjunkturellen Hoch der Jahre 1987 bis 1990. Die Ressourcenverbräuche stiegen unter dem Einfluß billiger Rohstoffpreise wieder an.

Mit Politik hatte dies alles weitaus weniger zu tun, als nach den eingangs angeführten Argumenten zu erwarten gewesen wäre. Der Staat hat zu dem frühen Beginn von rohstoffsparenden Umstrukturierungen in der japanischen Wirtschaft beigetragen. Unter dem Druck von Umwelt- und Ölpreiskrise war er gefordert zu handeln. Als die Krisen bewältigt waren, zog er sich zurück, der strukturelle Wandel legte an Tempo zu.

Das Fazit, daß Politik weniger bedeutsam war als angenommen, bedeutet nicht, daß die Prüfung der eingangs diskutierten Argumente für eine aktive staatliche Strukturpolitik sinnlos gewesen wäre. Im Gegenteil: erst die Überprüfung am konkreten politischen Prozeß in den drei Politikfeldern Energie-, Umwelt- und Industriepolitik hat deutlich gemacht, daß allein die Existenz von günstigen politisch-institutionellen Bedingungen für einen ökologisch abgefederten Strukturwandel kein Erfolgsrezept für strukturpolitischen Umweltschutz abgibt. Es sind die wirtschaftlichen und gesellschaftlichen Rahmenbedingungen, die entscheiden, ob die Möglichkeiten einer ökologischen Akzentuierung des industriellen Strukturwandels vom Staat eingesetzt werden oder nicht.

Sie sind in Japan kurzfristig genutzt worden, solange

— sozialer und wirtschaftlicher Handlungsdruck bestand,

— die Machtverhältnisse sowohl innerhalb der Bürokratie als auch zwischen Bürokratie und Wirtschaft ausbalanciert waren und

— die Option für Umwelt- und Ressourcenschutz nicht in Konkurrenz zu Arbeitsplätzen und wirtschaftlicher Prosperität stand.

Solange diese Bedingungen vorlagen, spielte der Staat eine aktive Rolle bei der Initiierung struktureller Anpassungsprozesse. Als sie entfielen, veränderte sich auch das Kräfteverhältnis zwischen Industrie und Staat. Ressourcenschonender Strukturwandel wurde Sache der Industrie. Die Rolle des Staates ist seither vor allem die des Koordinators und Organisators von wirtschaftlicher Prosperität. Er schafft die Rahmenbedingungen, damit der ökologische Umbau der industriellen Produktion für die Einzelunternehmen zu keinen Wettbewerbsnachteilen führt und insgesamt die Konkurrenzfähigkeit der japanischen Industrie auf internationalen Märkten erhalten bleibt und ausgebaut wird. Er intervenierte konsequenterweise auch dann nicht, als durch den konjunkturellen Aufschwung die positiven ökologischen Effekte aus industrieller Modernisierung reduziert wurden. Dies war auch deshalb möglich, weil das Selbstverständnis des Staates als Wachstumsmotor in der Öffentlichkeit nicht in Frage gestellt wird und der Glaube an die Harmonisierbarkeit von Wachstum und Ressourcenschutz in der Öffentlichkeit (noch) keine tiefen Risse hat. Ob der Rückzug des Staates aus einer aktiven ökologischen Strukturpolitik allerdings zu der angestrebten

Harmonisierung von Ökologie und Ökonomie führen wird, ist offen. Die Entwicklung im Verarbeitenden Gewerbe der vergangenen zwanzig Jahre deutet darauf hin, daß das eigentliche Problem heute weniger in der technologischen Machbarkeit von rohstoffsparenden Verfahren und Produkten besteht. Es liegt vielmehr im industriellen Wachstum selbst, wenn es von einem so hohen Niveau aus wie in Japan erfolgt und folglich auch in der Beibehaltung der Rolle des Staates als Wachstumspromotor. Die japanische Industrie gehört weltweit zu den bedeutendsten Produzenten von Rohstahl, Zement, Papier, Automobilen und Unterhaltungselektronik. Sie kann diese Position nur durch eine fortgesetzte Ausbeutung globaler Ressourcen halten, an der sie bereits jetzt maßgeblich beteiligt ist. Die weitere Dynamik der japanischen Industrie und der Steuerungsverzicht des Staates haben vor diesem Hintergrund bereits jetzt einen nicht zu unterschätzenden Einfluß auf die wirtschaftliche und ökologische Entwicklung weltweit.

Dennoch: Industrie und Staat haben sich programmatisch und institutionell auf die Situation vorbereitet, in der globale Krisen, seien sie ökonomischer, seien sie sozialer oder ökologischer Art, zum Handeln zwingen. Sie haben politisch, institutionell und technisch Rahmenbedingungen geschaffen, um im Falle eines globalen Paradigmenwechsels sich den Anforderungen an eine zukünftige umweltverträgliche Industriegesellschaft zügig anzupassen und so auch unter veränderten Bedingungen ihre Konkurrenzfähigkeit zu wahren.
Über die Ausnutzung der Rahmenbedingungen werden aber auch dann nicht nur ökologische Machbarkeit, sondern auch ökonomischer Wille entscheiden.

Bibliographie

1. Dokumente und Datensammlungen

Denki jigyô rengô-kai tôkei iin-kai (Hrsg.) (1993), Denki jigyô benran (Handbuch der Elektrizitätserzeuger), Tôkyô.

Denki jigyô shingi-kai (1992), Jukyû bukai chûkan hôkoku (13.6.1990) (Zwischenbericht der Angebots-Nachfrage- Abteilung vom 13.6.1990), in: Nihon kôgyô shinbun-sha shuppan-kyoku (Hrsg.), Nihon kôgyô nenkan 1992 (Jahrbuch der japanischen Industrie 1992), Tôkyô.

Economic Planning Agency (1976), Economic Plan for the Second Half of the 1970s. Toward a Stable Society, Tôkyô.

Economic Planning Agency (1983), Japan in the Year 2000, Tôkyô.

Environment Agency, Government of Japan (Hrsg.) laufende Jahrgänge, Quality of the Environment in Japan, Tôkyô.

Genshiryoku iin-kai (Hrsg.) (1987), Genshiryoku hakusho 1986 (Atomenergieweißbuch 1986), Tôkyô.

Jiyû kokumin-sha (Hrsg.) (1989), Gendai yôgô no kiso chishiki 1990 (Grundlegendes Wissen über Gegenwartsbegriffe 1990), Tôkyô.

Kankyô-chô (1986b), Kankyô hozen chôki kôsô (Langfristige Umweltschutzkonzeptionen), Tôkyô.

Kankyô-chô (Hrsg.) (1990 und folgende), Kankyô hakusho – sôsetsu (Umweltweißbuch, Überblick), Tôkyô.

Kankyô-chô (Hrsg.) (1990a und folgende), Kankyô hakusho – kakuron (Umweltweißbuch, Einzeldarstellungen), Tôkyô.

Kankyô-chô (Hrsg.) laufende Jahrgänge, Kankyô hakusho (Umweltweißbuch), Tôkyô, ab 1990 zweibändig.

Keizai kikaku-chô, sôgô keikaku-kyoku (Hrsg.) laufende Jahrgänge, Keizai hakusho (Wirtschaftsweißbuch), Tôkyô.

Keizai kikaku-chô, sôgô keikaku-kyoku (Hrsg.) (1987), 21 seiki e no kihon senryaku (Grundlegende Strategien für das 21.Jahrhundert), Tôkyô.

Keizai kikaku-chô, sôgô keikaku-kyoku (Hrsg.) (1992), 2010nen e no sentaku (Optionen für das Jahr 2010), Tôkyô.

Keizai kikaku-chô, sôgô keikaku-kyoku (Hrsg.) (1992a), 2010nen gijutsu yosoku (Technologische Vorhersagen für das Jahr 2010), Tôkyô (2.Aufl.).

Keizai kikaku-chô (1992b), Seikatsu taikoku gokanen keikaku. Chikyû shakai to no kyôzon o mezashite (Fünf-Jahres-Plan für eine Wohlstandsgroßmacht. Für eine Koexistenz mit der Weltgemeinschaft), Tôkyô.

Keizai Koho Center (Hrsg.) laufende Jahrgänge, Japan. An International Comparison, Tôkyô.

Kôgai mondai kenkyû-kai (Hrsg.) (1971), Kôgai nenkan 1971 (Jahrbuch der Umweltzerstörung 1971), Tôkyô.

Kokudo-chô (Hrsg.) (1962), Dai ichi-ji zenkoku sôgô kaihatsu keikaku (Erster nationaler Gesamtentwicklungsplan), Tôkyô.

Kokudo-chô (Hrsg.) (1969), Dai ni-ji zenkoku sôgô kaihatsu keikaku (Zweiter nationaler Gesamtentwicklungsplan), Tôkyô.

Kokudo-chô (Hrsg.) (1978), Dai san-ji zenkoku sôgô kaihatsu keikaku (Dritter nationaler Gesamtentwicklungsplan), Tôkyô.

Kokudo-chô (Hrsg.) (1987), Dai yon-ji zenkoku sôgô kaihatsu keikaku (Vierter nationaler Gesamtentwicklungsplan), Tôkyô.

Kôsei-shô seikatsu eisei-kyoku, suidô kankyô-bu (Hrsg.) laufende Jahrgänge, Sangyô haikibutsu shori handobukku (Handbuch für die Entsorgung von Industriemüll), Tôkyô.

Kôsei-shô (seikatsu eisei-kyoku suidô kankyô-bu sangyô haikibutsu taisaku-shitsu) (Hrsg.), 1993, Sangyô haikibutsu shori tokutei shisetsu seibi-hô (Gesetz zur Einrichtung von Sonderanlagen zur Entsorgung von Industriemüll), Tôkyô.

Nihon enerugii keizai kenkyû-jo (1978), Enerugii matorikkusu 1977 (Energiematrix 1977), Tôkyô.

Nihon kôgyô shinbun-sha shuppan-kyoku (Hrsg.) laufende Jahrgänge, Nihon kôgyô nenkan (Jahrbuch der japanischen Industrie), Tôkyô.

Nihon nenkan shuppan-kyoku (Hrsg.) (1991), Gomi to kankyô nenkan 1991 (Müll- und Umweltjahrbuch 1991), Tôkyô.

OECD diverse Jahrgänge, Energy Balances of OECD-Countries, Paris.

OECD (1977), Environmental Policies in Japan, Paris.

OECD (1985), Economic Surveys 1984/85, Japan, Paris.

OECD (1987), Structural Adjustment and Economic Performance, Paris.

OECD (1989), Economic Instruments for Environmental Protection, Paris.

OECD (1992), OECD Economic Outlook, No.52, December 1992, Paris.

OECD (1994), OECD Environmental Performance Reviews. Japan, Paris.

OECD (1994a), Managing the Environment. The Role of Economic Instruments, Paris.

OECD (1994b), OECD-Wirtschaftsausblick, Nr.56, Dezember 1994, Paris.

Sangyô gijutsu kaigi (1993), Sangyô to chikyû kankyô (Die Industrie und die Umwelt dieser Erde), Tôkyô.

Sangyô kôzô shingi-kai/sôgô enerugii chôsa-kai/sangyô gijutsu shingi-kai/enerugii kankyô tokubetsu bukai (1992), Kongo no enerugii kankyô seisaku no arikata ni tsuite – kankyô. keizai. enerugii no chôwa o mezashita chikyû saisei 14 no teigen (Zur gegenwärtigen Energie- und Umweltpolitik – 14 Vorschläge für eine neue Erde durch eine Harmonisierung von Umwelt, Wirtschaft und Energie), in: Seisaku jôhô shiryô sentaa (Hrsg.), Nyû porishii (Neue Politiken) 12. 1992.

Seisaku jôhô shiryô sentaa (Hrsg.) laufende Jahrgänge, Nyû porishii (Neue Politiken), Tôkyô.

Shigen enerugii-chô (Hrsg.) laufende Jahrgänge, Enerugii tôkei (Energiestatistiken), Tôkyô.

Shô-enerugii sentaa (Hrsg.) laufende Jahrgänge, Shô-enerugii benran (Handbuch zur Energieeinsparung), Tôkyô.

Sômu-chô (1992), Shingi-kai sôran (Verzeichnis der administrativen Beiräte), Tôkyô.

Statistics Bureau, Mangement and Corordination Agency (Sômu-chô tôkei-kyoku) (Hrsg.) laufende Jahrgänge, Japan Statistical Yearbook (Nihon tôkei nenkan), Tôkyô.

Tsûshô sangyô daijin kanbô chôsa tôkei-bu (Hrsg.) laufende Jahrgänge, Kôgyô tôkei-hyô (Industriestatistiken), Tôkyô.

Tsûshô sangyô-shô (Hrsg.) (1971), 70 nendai no tsûshô sangyô seisaku (Die Industrie- und Handelspolitik für die siebziger Jahre), Tôkyô.

Tsûshô sangyô-shô (Hrsg.) (1974), Sangyô kôzô no chôki bijon (Langfristige Perspektiven der Industriestruktur), Tôkyô.

Tsûshô sangyô-shô (Hrsg.) (1976), Sangyô kôzô no chôki bijon (Langfristige Perspektiven der Industriestruktur), Tôkyô.

Tsûshô sangyô-shô (Hrsg.) (1980), 80 nendai no tsûsan seisaku bijon (Die industriepolitischen Perspektiven für die achtziger Jahre), Tôkyô.

Tsûshô sangyô-shô (Hrsg.) (1981), Tsûshô hakusho 1981 (Weißbuch zur Industriepolitik 1981), Tôkyô.

Tsûshô sangyô-shô (Hrsg.) (1986), Kokusai kyôchô jidai no sangyô kôzô bijon (Perspektiven der Industriestruktur im Zeitalter internationaler Kooperation), Tôkyô.

Tsûshô sangyô-shô (Hrsg.) (1987), 21 seiki sangyô shakai no kihon kôsô (Grundlegender Plan für die Industriegesellschaft im 21. Jahrhundert), Tôkyô.

Tsûshô sangyô-shô (Hrsg.) (1987a), Genki o dase, Nihon (Kopf hoch, Japan), Tôkyô.

Tsûshô sangyô-shô (Hrsg.) (1990), Saikin no enerugii jôsei ni tsuite (Zur aktuellen Energiesituation), in: Seisaku jôhô shiryô sentaa (Hrsg.), Nyû porishii (Neue Politiken) 9. 1990.

Tsûshô sangyô-shô (Hrsg.) (1990a), 90 nendai no tsûsan seisaku bijon (Die industriepolitischen Perspektiven für die neunziger Jahre), Tôkyô.

Tsûshô sangyô-shô (Hrsg.) (1994), Sangyô kankyô bijon, (Perspektiven für Industrie und Umwelt),Tôkyô.

Tsûshô shiryô chôsa-shitsu (Hrsg.) (1986), Sangyô to kôgai (Industrie und Umweltzerstörung), Tôkyô.

Yano, Ichirô (Hrsg.) laufende Jahrgänge, Nihon kokusei zue (Die Situation Japans), Tôkyô.

2. Monographien

Akademie für Raumforschung und Landesplanung (Hrsg.) (1994), Dauerhafte. umweltgerechte Raumentwicklung, Arbeitsmaterialien der Akademie für Raumforschung und Landesplanung, Nr. 212, Hannover.

Arizawa, Hiromi (1963), Nihon no enerugii seisaku no ayumi (Die Entwicklung der japanischen Energiepolitik), Tôkyô.

Barrett, Brendan F.D./ Therivel, Riki (1991), Environmental Policy and Impact Assessment in Japan, London und New York.

Calder, Kent E. (1988), Crisis and Compensation. Public Policy and Political Stability in Japan, 1949-1986, Princeton.

Dore, Ronald (1986), Flexible Rigidities. Industrial Policy and Structural Adjustment in the Japanese Economy 1970-80, London.

Foljanty-Jost, Gesine (1988), Kommunale Umweltpolitik in Japan – Alternativen zur rechtsförmlichen Steuerung, Hamburg.

Fortbildungszentrum Gesundheits- und Umweltschutz Berlin e.V. (Hrsg.) (1994), Ökologische Modernisierung und industrieller Strukturwandel, Berlin.

Fujikura, Kôichirô/ Gresser, Julian/ Morishima, Akio (1981), Environmental Law in Japan, Cambridge, Mass., London.

Hauff, Volker (1975), Modernisierung der Volkswirtschaft, Frankfurt/Main.

Hashimoto, Ryûtarô (1994), Vision of Japan – waga kyôchû ni seisaku arite, (Visionen von Japan – die Politik in unserem Herzen), Tôkyô.

Homma, Yoshito (1973), Konbinato rettô – kaizô sareru kawa no jitsugen (Die Insel der Kombinate – Die Realität für die von den Umstrukturierungen Betroffenen), Tôkyô.

Huddle, Norie/ Reich, Michael with Stiskin, Noam (1975), Island of Dreams. Environmental Crisis in Japan, Tôkyô, New York.

HWWA (1987), Zusammenhang zwischen Strukturwandel und Umwelt, Hamburg.

Jänicke, Martin u.a. (1992), Umweltentlastung durch industriellen Strukturwandel? Eine explorative Studie über 32 Industrieländer (1970 bis 1990), Berlin.

Johnson, Chalmers (1982), MITI and the Japanese Miracle. The Growth of Industrial Policy 1925-1975, Stanford.

Koh, Byung Chul (1989), Japan's Administrative Elite, Berkeley, Los Angeles, Oxford.

Komiya, Ryûtarô/ Okuno, Masahiro/ Suzumura, Kôtarô (Hrsg.) (1988), Industrial Policy of Japan, Tôkyô.

Laumer, Helmut/ Ochel, Wolfgang (1985), Strukturpolitik für traditionelle Industriezweige in Japan (Ifo-Institut für Wirtschaftsforschung), Berlin, München.

Lehmbruch, Gerhard/ Schmitter, Philippe C. (Hrsg.) (1979), Trends Towards Corporatist Intermediation, London.

McKean, Margret A. (1981), Environmental Protest and Citizen Politics in Japan, Berkeley, Los Angeles, London.

McMillan, Charles J. (1989), The Japanese Industrial System, Berlin, New York.

Minami, Ryôshin (1994), The Economic Development of Japan. A Quantitative Study, Houndmills u.a., 2. Auflage.

Muramatsu, Michio (1988), Sengo Nihon no kanryô-sei (Das bürokratische System im Nachkriegsjapan), Tôkyô.

Namiki, Nobuyoshi (1989), Tsûsan-shô no shûen. Shakai kôzô no henkaku wa kanô ka (Das Ende des MITI. Ist ein Wandel der Gesellschaftsstruktur möglich?), Tôkyô.

Nikkan kôgyô shinbun tokubetsu shûzei-gakari (Hrsg.) (1987), Shin "Maekawa repôto" ga shimesu michi. (Der neue Weg, den der "Maekawa-Report" uns weist), Tôkyô.

Nutzinger, Hans G./ Zahrnt, Angelika (Hrsg.) (1989), Öko-Steuern – Umweltsteuern und -abgaben in der Diskussion, Karlsruhe.

Okimoto, Daniel I. (1989), Between MITI and The Market. Industrial Policy for High Technology in Japan, Stanford.

Pape, Wolfgang (1980), Gyôsei shidô und das Anti-Monopolgesetz in Japan, Köln, Berlin, Bonn.

Pempel, T.J./ Tsunekawa, Keiichi (1979), Corporatism Without Labour? The Japanese Anomaly, in: Lehmbruch, Gerhard/ Schmitter, Philippe C. (Hrsg.), Trends Toward Corporatist Intermediation, Beverly Hills, London.

Rheinisch-Westfälisches Institut für Wirtschaftsforschung (Hrsg.) (1987), Strukturwandel und Umweltschutz. Analyse der strukturellen Entwicklung der deutschen Wirtschaft. Strukturberichterstattung 1987, Essen.

Samuels, Richard S. (1987), The Business of the Japanese State. Energy Markets in Comparative and Historical Perspective, Ithaca, London.

Scharpf, Fritz W./ Benz, Arthur (1991), Kooperation als Alternative zur Neugliederung? Zusammenarbeit zwischen den norddeutschen Ländern, Baden-Baden.

Schmidt, Manfred, G. (Hrsg.) (1988), Staatstätigkeit. International und historisch vergleichende Analysen. Politische Vierteljahresschrift, Sonderheft 19, Opladen.

Shonfield, Andrew (1969), Modern Capitalism. The Changing Balance of Private and Public Power, Oxford.

Takasugi, Shingo (1993), Kankyô kokka e no chôsen (Die Herausforderung, ein Umweltstaat zu werden), Tôkyô.

Takemura, Kenichi (1987), Maekawa repôto no tadashii yomikata (Der Maekawa-Report – richtig gelesen), Tôkyô.

Tanaka, Hideo (1976), The Japanese Legal System, Tôkyô.

TMG Municipal Library (Hrsg.) (1987), 2nd Long-Term Plan for the Tôkyô Metropolis, Tôkyô.

Tsuji, Kiyoaki (1969), Shinpan Nihon kanryô-sei no kenkyû (Analyse des bürokratischen Systems in Japan), Tôkyô, Neuauflage.

Tsuru, Shigeto/ Weidner, Helmut (Hrsg.) (1985), Ein Modell für uns: Die Erfolge der japanischen Umweltpolitik, Köln.

Tsuruta, Toshimasa (1982), Sengo Nihon no sangyô seisaku (Industriepolitik in Japan nach 1945), Tôkyô.

Tsuruta, Toshimasa (1988), Nihon keizai chôsen to kyôchô (Die japanische Wirtschaft zwischen Herausforderung und Kooperation), Tôkyô.

Ueda, Kazuhiro (1994), Haikibutsu to risaikuru no keizaigaku (Abfall- und Wiederverwertungsökonomie), Tôkyô

Uehara, Nobuhiro (1988), Sentan gijutsu sangyô to chiiki kaihatsu (Hochtechnologie und Regionalentwicklung), Tôkyô.

Vogel, Ezra F. (Hrsg.) (1985), Modern Japanese Organization and Decision-Making, Tôkyô, 6. Aufl..

Vogel, Ezra F (1985) Japan as No. 1, Lessons for America, Tôkyô, 10. Aufl.

Weidner, Helmut (1987), Umweltberichterstattung in Japan. Erhebung, Verarbeitung und Veröffentlichung von Umweltdaten, Berlin.

Yamanouchi, Kazuo (1985), Gyôsei shidô no ronri to jissai (Theorie und Praxis von administrativen Empfehlungen), Tôkyô.

3. Aufsätze

Amano, Akihiro (1993), Kankyô hogo o meguru hô to keizai – keizai-teki shûhô dônyû no kanô-sei (Die Beziehung von Recht und Wirtschaft zum Umweltschutz – Zur Möglichkeit einer Einführung von ökonomischen Instrumenten), in: *Jurisuto*, Nr. 1015, 1. 1993, S.84-89.

Awaji, Takehisa (1993), Kankyô kihon-hô to kankyô asesumento seidô (Das Umweltrahmengesetz und das System der Umweltverträglichkeitsprüfung), in: *Jurisuto*, Nr.1015, 1. 1993, S.28-34.

Binswanger, Hans-Christoph/ Jänicke, Martin (Hrsg.) (1990), Environmental Charges. An International Exchange of Experience, Berlin, FFU Report 90-1, Forschungsstelle für Umweltpolitik der Freien Universität Berlin, Berlin.

Blazejczak, Josef/ Kohlhaas, Michael/ Seidel, Bernhard u.a. (1993), Umweltschutz und Industriestandort. Der Einfluß umweltbezogener Standortfaktoren auf Investitionsentscheidungen, Berichte des Umweltbundesamtes 1/1993, Berlin.

Boyd, Richard (1989), The Political mechanism of consensus in the industrial policy process: the shipbuilding industry in the face of the crisis, 1973-1978, in: *Japan Forum*, Vol. 1, No. 1, April 1989; S.1-17.

Brösse, Ulrich/ Lohmann, Dieta (1994), Nachhaltige Entwicklung und Umweltökonomie, in: *Zeitschrift für angewandte Umweltforschung*, Jg. 7 (1994), Heft 4, S.456-465.

Craig, Albert M. (1985), Functional and Dysfunctional Aspects of Government Bureaucracy, in: Vogel, Ezra F. (Hrsg.): Modern Japanese Organization and Decision-Making, Tôkyô, 6. Aufl., S.3-32.

Curtis, Gerald L. (1985), Big Business and Political Influence, in: Vogel, Ezra F. (Hrsg.): Modern Japanese Organization and Decision-Making, Tôkyô, 6. Aufl., S.33-70.

Eads, George C./ Yamamura, Kozo (1987), The Future of Industrial Policy, in: Yamamura, Kozo/ Yasukichi, Yasuba (Hrsg.), The Political Economy of Japan, Volume 1: The Domestic Transformation, Stanford (California), S.275- 304.

Ernst, Angelika/ Laumer, Helmut (1986), Japan an der Schwelle zur globalen Wirtschaftsmacht, Ifo Schnelldienst 5/6, 42. Jg. (1986), München.

Flüchter, Winfried (1995), Der planende Staat: Raumordnungspolitik und ungleiche Entwicklung, in: Foljanty-Jost, Gesine/ Thränhardt, Anna Maria (Hrsg.), Der schlanke japanische Staat – Vorbild oder Schreckbild?, Opladen, S.88-105.

Foljanty-Jost, Gesine (1988a), Effizient, flexible, pragmatisch oder: Was bedeutet "informell" im japanischen Verwaltungshandeln, in: Nachrichten der Gesellschaft für Natur- und Völkerkunde Ostasiens/Hamburg, Nr.143, S.83-99.

Foljanty-Jost, Gesine (1989), Rückblick auf ein umweltpolitisches Modell: Die Emissionsabgabe in Japan, in: *Asien*, Nr. 32, Juli, S.15-36.

Foljanty-Jost, Gesine (1989a), Informelles Verwaltungshandeln: Schlüssel effizienter Implementation oder Politik ohne Politiker?, in: Menzel, Ulrich (Hrsg.), Im Schatten des Siegers: Japan, Bd. 3 (Ökonomie und Politik), Frankfurt/Main, S.171-190.

Foljanty-Jost, Gesine (1989b), Konfliktlösung durch Verhandlung: Außergerichtliche Beilegung von Umweltkonflikten in Japan, FFU rep 89-4, Forschungsstelle für Umweltpolitik der Freien Universität Berlin, Berlin.

Foljanty-Jost, Gesine (1989c), Ökonomische Instrumente des Umweltschutzes: Erfahrungen mit der Emissionsabgabe in Japan, FFU Report 89-2, Forschungsstelle für Umweltpolitik der Freien Universität Berlin, Berlin.

Foljanty-Jost, Gesine (1990), Shingi-kai – ein Beitrag zur Konkretisierung des Konsensbegriffs in der japanischen Politik, in: Japan-Deutsches Zentrum Berlin (Hrsg.), Harmonie als zentrale Wertvorstellung der japanischen Gesellschaft – Erklärung oder Verklärung?, Berlin, S.107-122.

Foljanty-Jost, Gesine (1992), Japan, in: Jänicke, Martin u.a., Umweltentlastung durch industriellen Strukturwandel? Eine explorative Studie über 32 Industrieländer (1970 bis 1990), Berlin, S.105-124.

Foljanty-Jost, Gesine/Weidner, Helmut (1981), Environment Disruption: Government Policy and the Anti-Pollution Movement in Japan, Preprint des Wissenschaftszentrums Berlin für Sozialforschung, Berlin.

Halstrick, Marianne (1988), Entlastungen durch Strukturwandel? Zum Zusammenhang zwischen sektoralem Strukturwandel und Umweltbelastung, in: *RWI-Mitteilungen,* Jg. 39, S.173-192.

Halstrick-Schwenk, Marianne (1994), Ökologische Aspekte des Strukturwandels in Deutschland, in: Fortbildungszentrum Gesundheits- und Umweltschutz Berlin e.V. (Hrsg.), Ökologische Modernisierung und industrieller Strukturwandel, Berlin, S.25-50.

Harada, Naohiko (1993), Kôgai. kankyô seisaku hôsei no suii to genjô. Kôgai taisaku kara kanyô kanri e (Entwicklung und gegenwärtiger Stand des umweltpolitischen Rechtssystems. Von Maßnahmen gegen industrielle Umweltzerstörung hin zum Umweltmanagement), in: *Jurisuto,* Nr. 1015, 1.1993, S.39-44.

Harari, Ehud (1986), Policy Concertation in Japan: Social and Economic Research on Modern Japan, occasional papers No. 58/59, Berlin.

Hasebe, Yuichi (1994), Keizai kôzô henka to kankyô no yôin bunseki (Analyse der Bestimmungsfakoren von wirtschaftlichem Strukturwandel und Umwelt), in: *Ekonomia,* Bd. 44, Nr. 4, (3. 1994), S.36 -65.

Hesse, Warren (1983), Das Entscheidungssystem in der japanischen FuE-Politik – Dargestellt am Beispiel des MITI, in: Prognos AG (Hrsg.), Forschungs- und Technologiepolitik, Forschungs- und Entwicklungssystem in Japan, Teil IV, Basel.

Huber, Josef (1993), Ökologische Modernisierung: Zwischen bürokratischem und zivilgesellschaftlichem Handeln, in: Prittwitz, Volker von (Hrsg.), Umweltpolitik als Modernisierungsprozeß. Politikwissenschaftliche Umweltforschung und -lehre in der Bundesrepublik Deutschland, Opladen, S.51-70.

Ishi, Hiromitsu (1994), Waga kuni ni okeru seisaku kettei mekanizumu. Shingi-kai hôshiki no kôzai (Politische Entscheidungsmechanismen in Japan - Vor-und Nachteile des Beiratswesens), in: *Kinyû,* 3.1994, S.4-11.

Ishino, Kôya (1994), Kankyô kihon-hô no seitei keii to gaiyô (Entstehungsprozeß des Umweltrahmengesetzes), in: *Jurisuto,* Nr.1041, 3. 1994, S.46-57.

Jänicke, Martin (1984), Umweltpolitische Prävention als ökologische Modernisierung und Strukturpolitik, IIUG dp. 84-1, Berlin.

Jänicke, Martin (1990), Erfolgsbedingungen von Umweltpolitik im internationalen Vergleich, in: *Zeitschrift für Umweltpolitik & Umweltrecht ,* 3/1990, S.213-232.

Jänicke, Martin (1991), Institutional and other Framework Conditions for Environmental Policy Success. A Tentative Comparative Approach, FFU-Report 91-2, Forschungsstelle für Umweltpolitik der Freien Universität Berlin, Berlin.

Jänicke, Martin (1993), Ökologische und politische Modernisierung in entwickelten Industiegesellschaften, in: Prittwitz, Volker von (Hrsg.), Umweltpolitik als Modernisierungsprozeß. Politikwissenschaftliche Umweltforschung und -lehre in der Bundesrepublik Deutschland, Opladen, S.15-30.

Jänicke, Martin (1993a), Ökologisch tragfähige Entwicklung: Kriterien und Steuerungsansätze ökologischer Ressourcenpolitik, FFU-Report 93-7, Forschungsstelle für Umweltpolitik der Freien Universität Berlin, Berlin.

Jänicke, Martin/ Mönch, Harald/ Ranneberg, Thomas/ Simonis, Udo Ernst (1987), Improving Environmental Quality Through Structural Change. A Survey of Thirty-one Countries, Wissenschaftszentrum Berlin für Sozialforschung, discussion papers IIUG dp 87-1.

Jänicke, Martin/ Mönch, Harald/ Ranneberg, Thomas/ Simonis, Udo E. (1989), Structural Change and Environmental Impact, in: *Intereconomics*, Ausgabe 24, Heft 1, Jan./Febr. 1989, S.24-34.

Johnson, Chalmers (1989), Wer regiert Japan? Ein Essay über die staatliche Bürokratie, in: Menzel, Ulrich (Hrsg.), Im Schatten des Siegers: Japan, Bd. 2 (Staat und Gesellschaft), Frankfurt/Main, S.222-255.

Kamioka, Namiko (1970), Nihon shihon-shugi no hatten to kôgai mondai (Die Entwicklung des japanischen Kapitalismus und das Umweltproblem), in: *Jurisuto*, Nr. 458, 8. 1970, S.8-13.

Kato, Hiroshi (1986), Misguided Criticism of the Maekawa Report, in: *Japan Echo*, Vol. XIII (1986), No. 4, S.36-39.

Katzenstein, Peter J. (1988), Japan, Switzerland of the Far East?, in: Inoguchi, Takashi/ Okimoto, Daniel I. (Hrsg.): The Political Economy of Japan, Volume 2: The Changing International Context, Stanford (California), S.275- 304.

Kawakami, Yukio (1992), Zenkoku sôgô kaihatsu keikaku ni miru kaigai shisô no eikyô to shikôteki junkan (Der im Nationalen Gesamtentwicklungsplan ersichtliche Einfluß ausländischer Denkweisen und der gedankliche Kreislauf), in: *Hito to kokudô*, Nr. 11, S.64-73.

Kobayakawa, Mitsuo (1993), Kankyô kihon-hô no seitei mondai (Probleme bei der Verabschiedung des Umweltrahmengesetzes), in: *Jurisuto*, Nr.1015, 1. 1993, S.57-66.

Koike, Tomoko (1991), Chikyû kankyô mondai to kokumin ishiki (Globale Umweltprobleme und das (Umwelt)bewußtsein der Bevölkerung), in: *Kankyô-hô kenkyû* 1991, Nr. 19, S.153-161.

Komiya, Ryûtarô (1988), Introduction, in: Komiya, Ryûtarô/ Okuno, Masahiro/ Suzumura, Kôtarô (Hrsg.), Industrial Policy of Japan, Tôkyô, S.1-22.

Kosai, Yutaka (1988), The Reconstruction Period, in: Komiya, Ryûtarô/ Okuno, Masahiro/ Suzumura, Kôtarô (Hrsg.), Industrial Policy of Japan, Tôkyô, S.25-48.

Lehner, Franz (1986), Konkurrenz, Korporatismus und Konkordanz. Politische Vermittlungsstrukturen und wirtschaftspolitische Steuerungskapazität in modernen Demokratien, in: Kaase, Max (Hrsg.), Politische Wissenschaft und Ordnung, Opladen, S.145-168.

McKean, Margaret A. (1993), State Strength and the Public Interest, in: Allinson, Gary D./ Sone, Yasunori (Hrsg.), Political Dynamics in Contemporary Japan, Ithaca, London, S.72-104.

Miyamoto, Kenichi (1987), Kankyô hozen to kokudo keikaku (Umweltschutz und Landesplanung), in: *Kôgai kenkyû*, Vol. 16, No. 4, S.2-8.

Miyazaki, Isamu (1986), The Maekawa Report for Structural Adjustment, in: *Japan Echo*, Vol. XIII (1986), No. 4, S.31-35.

Miyazawa, Yoshio (1993), Kankyô gyôsei soshiki no mondai-ten (Probleme der Organisation der Umweltadministration), in: *Jurisuto*, Nr. 1015, 1. 1993, S.101-105.

Murota, Y./ Yano, Y. (1993), Japan's Policy on Energy and the Environment, in: *Energy Environment*, 18. 1993, S.89-135.

Namiki, Nobuyoshi (1979), "Japan, Inc.": Reality or Facade?, in: Hirschmeier, Johannes/ Murakami, Hyôe (Hrsg.), Politics and Economics in Contemporary Japan, Tôkyô, S.111-126.

Negishi, Akira (1977), Sangyô gyôsei to gyôsei shidô (Administration und administrative Empfehlungen in der Industriepolitik), in: *Jurisuto*, Nr. 628, 1. 1977, S.145-149.

Nishifuji, Noboru (1983), Gijutsu kakushin to sangyô kôzô no henka (Technologischer Fortschritt und Strukturwandel), in: *Jurisuto*, Nr. 32, Herbst 1983, S.126-132.

Noda, Kazuo (1985), Big Business Organization, in: Vogel, Ezra F. (Hrsg.), Modern Japanese Organization and Decision-Making, Tôkyô, 6. Aufl., S.115-145.

Ogawa, Hideki (1988), "Chôki enerugii jûkyo mitôshi" to enerugii seisaku ("Langfristige Perspektiven der Energieversorgung" und Energiepolitik), in: *Tsûsan jaanaru*, 1. 1988, S.40-43.

Onodera, Hiroshi (1986), Kokudo riyô to kankyô (Landesflächennutzung und Umwelt), in: *Kankyô kenkyû*, Nr. 60, 1986, S.27-39.

Ôtsuka, Tadashi (1993), Kôgai.kankyô no minji hanrei. Sengo no ayumi to tenbô (Zivilrechtliche Präzedenzfälle im Umweltbereich. Nachkriegsentwicklung und Perspektiven), in: *Jurisuto*, Nr.1015, 1. 1993, S.1-15.

Ôtsuka, Tadashi (1994), Kankyô kihon keikaku (Umweltrahmenpläne), in: *Jurisuto*, 3.1994, S.22-27.

Pauer, Erich (1992), Die Rolle des Staates beim Aufstieg Japans in den Kreis der hochindustrialisierten Länder, in: Herrmann, A. / Sanf, Hans-Peter (Hrsg.), Technik und Staat Bd. IX., Düsseldorf, S.161-191.

Pauer, Erich (1995), Die Rolle des Staates in Industrialisierung und Modernisierung, in: Foljanty-Jost, Gesine/Thränhardt, Anna-Maria (Hrsg.), Der schlanke japanische Staat – Vorbild oder Schreckbild?, Opladen, S.28-47.

Reich. Michael R. (1987), Mobilizing for Environmental Policy in Italy and Japan, in: *Comparative Politics*, Vol.16, No.4, S.379-401.

Satô, Atsushi (1978), Shingi-kai no yakuwari (Die Funktion der administrativen Beratungsausschüsse), in : *Chiiki kaihatsu*, 1. 1978, S.2-7.

Schmidt, Manfred G. (1986), Politische Bedingungen erfolgreicher Wirtschaftspolitik. Eine vergleichende Analyse westlicher Industrieländer (1960-85), in: *Journal für Sozialforschung*, 26. Jg. (1986), Heft 3, S.251-273.

Shindo, Muneaki (1983), Seisaku kettei shisutemu – shingi-kai, shimon kikan, shinku-tanku no yakuwari (Das politische Entscheidungssystem – administrative Beratungsgremien, private Beratungsgremien und think tanks), in: *Jurisuto*, Nr. 29, Winter 1983, S.246-251.

Shinohara, Hajime (1982), "Gyôsei kaikaku" to dai-ni rinchô no yakuwari (Die "Verwaltungsreform" und die Rolle des zweiten außerordentlichen Ausschusses zur Beratung der Verwaltungsreform), in: *Keizai hyôron*, Juni 1982, S.4-24.

Sone, Yasunori (1988), Nihon no seisaku keisei-ron no henka (Veränderungen im Diskurs über die Konstituierung des politischen Prozesses in Japan), in: Nakano, Minoru (Hrsg.), Nihon-gata seisaku kettei no henyô (Veränderungen im politischen Entscheidungsprozeß in Japan), Tôkyô, S.301-319.

Takeuchi, Ken (1993), Chikyû kankyô jidai no kankyô gyôsei (Umweltverwaltung im Zeitalter globaler Umweltprobleme), in: *Jurisuto*, Nr.1015, 1. 1993, S.45-50.

Tanaka, Naoki (1988), Aluminium Refining Industry, in: Komiya, Ryûtarô/ Okuno, Masahiro/ Suzumura, Kôtarô (Hrsg.): Industrial Policy of Japan, Tôkyô, S.451-471.

Tsuji, Kiyoaki (1988), Entscheidungsfindung in der japanischen Regierung, in: Menzel, Ulrich (Hrsg.), Im Schatten des Siegers: Japan, Bd. 2 (Staat und Gesellschaft), Frankfurt/Main, S.256-274.

Tsuruta, Toshimasa (1988), The Rapid Growth Era, in: Komiya, Ryûtarô/ Okuno, Masahiro/ Suzumura, Kôtarô (Hrsg.), Industrial Policy of Japan, Tôkyô, S.49-88.

Uekusa, Masu (1988), The Oil Crisis and After, in: Komiya, Ryûtarô/ Okuno, Masahiro/ Suzumura, Kôtarô (Hrsg.), Industrial Policy of Japan, Tôkyô, S.89-117.

Utsunomiya, Fukashi (1991), Chikyû kankyô mondai to kuni no taiô (Globale Umweltprobleme und Gegenstrategien der Regierung), in: *Kankyô-hô kenkyû* 1991, Nr. 19, S.130-140.

Wattenberg, Ulrich (1992), Staat und Industrieforschung in Japan., in: Pohl, Manfred (Hrsg.), Japan 1991/92, Politik und Wirtschaft, Hamburg, S.287-304.

Weidner, Helmut (1985), Von Japan lernen? Erfolge und Grenzen einer technokratischen Umweltpolitik, in: Tsuru, Shigeto/ Weidner, Helmut (Hrsg.), Ein Modell für uns: Die Erfolge der japanischen Umweltpolitik, Köln, S.179-214.

Weidner, Helmut (1989), Japanese Environmental Policy in an International Perspective: Lessons for a Preventive Approach, in: Tsuru, Shigeto/ Weidner, Helmut (Hrsg.), Environmental Policy in Japan, Berlin, S.479-552.

Yamamura, Tsunetoshi (1993), Chikyû kankyô jidai no jichitai kankyô seisaku (Die Umwelt betreffende Maßnahmen der Selbstverwaltungsorgane im Zeitalter globaler Umweltprobleme), in: *Jurisuto*, Nr. 1015, 1. 1993, S.129-134.

Yamawaki, Hideki (1988), The Steel Industry, in: Komiya, Ryûtarô/ Okuno, Masahiro/, Suzumura, Kôtarô (Hrsg.), Industrial Policy of Japan, Tôkyô, S.281-305.

Index

Abfall 64; 73
Abfall, industrieller 126; 134
Abfallaufkommen 15f.; 19; 54; 83; 123; 125; 130; 134ff.; 167
Abfallpolitik 134; 142
Abfallstoffe 15; 123; 127; 129; 130f.; 134
Abgasreinigungsanlagen 60
Abteilungen, vertikale 36; 206
Abwärme 82f.; 98; 165
Abwärmenutzung 82f.
Abwasseraufkommen 54; 69
Agglomerationsräume 103; 111
Aktionsplan zur Bekämpfung der Erdaufwärmung 179
Aluminium 50f.; 94f.; 138f.; 163; 167
Aluminiumindustrie 29; 79; 94; 163
Amt für Raumordnung 143; 191f.
Amt für Rohstoffe und Energie 173; 202
Atemwegserkrankungen 25; 41; 113; 148f.
Atomenergie 75; 100f.; 153; 165; 178; 183f.; 192
Atomstrom 101
Aufschüttung 110; 112f.; 125f.
Ballungsgebiete 25; 69; 77; 89; 103; 117; 148
Ballungszentren 48f.; 126; 144
Beiräte 152; 173; 198ff.; 204
Beratungsausschuß, administrativer 30
Beratungsgremien 30; 32f.; 37f.; 40; 42; 152f.; 196; 201
Bodenabsenkungen 69; 117; 140; 147; 154
Bodenverbrauch 68; 102; 104ff.;
Bodenverschmutzung 68; 148
Bodenversiegelung 68
Brennstoffe, fossile 67; 90; 99; 101; 151; 165; 183; 186
Chemieindustrie 73; 114; 121; 130; 132; 139; 158; 162
Deregulierung 145
Eisen- und Stahlerzeugung 69; 135
Eisen- und Stahlindustrie 94
Eisen/Stahl 113
Elektroindustrie 108; 121f.; 135
Elektrotechnik 51; 62; 69; 106; 115; 136; 163
Emissionen 24f.; 52; 54; 58; 60; 64; 88; 149; 159; 179; 196
Emissionsabgabe 59; 149; 195

Empfehlungen, administrative 39
Endenergieverbrauch 68; 70; 73f.; 76ff.; 81ff.; 90; 92; 98; 102; 139; 172f.; 175; 183; 203
Endlagerung 129f.; 138
Energiebedarfsprognosen 161; 175
Energieeinsparprogramme 185
Energiemix 100f.
Energiepolitik 19; 142; 144; 162; 172ff.; 178ff.; 182; 186f.; 190; 202f.
Energieprognosen 86
Energiesteuer 152; 187
Energieträger 74ff.; 90f.; 100; 161; 165; 172; 174; 178; 182; 186
    alternative – 165
    Diversifizierung der – 75f.; 90; 161; 172
    fossile – 182
Energieuntersuchungsausschuß 152; 173; 175
Energieverbrauch 68; 73; 75; 77ff.; 82f.; 86ff.; 104; 123; 145; 152; 158; 168; 173; 175f.; 178; 180; 184; 186f.; 192
Entschwefelung 56
Entschwefelungskapazität 57
Entschwefelungstechnologie 75
Entsorgung 32; 64; 125ff.; 130; 138; 166ff.
Entsorgungstechnologie 68
Entstickungsanlagen 56; 60; 99; 148
Entwicklung, nachhaltige 67f.; 164f.; 179; 190; 208
Erdöl 75; 101
Ethylen 46; 82ff.; 122
Ethylenproduktion 64
Fahrzeugbau 52; 62; 65; 69; 95; 97; 106; 108; 121; 130; 136f.; 162f.; 167; 186;
Flächennutzung 49; 68; 101f.; 104ff.; 108; 111f.; 115; 154
Flächennutzungsplanung 29; 45; 111; 114f.
Flächenverbrauch 68; 101; 105f.
Frischwasserverbrauch 47
Gesetz über außerordentliche Maßnahmen zur Förderung der Rationalisierung des industriellen Energieverbrauchs sowie des Gebrauchs von wiederverwerteten Rohstoffen 180
Gesetz über die Behandlung von Abfallstoffen 134
Gesetz über die Förderung von regionalen industriellen Erschließungsregionen für Hochtechnologien 114
Gesetz über die Rationalisierung des Energieverbrauchs 176; 178; 180; 203
Gesetz über die Regelung von Abgasen 170
Gesetz über die Substitution von Öl als primären Energieträger für die Stromerzeugung 178

Gesetz zur Förderung des Gebrauchs von wiederverwendeten Rohstoffen 169
Gesundheitsministerium 143f.
Gewässerbelastung 69
Grundorientierungen, industriepolitische 29
Grundstoffgüterindustrie 51; 69; 86; 172
Halbleiterindustrie 122
Harmonieklausel 170; 179
Industriekombinate 46; 48
Industriepolitik 16; 19; 21; 23; 28; 30; 32f.; 35; 37; 39; 50; 114; 141ff.; 158; 160; 164; 171; 179; 190; 193f.; 206; 212
Industriestädte, neue 113
Industriestruktur 16; 18; 45; 48; 50; 114; 145; 147; 159; 162ff.; 171; 173; 186; 189; 194f.; 200; 203; 205ff.
    wissensintensive – 114; 159; 162f.; 171; 189; 195; 205f.
Industriestrukturrat 30; 32f.; 37; 152; 160; 166; 172; 185; 199; 204
Innovationsfähigkeit 27; 40; 42; 52; 141; 201
Instrumente, ökonomische 17; 142; 149; 178; 187
Instrumente, regulative 149
Integrationsfähigkeit 27; 141; 194; 200
intersektoraler Wandel 67; 69; 78f.; 211
intrasektoraler Wandel 16; 67; 69; 78f.; 211
Investitionsgüterindustrie 51; 94
Itai-Itai-Krankkeit 25
Japanische Rechtsanwaltsvereinigung 200
just-in-time-Prinzip 186; 206
Kabinettsausschuß zur Förderung einer umfassenden Energiepolitik 174; 202
Kadmium 25; 41; 116
Klärschlämme 15; 67
Klimakonferenz von Rio 151f.; 155; 165; 180; 196; 208
Klimaschutz 179; 203
Kohle 46f.; 61; 68; 74f.; 90; 101; 122; 172ff.; 183f.; 192
Konsumgüterindustrie 51; 94
Kühlwasserbedarf 89
Landesentwicklungsplan 113; 115f.; 191
Liberaldemokratische Partei 25; 36; 37; 148
Luftbelastung 26; 65; 88; 101; 149; 158
Luftreinhaltegesetz 56
Luftschadstoffe 52; 56; 89; 148
Luftverschmutzung 25; 28; 40; 44; 54; 59; 113; 147; 149
Maschinenbau 43f.; 46; 51f.; 62; 65; 69; 102; 106; 130; 162f.; 206
Materialintensität 68
Matsukata-Deflation 43
Metallerzeugung 106; 121; 130

Metallverarbeitung 51; 69; 97f.; 105f.; 108; 121; 130; 192
Minamata-Krankheit 25
Ministerium für Internationalen Handel und Industrie 23; 69; 197
MITI 23f.; 28ff.; 35ff.; 42; 69; 114; 138; 142f.; 152f.; 155; 159ff.; 166ff.; 173ff.; 178f.; 182; 186f.; 192; 195ff.; 203ff.
Modernisierung, ökologische 16f.; 142
Mondscheinplan 174; 180; 185
Müll 124ff.; 129; 142
   radioaktiver – 126
   Verklappung von – 126
Müllaufkommen 24; 68; 123; 125f.; 130f.; 135; 170
   Haushaltsmüll 124; 150
   industrielles – 32; 47; 124; 127; 131; 138; 167
Müllexporte 126f.
Müllverbrennung 125f.; 175
Müllvermeidung 125
Nachhaltigkeit 17; 146; 154f.; 164; 166; 171
Nationales Umweltamt 32f.; 47; 55; 60; 67; 88; 98; 121; 123; 143f.; 149ff.; 155; 158; 167; 186f.; 191f.; 194ff.; 201; 204f.
Ökobilanz 142; 167
Ökocontrolling 208
Ölpreiskrise 19; 41; 45; 50f.; 73; 75; 79; 86; 105; 112; 114; 162; 172; 174; 182; 189; 202f.; 205f.; 211
Papierindustrie 16; 64; 83; 94; 121; 130
Petrochemie 46; 56; 65; 83; 105; 113; 122; 163
Phönix-Plan 125
Pläne zur Verhütung von Umweltzerstörung 150
Planmarktwirtschaft 28; 40
Produktlinienanalyse 166
Quecksilber 54; 116; 134
Quecksilbervergiftung 25; 41
Rahmengesetz über Maßnahmen gegen Umweltzerstörung 117; 144; 170; 203
Rahmenplanung, indikative 28; 191
Rat für Industrie und Technik 152
Rat zum Schutz der natürlichen Umwelt 151
Rauchgasentschwefelung 15; 58; 67; 148
Recht auf (unversehrte) Umwelt 154
Ressourcenverbrauch 17; 55; 64; 66f.; 69f.; 73; 123; 147; 150ff.; 164; 171; 190; 204; 207
Rohstahlproduktion 51; 62; 83
Sauerstoffbedarf, biologischer 47
Schlichtungsverfahren 41

Schwefelgehalt 56f.; 75
Schwermetalle 148; 167
Seifenblasenkonjunktur 105; 187
Soda-Produktion 116
Sonnenscheinplan 174f.; 180; 185
Sozialistische Partei 153
Stahl- und Eisenindustrie 106; 164
Standortförderung 114
Steine/Erden 69; 130
Steuerung, informelle 36; 39
Steuerungsfähigkeit 20; 27; 34; 191; 193
Stoffstromanalyse 167
Strategiefähigkeit 20; 27f.; 141; 193
Strom-verbrauch 93
Stromerzeuger 99
Stromerzeugung 74; 86; 89; 91; 98f.; 101; 183
Stromverbrauch 68; 77; 89f.; 92; 94; 96ff.; 102; 118; 138f.; 170; 175;192
Strukturpolitik 16f.; 21; 27; 36; 41f.; 141f.; 189f.; 205; 211f.
   ökologische – 19; 32; 158; 197; 201; 211
Strukturwandel 15; 18; 29; 41; 67f.; 70; 88; 99; 117; 150; 160; 162; 173; 189; 190f.; 193f.; 203; 211f.
   autonomer – 19; 141
   intersektoraler – 139
Technopoliskonzept 114
Umweltabgabe 149; 152ff.; 187
Umweltberichterstattung 144; 150f.
Umweltmanagementpläne 152
Umweltpolitik 15ff.; 21; 24ff.; 32; 34; 39; 42; 56; 142ff.; 147ff.; 155; 158; 164; 180; 193; 199f.
   Globalisierung der – 192
   konventionelle – 21; 147
   nachsorgende – 48
Umweltrahmengesetz 152f.; 166; 187; 196; 200; 203
Umweltrente 56; 149
Umweltschutzabkommen 34; 198
Umweltschutzabsprachen 39; 41; 44; 197
Umweltschutzgüterinvestitionen 56
Umweltschutzindustrie 167
Umweltschutzinvestitionen 56f.; 60; 167
Umweltschutzsatzung 204
Umweltschutztechnologie 42; 60; 88; 99; 142; 179; 207
Umweltschutzverbände 32; 39; 194; 200
Umweltsteuer 153; 196

Umweltverbrauch 17; 65; 68; 146
Umweltverträglichkeitsprüfung 142; 149; 152; 170; 192; 195f.; 200; 206
Umweltweißbuch 144; 151; 195
Verlagerung, regionale 95
visions 29; 159
Wasserbelastung 73; 117; 140
Wasserverbrauch 16; 68f.; 73; 102; 116ff.; 120ff.; 139
Wasserverschmutzung 25; 54; 117
Weiterverarbeitung 127
Wiederaufbereitung 130; 167
Wiederverwertung 169
Wirtschaftsförderung 45
Wirtschaftsrat 165
Wirtschaftsweißbuch 159
Zement 69; 82; 84; 137; 151; 170
Zementindustrie 62; 83; 130

Index japanischer Begriffe

Baien no haishutsu no kisei nado ni kansuru hôritsu 170
Chikyû no tomo Nihon 195
Chikyû ondan-ka bôshi kôdô keikaku 179
chôsa-kai 32
Chûô kôgai taisaku shingi-kai 33; 151
Dai ni-ji zenkoku sôgô kaihatsu keikaku 114
Dai san-ji zenkoku sôgô kaihatsu keikaku 192
Dai yon-ji zenkoku sôgô kaihatsu keikaku 115
dai-ni rinchô 33
Enerugii nado no shiyô no gôrika oyobi sai-shigen no riyô ni kansuru jigyô katsudô no sokushin ni kansuru rinji sochi-hô 180
Enerugii no shiyô no gôrika ni kansuru hôritsu 176; 180
fukoku – kyôhei 43
genkyoku 36; 37
gyôsei shidô 39; 162; 178
80 (hachi-jû) nendai no tsûsan seisaku bijon 160
Jiyû minshu-tô 25; 148
kakuremino 201
kakuron 151
kankyô hozen keikaku 191
kankyô kanri keikaku 193
Kankyô kihon-hô 153
Kankyô-chô 32
kankyô-ken 153; 154
katsuryoku to yutori no ryôritsu 161
Keidanren 32; 208
keizai keikaku 191
Keizai kikaku-chô 191
Keizai shingi-kai 165
kenkyû-kai 32
Kensetsu-shô 144
Kôdô gijutsu kôgyô shûseki chiiki kaihatsu sokushin-hô 114
kôgai bôshi keikaku 150; 191
kôgai bôshi kyôtei 148
Kôgai taisaku kihon-hô 117; 134; 144; 193
kôgyô shukkagaku 48
kokudo kaihatsu keikaku 191
kokudo sôgô kaihatsu keikaku 111
Kokudo-chô 144; 191

Kôsei-shô 144
kyôgi-kai 32
Mûnshain keikaku 174
nemawashi 35
Nihon bengo-shi rengô-kai 200
Nihon shintô 153
2010 (nisen jû) nen e no sentaku 165
Ôkura-shô 32
Rengô 33
renraku-kai 32
ringi-sei 35
Risaikuru-hô 169
Saisei shigen no riyô no sokushin ni kansuru hôritsu 134
Sangyô gijutsu shingi-kai 152
Sangyô kôzô no chôki bijon 192
Sangyô kôzô shingi-kai 30; 32;152
Sanshain keikaku 174
sekai no ichiwari kokka no tanjô 161
Seikatsu taikoku gokanen keikaku 165
Sekiyû daisan enerugii no kaihatsu oyobi dônyû no sokushin ni kansuru hôritsu 178
Shakai-tô 153
Shaminren 153
Shigen enerugii-chô 173; 202
shin-sangyô toshi 113
shingi-kai 30; 32
shinsa-kai 30; 32
Shizen kankyô hozen shingi-kai 33; 151
Shô-enerugii. shô-shigen taisaku suishin kaigi 174; 202
Shôwa nendai zenki keizai keikaku 192
Sôgô enerugii chôsa-kai 152; 173; 175
Sôgô enerugii taisaku kakuryô kaigi 174; 202
sôsetsu 151
tatewari gyôsei 193
Tsûshô sangyô-shô 23; 144
Unyu-shô 144
yume no shima 125
zoku giin 37

If you have any concerns about our products,
you can contact us on
ProductSafety@springernature.com

In case Publisher is established outside the EU,
the EU authorized representative is:
**Springer Nature Customer Service Center GmbH
Europaplatz 3, 69115 Heidelberg, Germany**

Printed by Libri Plureos GmbH
in Hamburg, Germany